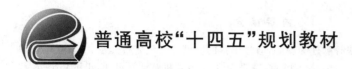

普通高校"十四五"规划教材

51 单片机原理及应用

——基于 Keil C 与 Proteus（第 4 版）

陈海宴　编著

北京航空航天大学出版社

内 容 简 介

本书以 Proteus 电子仿真设计软件为核心,通过丰富的实例详细叙述了其在 51 单片机课程教学和产品开发过程中的应用。全书共分 14 章,主要介绍 51 单片机基础知识、Keil 和 Proteus 相关软件的使用、Proteus 原理图绘制、仿真及其在单片机硬件电路设计中的应用;另外,介绍了多种外部设备的使用方法,如 LCD、电机、D/A、A/D 转换器等。本书是再版书,相比旧版,主要是修正了旧版的部分内容。

本书所有章节编写的实例都有详细说明、程序设计和电路设计,并在 Proteus 软件中仿真成功。每章既独立成篇,又相互联系,具有明显的工程应用特色。本书提供所有的案例源代码,读者可以到 http://www.buaapress.com.cn 的"下载专区"免费下载。

本书可作为高等院校单片机课程的教材,还可作为广大从事单片机系统开发应用的工程技术人员参考用书。

图书在版编目(CIP)数据

51 单片机原理及应用:基于 KeilC 与 Proteus / 陈海宴编著. -- 4 版. -- 北京:北京航空航天大学出版社,2022.2

ISBN 978 - 7 - 5124 - 3740 - 1

Ⅰ.①5… Ⅱ.①陈… Ⅲ.①微控制器—C 语言——程序设计 Ⅳ.①TP368.1②TP312.8

中国版本图书馆 CIP 数据核字(2022)第 024076 号

51 单片机原理及应用
——基于 Keil C 与 Proteus(第 4 版)

陈海宴 编著

责任编辑 董立娟

*

北京航空航天大学出版社出版发行

北京市海淀区学院路 37 号(邮编 100191) http://www.buaapress.com.cn
发行部电话:(010)82317024 传真:(010)82328026
读者信箱:emsbook@buaacm.com.cn 邮购电话:(010)82316936
涿州市新华印刷有限公司印装 各地书店经销

*

开本:710×1 000 1/16 印张:18.75 字数:400 千字
2022 年 2 月第 4 版 2023 年 2 月第 3 次印刷 印数:5 001~8 000 册
ISBN 978 - 7 - 5124 - 3740 - 1 定价:62.00 元

前　言

　　单片机已经在工业控制、数据采集、智能仪表、机电一体化、家用电器等领域得到了广泛应用,极大地提高了这些领域的技术水平和智能化程度。各大院校都将"单片机原理与应用"课程列为工科类重要的专业基础课程,为了更直接、更高效地学习并掌握单片机知识,在课程设计、毕业设计、电子设计大赛及社会实践中用好单片机,作者将长期从事该课程教学和科研活动的经验进行了总结,从而形成本书。

　　本书从原理知识到电路设计,从解决问题的思路到设计流程,都进行了详细地说明。章与章之间既独立成篇,又相互联系。本书具有以下特点:

　　① 内容安排合理　在内容编排上由浅入深、循序渐进。从最初的 51 单片机基础知识、Keil 和 Proteus 软件的使用,到单片机内部单元的实现,再到单片机外围扩展,最后到单片机开发板的设计和 PCB 设计,这样的编排既符合学习规律,也让读者可以根据自己的情况选择性阅读。

　　② 强调实践环节　应用 Proteus 软件作为单片机应用系统设计和仿真平台,搭建了实践环境,实现了从原路图设计、程序调试到印刷电路板设计的单片机开发全过程训练。

　　③ 提高效率、节约教学成本　用 Keil 编写程序并生成 .HEX 文件,然后在 Proteus 中画好硬件电路图,调用 .HEX 文件进行虚拟仿真。在不用硬件电路的情况下,应用软件仿真进行相应的程序设计与调试,节约学习成本,提高学习积极性,实现教学内容可视化。

　　④ 采用 C 语言编程　单片机编程已从汇编语言编程转向 C 语言编程,同时为了提高单片机应用系统程序开发可移植性和可读性,并为 ARM 等高级器件的系统开发打下坚实的基础,本书全部程序设计采用 C 语言编写。

　　⑤ 内容简练、针对性强　在编写应用实例过程中作者注重内容的新颖、简练和适用性。书中大部分应用实例都是由作者在教学过程中提炼出来的比较适合学习的例子,具有针对性。

　　⑥ 内容丰富、分析详细　书中结合 51 单片机的功能介绍了多种元器件和外部

51单片机原理及应用(第4版)

设备的使用方法及 Proteus 仿真实例,包括继电器、LED、数码管、键盘、RS232、LCD1602 和 12864、直流电机和步进电机、DAC0832、ADC0809 以及 AT24C02、DS1302 和 DS18B20 等器件的仿真实例。每个仿真实例包含设计要求、硬件设计、软件设计、联合调试与运行、电路图功能分析以及程序分析 6 部分内容,详细分析了每个仿真实例从设计到实现的全过程。

　　本书由陈海宴编著,朱方、吕江涛、卢东华、李志华、邹金红、白雪松、侯伟玉、曹亚丽、王际文、王靠文、李世卓等为本书实例进行了设计、仿真与调试。同时,在本书的编写过程中得到了许多专家和同行的大力支持与热情帮助,这里一并表示诚挚的感谢。

　　鉴于编者水平有限,书中难免存在疏漏和错误之处,恳请专家和广大读者批评指正。

　　有兴趣的读者,可以发送电子邮件到:chenhy736@sina.com,与作者进一步交流;也可以发送电子邮件到:xdhydcd5@sina.com,与本书策划编辑进行交流。

　　本书配套资料包含所有的案例源代码,读者可以到 http://www.buaapress.com.cn 的"下载专区"免费下载。

作　者

2021 年 4 月

目 录

51单片机原理及应用(第4版)

2

第 **1** 章

51 单片机基础知识

8051 是 MCS-51 系列单片机中的典型产品,本书将以其作为代表进行系统讲解。其他 51 系列单片机与 8051 的系统结构相同,只是对 8051 进行一些功能扩充,使其功能和市场竞争力更强。

1.1 单片机概述

1976 年,Intel 公司推出第一款 8 位单片机 MCS-48,宣告了单片机时代的到来。在短短的几十年里,单片机技术获得了飞速的发展,在越来越多的领域得到了广泛的应用。

单片机系统大体上由两个部分组成:硬件部分和软件部分。硬件部分由电源、单片机最小系统、外围功能部件和存储器组成。单片机可以是直流电源供电,也可以是电池供电。单片机最小系统(或称为最小应用系统),是指用最少的元件组成的单片机可以工作的系统。对于 51 系列单片机来说,最小系统一般包括单片机、按键输入、显示输出、复位电路和晶振电路。外围功能电路,就是实现何种功能、采用什么电路,如温度采集系统中的温度传感器。而软件部分则是单片机系统的核心,决定着系统的功能和特点。硬、软件协同工作实现了单片机系统的功能。

1.1.1 单片机的发展历史

将 8 位单片机的推出作为起点,单片机的发展历史大致可分为以下几个阶段:

第一阶段(1976—1978):单片机的探索阶段,以 Intel 公司的 MCS-48 为代表。MCS-48 的推出以工控领域的探索为目的,参与这一探索的公司还有原 Motorola、Zilog 等都取得了满意的效果。

第二阶段(1978—1982):单片机的完善阶段。Intel 公司在 MCS-48 基础上推出了完善的、典型的单片机系列 MCS-51,它在以下几个方面奠定了典型的通用总线型单片机体系结构:

> 完善的外部总线。MCS-51 设置了经典的 8 位单片机的总线结构,包括 8 位数据总线、16 位地址总线、控制总线及具有多机通信功能的串行通信接口。

> CPU 外围功能电路的集中管理模式。

➢ 体现工控特性的位地址空间及位操作方式。

➢ 指令系统趋于丰富和完善,并且增加了许多突出控制功能的指令。

第三阶段(1982—1990):8位单片机的巩固发展及16位单片机的推出阶段,也是单片机向微控制器发展的阶段。Intel公司推出的MCS-96系列单片机将一些用于测控系统的模/数转换器、程序运行监视器、脉宽调制器等纳入单片机中,体现了单片机的微控制器特征。随着MCS-51系列的广泛应用,许多电气厂商竞相使用80C51为内核,将许多测控系统中使用的电路技术、接口技术、多通道A/D转换部件、可靠性技术等应用到单片机中,增强了外围电路的功能,强化了智能控制的特征。

第四阶段(1990至今):微控制器的全面发展阶段。随着单片机在各个领域全面深入的发展和应用,出现了高速、大寻址范围、强运算能力的8位、16位、32位通用型单片机以及小型廉价的专用型单片机。32位单片机的字长32位,具有较快的运算速度,处理功能强大。嵌入式操作系统基本上是在32位机上实现的。

总的来说,现在的单片机产品非常丰富,各种单片机均有其各自的应用领域。例如,8位单片机应用于中/小规模电子设计领域,高性能的16位、32位单片机应用于复杂的控制系统。

1.1.2　51系列单片机

MCS-51是指Intel公司生产的一系列单片机的总称,这一系列单片机包括了很多种类,如8031、8051、8751、8951、8032、8052、8752和8952等,其中8051是最早、最典型的产品。该系列的其他单片机都是在8051的基础上通过功能的增、减改进而来。

20世纪80年代中期以后,在计算机领域,Intel以专利转让的形式把8051内核转让给了许多半导体厂家,如Atmel、NXP、ANALOG DEVICES、DALLAS等。这些厂家生产的芯片是MCS-51系列的兼容产品,准确说是与MCS-51指令系统兼容的单片机。

以下是一些典型的51系列单片机:

➢ Intel公司MCS-48系列、MCS-51系列和MCS-96系列,主要型号如表1.1.1所列;

➢ 原Atmel公司的AT89系列单片机,主要型号如表1.1.2所列;

➢ 原Motorola公司的6801、6802、6803、6805和68HC11系列单片机;

➢ Zilog公司的Z8、Super8系列单片机;

➢ Fairchild公司的F8和3870系列单片机;

➢ TI公司的TMS7000系列单片机;

➢ NEC公司的μPD7800系列单片机;

➢ Hitachi公司的HD6301、HD6305系列单片机。

这些单片机与8051的系统结构(主要是指令系统)相同,都对8051做了一些功能扩充,但都更有特点、功能和市场竞争力更强。

表 1.1.1　MCS-51 系列单片机主要产品及其性能

子系统	型 号	片内存储器		I/O 口	UART 串口	中　断	定时/计数器	工作频率/MHz
		ROM/EPROM	RAM/字节					
8X51/52 系列	8031	无	128	32	1	5	2	12
	8051	4 KB ROM	128	32	1	5	2	12
	8052	8 KB ROM	256	32	1	6	3	12
8XC51/52 系列	80C31	无	128	32	1	5	2	12/16
	80C51	4 KB ROM	128	32	1	5	2	12/16
	80C52	8 KB ROM	256	32	1	6	3	12/16/20/24
8X54/58 系列	80C54	16 KB ROM	256	32	1	6	3	12/16/20/24
	87C54	16 KB EPROM	256	32	1	6	3	12/16/20/24
	80C58	32 KB ROM	256	32	1	6	3	12/16/20/24
	87C58	16 KB EPROM	256	32	1	6	3+5PCA	12/16/20/24

表 1.1.2　Atmel 公司的 89 系列单片机主要产品及其性能

子系统	型 号	片内存储器		I/O 口	UART 串口	中　断	定时/计数器	工作频率/MHz
		Flash/KB	RAM/字节					
8 位 Flash 系列	AT89C51	4	128	32	1	5	2	33
	AT89C52	8	256	32	1	5	3	33
	AT89C51RC	32	512	32	1	6	3	40
	AT89C1051	1	64	15	1		2	24
	AT89C2051	2	128	15	1		2	25
	AT89C4051	4	256	15	1		2	26
ISP_Flash 系列	AT89S51	4	128	32	1	5	2	24
	AT89S52	8	256	32	1	5	3	25
I^2C_Flash 系列	AT89C51RB2	16	256	32	1	6	3	60
	AT89C51ED2	32	256	44	1	9	3	40

1.1.3　单片机的实际应用

目前,国民经济建设、军事及家用电器等各个领域,尤其是在手机、汽车自动导航设备、PDA、智能玩具、智能家电、医疗设备等行业中单片机技术得到了广泛应用。

单片机的应用范围包括:

① 测控系统。用单片机可以构成各种不太复杂的工业控制系统、自适应控制系统、数据采集系统等,从而达到测量与控制的目的。

② 智能仪表。用单片机改造原有的测量、控制仪表,促使仪表向数字化、智能化、多功能化、综合化、柔性化方向发展。

③ 机电一体化产品。单片机与传统的机械产品相结合,使传统机械产品结构简化,实现智能化。

④ 智能接口。在计算机控制系统,特别是在较大型的工业测控系统中,用单片机进行接口的控制与管理,加之单片机与主机的并行工作,大大提高了系统的运行速度。

⑤ 智能民用产品。如在家用电器、玩具、游戏机、声像设备、电子秤、收银机、办公设备、厨房设备等许多产品中,单片机控制器的引入使产品的功能大大增强,性能得到提高,获得了良好的使用效果。

1.2　51 单片机功能及引脚

1.2.1　51 单片机功能综述

8051 是 51 系统单片机中的典型产品,主要参数及功能如下:

8 位 CPU;	4 KB 程序存储器(ROM);
128 字节的数据存储器(RAM);	32 条 I/O 口线;
111 条指令,大部分为单字节指令;	21 个专用寄存器;
2 个可编程定时/计数器;	5 个中断源,2 个优先级;
1 个全双工串行通信口;	外部数据存储器寻址空间为 64 KB;
外部程序存储器寻址空间为 64 KB;	逻辑操作位寻址功能;
多种封装形式;	单一的+5 V 电源供电。

1.2.2　51 单片机的封装

51 单片机芯片有两种封装,一种是双列直插式 DIP,另一种是方形封装。DIP 封装及引脚如图 1.2.1 所示,方形封装如图 1.2.2 所示。

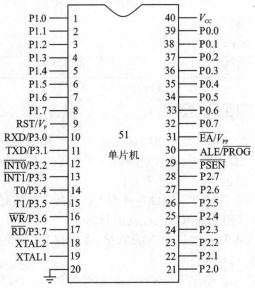

图 1.2.1　DIP 封装及引脚

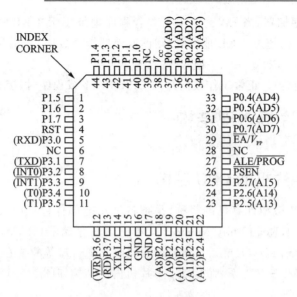

图 1.2.2　方形封装及引脚

1.2.3　单片机引脚及功能

这里以图 1.2.1 双列直插式封装为例,介绍 MCS - 51 系统单片机芯片的引脚功能。

Pin1～Pin8:P1.0～P1.7 输入/输出脚。

Pin9:RST/V_P:复位信号复用脚。当 8051 通电时,时钟电路开始工作,在 RST 引脚上出现 24 个时钟周期以上的高电平时,系统即初始复位。

Pin10～Pin17:P3.0～P3.7 输入/输出脚,每个引脚都有第二功能。

Pin18:时钟 XTAL2 脚,片内振荡电路的输出端。

Pin19:时钟 XTAL1 脚,片内振荡电路的输入端。

Pin20:接地脚。

Pin21～Pin28:P2.0～P2.7 输入/输出脚。

Pin29:$\overline{PSEN}$ 脚。当访问外部程序存储器时,此引脚输出负脉冲选通信号,PC 的 16 位地址数据将出现在 P0 和 P2 口上。当 P0 上的第 8 位地址锁存后,外部程序存储器则把指令数据放到 P0 口上,由 CPU 读入并执行。

Pin30:ALE/$\overline{PROG}$。当访问外部数据存储器时,ALE(地址锁存)的输出用于锁存地址的低位字节。

在访问内部程序存储器时,ALE 端将输出一个 1/6 时钟频率的脉冲信号,这个信号可以用于识别单片机是否工作,也可以当作一个时钟向外输出。

当访问外部程序存储器时,ALE 会跳过一个脉冲。如果单片机的存储器是 EPROM 型,则在编程期间 $\overline{PROG}$ 将用于输入编程脉冲。

Pin31:$\overline{EA}/V_{pp}$ 为程序存储器的内外部选通信号线。8051 和 8751 单片机内置有 4 KB 的程序存储器,当 $\overline{EA}$ 为高电平并且程序地址小于 4 KB 时,读取内部程序存储器指令数据;而超过 4 KB 地址时,则读取外部指令数据。

　　Pin39~Pin32:P0.0~P0.7 输入/输出脚。

　　Pin40:正电源脚。正常工作或向片内 EPROM 下载程序时,接+5 V 电源。

1.3　51 单片机内部结构

1.3.1　51 单片机的 CPU 结构

　　单片机是单片微型计算机的简称,是把各种功能部件包括中央处理器(CPU)、只读存储器(ROM,Read Only Memory)、随机读写存储器(RAM,Random Access Memory)、输入/输出(I/O)单元、定时/计数器以及串行口等集成在一块芯片上构成的微型计算机。MCS－51 系列的 8051 单片机内部结构如图 1.3.1 所示。

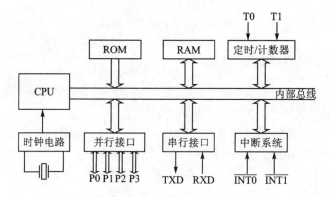

图 1.3.1　8051 单片机内部结构

　　8051 单片机内部结构如图 1.3.2 所示,它在一块芯片上集成了各种功能部件。

　　中央处理器(CPU)主要由算术逻辑单元、控制器部件和寄存器 3 部分电路组成,是整个单片机的核心部件,实现了运算器和控制器的功能,具体介绍如下:

1. 算术逻辑单元

　　8051 的算术逻辑运算单元(ALU)由一个加法器、两个 8 位暂存器(TMP1 和 TMP2)和布尔处理器组成。ALU 是 8051 的处理核心,程序通过累加器 A、寄存器 B 和寄存器组 R0~R7 等控制 ALU 以完成各种算术和逻辑运算,同时可以用乘法和除法指令来增强运算能力。

2. 定时控制部件

　　定时控制部件起到控制器的作用,由定时控制逻辑、指令寄存器和振荡器等电路组成。单片机的工作过程就是执行用户编写程序的过程,而控制单元可以完成此项重任。指令寄存器(IR,Instruction Register)用于存放从程序存储器中取出的指令

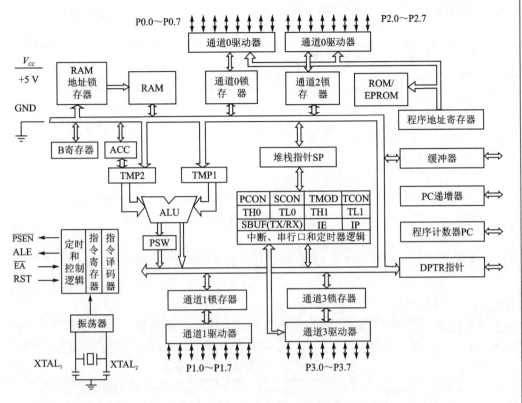

图 1.3.2　单片机内部结构图

码,定时控制逻辑用于对指令寄存器中的指令进行译码,并在晶体振荡器的配合下产生执行指令所需的时序脉冲,从而完成指令的执行过程。

3. 专用寄存器组

专用寄存器组主要用来指示当前要执行指令的内存地址、存放操作数和指示指令执行后的状态等,包括程序计数器(PC)、累加器 A、程序状态字(PSW,Program Status Word)寄存器、堆栈指示器 SP 寄存器、数据指针 DPTR 和通用寄存器 B。

(1) 程序计数器

程序计数器是一个 16 位二进制的程序地址寄存器,用来存放下一条要执行指令的地址,指令执行完后可以自动加 1,以便指向下一条要执行的指令;可以说,CPU 就是靠 PC 指针来实现程序的执行。

(2) 累加器 A

累加器 A 是一个 8 位二进制寄存器,用来存放操作数和运算结果。在 CPU 执行某种运算前,两个操作数中的一个通常放在累加器 A 中,运算完成后便把结果存放在累加器 A 中;可以说,累加器 A 是使用最频繁的寄存器。

(3) 程序状态字

PSW 是一个 8 位二进制寄存器,用来存放指令执行后的有关 CPU 状态,通常由

CPU 来填写,但是用户也可以改变各种状态位的值。标志位的定义参见表 1.3.1。

表 1.3.1 PSW 标志位的定义

位　序	PSW. 7	PSW. 6	PSW. 5	PSW. 4	PSW. 3	PSW. 2	PSW. 1	PSW. 0
位符号	Cy	AC	F0	RS1	RS0	OV	—	P

1) 进位标志位 Cy(Carry)

Cy 用于表示加法运算中的进位和减法中的借位。加法运算中有进位或减法运算中有借位,则 Cy 位置 1;否则,为 0。

2) 辅助进位位 AC(Auxiliary Carry)

AC 用于表示加法运算时低 4 位有没有向高 4 位进位和减法运算中低 4 位有没有向高 4 位借位。若有进位或借位,则 AC 位置 1,否则该位为 0。

3) 用户标志位 F0 (Flag zero)

该位是由用户根据程序执行的、需要自行设定的标志位,用户可以通过设置该位来决定程序的流向。

4) 寄存器选择位 RS1 和 RS0(Register Select)

8051 单片机有 4 个寄存器组,每组有 8 个 8 位工作寄存器 R0～R7,它在 RAM 中的实际物理地址可以根据需要来选择确定使用哪个寄存器组,参见表 1.3.2。

表 1.3.2 RS1、RS0 选择工作寄存器组

RS1、RS0 位的值	R0～R7 寄存器组号	R0～R7 在 RAM 存储器中的物理地址
00	0	00H～07H
01	1	08H～0FH
10	2	10H～17H
11	3	18H～1FH

5) 溢出标志位 OV(Overflow)

OV 表示运算过程中是否发生了溢出。若执行结果超过了 8 位二进制数所能表示数据的范围(即有符号数 $-128～+127$),则 OV 标志位置 1。

对于无符号数(也就是都是正数),如果加法出现了进位、减法出现了借位,则表示该次运算结果发生了溢出。对于有符号数,如果正数减负数的结果出现了负数、负数减正数的结果出现了正数,则表示该次运算结果同样发生了溢出。

无符号数与有符号数判断溢出的方法不一样,有符号数需要通过 OV 溢出标志位来判断,而无符号数要用进位表示位 Cy 来判断。

6) PSW.1 位

PSW.1 位没有定义,系统没有使用,用户可以根据自己的需要来决定是否使用该标志位。

7) 奇偶标志位 P(Parity)

奇偶标志位 P 用于指示运算结果中 1 的个数的奇偶性。若 P＝1，则累加器 A 中 1 的个数为奇数；若 P＝0，则累加器 A 中 1 的个数为偶数。

（4）堆栈指针 SP

堆栈是一种数据结构；堆栈指针 SP（Stack Pointer）是一个 8 位寄存器，指示了栈顶在内部 RAM 中的位置。数据写入堆栈称为入栈（PUSH），从堆栈中取出数据称为出栈（POP）。

堆栈是为了中断操作和子程序的调用而设立的，用于保存现场数据，即常说的断点保护和现场保护。单片机无论是转入子程序或中断服务程序的执行，执行完后还要返回到主程序。在转入子程序和中断服务程序前，必须先将现场的数据保存起来，否则返回时 CPU 根本不知道原来的程序执行到哪一步、应该从何处开始执行。

MCS-51 的堆栈是在 RAM 中开辟的，即堆栈要占据一定的 RAM 存储单元。同时，MCS-51 的堆栈可以由用户设置，SP 的初始值不同，堆栈的位置也不同。

堆栈的操作有两种方法：

① 自动方式。在响应中断服务程序或调用子程序时，返回地址自动入栈。当需要返回执行程序时，返回的地址自动交给程序计数器 PC，以保证程序返回断点处继续执行。这种方式不需要编程人员干预。

② 手动方式。使用专用的堆栈操作指令实现入栈和出栈操作：进栈使用 PUSH 指令，用于在中断服务程序或子程序调用时保护现场；出栈使用 POP 指令，用于子程序完成时为主程序恢复现场。

（5）数据指针 DPTR

数据指针 DPTR（Data Pointer）是一个 16 位的寄存器，由两个 8 位寄存器 DPH 和 DPL 组成，其中 DPH 为高 8 位，DPL 为低 8 位。

数据指针 DPTR 可以用来存放片内 ROM、片外 RAM 和片外 ROM 的存储区地址，用户通过该指针实现对不同存储区的访问。

（6）通用寄存器 B

通用寄存器 B 是专门为乘法和除法而设置的寄存器，是一个二进制 8 位寄存器。在乘法或除法运算之前用来存放乘数或除数，在运算之后用来存放乘积的高 8 位或除法的余数。

1.3.2　存储器结构

MCS-51 单片机存储器的特点是将程序存储器和数据存储器分开编址，并有各自的寻址方式和寻址单元。对存储器的划分在物理上分为 4 个空间，片内 ROM、片外 ROM、片内 RAM 和片外 RAM，其结构示意图如图 1.3.3 所示。

其中，ROM 存储器地址空间有片内 ROM 和片外 ROM，其地址范围为 0000H～FFFFH；片内 RAM 地址空间的地址范围为 00H～FFH；片外 RAM 地址空间的地址范围为 0000H～FFFFH。

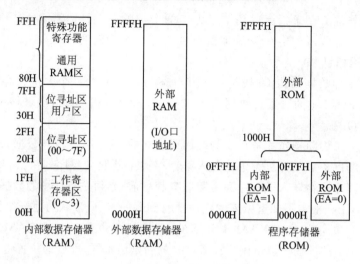

图 1.3.3　单片机的存储器结构图

1. 程序存储器 ROM

程序设计人员编写的程序就存放在程序存储器中。

单片机重新启动后,程序计数器 PC 的内容为 0000H,所以系统将从程序存储器地址为 0000H 的单元处开始执行程序。但是考虑到中断系统的应用,用户程序一般不从 0000H 处开始连续存放,因为接下来的一段程序区要用来存放中断向量表,所以用户不能占用。要求地址分配如下:

0000H　　存放转移指令,跳转到主程序。

0003H　　外部中断 0 的中断地址区。

000BH　　定时/计数器 0 中断地址区。

0013H　　外部中断 1 的中断地址区。

001BH　　定时/计数器 1 中断地址区。

0023H　　串行通信中断地址区。

用户程序一般从 0030H 处开始,而在 0000H 处放置一条跳转指令,这样单片机复位后能从 0000H 处跳转到用户的主程序。

另外,当单片机的 $\overline{\text{EA}}$ 引脚接地时,程序存储器全部使用片外的 ROM;单片机的 $\overline{\text{EA}}$ 引脚接高电平时,CPU 先从内部的程序存储器中读取程序,当程序计数器 PC 值超过内部 ROM 的容量时,才转向外部的程序存储器读取程序。

2. 片内 RAM

MCS-51 的片内 RAM 存储器共有 128 字节,可分为 4 个区域,分别是特殊功能寄存器区、用户区、位寻址区和工作寄存器区。

(1) 工作寄存器区

从 00H~1FH 为 4 组工作寄存器区,每组占用 8 个 RAM 字节,记为 R0~R7。

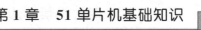

工作寄存器组的选择由程序状态字 PSW 中的 RS1～RS0 位确定。

(2) 位寻址区

从 20H～2FH 为位寻址区,16 个字节的 128 位可以单独操作,可对每一位进行读取或写操作。每一位都有其自身位地址 00H～7FH 与之对应。位单元与其地址对应关系参见表 1.3.3。

表 1.3.3　位单元与其地址对应关系

单元字节地址	MSB(最高位)			位地址				LSB(最低位)
2FH	7FH	7EH	7DH	7CH	7BH	7AH	79H	78H
2EH	77H	76H	75H	74H	73H	72H	71H	70H
2DH	6FH	6EH	6H	6CH	6BH	6AH	69H	68H
2CH	67H	66H	65H	64H	63H	62H	61H	6H
2BH	5FH	5H	5DH	5CH	5BH	5AH	59H	58H
2AH	5H	56H	55H	54	53H	52H	51H	50H
29H	4FH	4EH	4DH	4CH	4BH	4AH	49H	48H
28H	47H	46H	45H	44H	43H	42H	41H	40H
27H	3FH	3EH	3DH	3CH	3BH	3AH	39H	38H
26H	37H	36H	35H	34H	3H	32H	31H	30H
25H	2FH	2EH	2DH	2CH	2BH	2AH	29H	28H
24H	27H	26H	25H	24H	23H	22H	21H	20H
23H	1FH	1EH	1DH	1CH	1BH	1AH	19H	18H
22H	17H	16H	15H	14H	13H	12H	11H	10H
21H	0FH	0EH	0DH	0CH	0BH	0AH	09H	08H
20H	07H	06H	05H	04H	03H	02H	01H	00H

(3) 用户区

用户区共 80 个 RAM 单元,用于存放用户数据或作为堆栈区。用户区中的存储区按字节进行存取。

(4) 特殊功能寄存器

MCS - 51 有 21 个特殊功能寄存器 SFR(Special Function Register),每个 RAM 地址占用一个 RAM 单元,离散地分布在 80H～FFH 地址中。这些寄存的功能已做了专门的规定,用户不能修改其结构。表 1.3.4 是特殊功能寄存器一览表。

表 1.3.4　特殊功能寄存器一览表

标识符号	地　址	寄存器名称
ACC	0E0H	累加器
B	0F0H	B 寄存器

续表 1.3.4

标识符号	地　址	寄存器名称
PSW	0D0H	程序状态字
SP	81H	堆栈指针
DPTR	82H、83H	数据指针(16)位含 DPL 和 DPH
IE	0A8H	中断允许控制寄存器
IP	0B8H	中断优先控制寄存器
P0	80H	I/O 口 0 寄存器
P1	90H	I/O 口 1 寄存器
P2	0AH	I/O 口 2 寄存器
P3	0BH	I/O 口 3 寄存器
PCON	87H	电源控制及波特率选择寄存器
SCON	98H	串行口控制寄存器
SBUF	99H	串行口数据缓冲寄存器
TCON	88H	定时控制寄存器
TMOD	89H	定时器方式选择寄存器
TL0	8AH	定时器 0 低 8 位
TH0	8CH	定时器 0 高 8 位
TL1	8BH	定时器 1 低 8 位
TH1	8DH	定时器 1 高 8 位

1) ALU 相关 SFR

ⓐ **累加器 A(Accumulator)**

累加器 A 是最常用的寄存器,专门用来存放操作数或运算结果,大部分的数据操作都要通过累加器 A 进行。

ⓑ **通用寄存器 B**

通用寄存器 B 是专门为乘法和除法设置的寄存器,为 8 位二进制寄存器。

ⓒ **程序状态字 PSW**

该寄存器中保存了程序的运行状态。

2) 指针相关 SFR

ⓐ **SP(Stack Pointer)**

SP 为程序的堆栈指针,指向栈顶元素,在操作堆栈时需要用到。

ⓑ **数据指针 DPTR**

数据指针 DPTR 是一个 16 位寄存器,由两个 8 位寄存器 DPH 和 DPL 组成。其中,DPH 为高 8 位,DPL 为低 8 位。

3) 中断相关 SFR

IE(Interrupt Enable)中断允许位寄存器　用来设置全局、定时器、串行口以及外部中断。

IP(Interrupt Priority)中断优先级寄存器　用来设置各种中断的优先级,各中断源可以设置为高优先级或低优先级。

4) 端口相关 SFR

P0、P1、P2、P3　可以通过端口寄存器对端口进行读或写操作。

PCON(电源控制及波特率选择寄存器)　用来设置电源工作方式以及串行通信口中的波特率。

SCON(串口控制寄存器)　用来控制串口工作模式、数据格式、发送及接收中断标志等。

SBUF(串行数据缓冲寄存器)　是为接收或发送数据而设置的,为 8 位二进制寄存器,通过移位操作进行数据的接收或发送。

5) 定时/计数器相关 SFR

TCON(定时/计数器控制寄存器)　用来设置中断请求方式、定时模式及定时/计数器的启动停止等。

TMOD(定时/计数器工作方式寄存器)　定时/计数器有 4 种工作模式,通过设置 TMOD 来决定工作方式。

TL0、TH0、TL1、TH1　设置定时器初值时要用到 TL 和 TH,TL 为数据低 8 位,TH 为数据高 8 位,也可以直接访问 16 位寄存器 T0 或 T1。

另外,对于特殊功能寄存器 SFR,当其末位地址为 0 或 8 时可以进行位寻址。比如 P1 的地址为 90H,可以进行位寻址;而 SP 的地址为 81H,不能进行位寻址。

3. 片外 RAM

如果片内 RAM 容量太小、不能满足系统需求,则可以外接 RAM;但外部 RAM 大小不能超过 64 KB,因为 8051 的寻址范围为 64 KB。

1.3.3　I/O 端口结构

I/O 端口是单片机控制外围设备的重要接口,是和外设进行信息交换的主要途径。I/O 端口有串行口和并行口之分。并行口一次可以传送一组二进制数据(如 8 位),而串行口一次只能传送一位二进制数,传送多位数据时要分段发送。

(1) 并行 I/O 端口

8051 有 4 个并行 I/O 端口,分别为 P0、P1、P2、P3。每个端口都有双向 I/O 功能,可以从端口读取数据和向端口写入数据。

4 个端口在结构上各有不同,因此功能也不一样。P0、P2 口除了作为通用 I/O 口外,P0 还可以作为外接存储器的低 8 位地址和数据端口,P2 口可以用来外接存储器的高 8 位地址;P1 口通常只作为输入、输出口使用;P3 口除了作为通用 I/O 口外,每个引脚都具有第二功能,如表 1.3.5 所列。

13

表1.3.5　P3口引脚的第二功能

位　线	引脚号	第二功能
P3.0	10	RXD（串行输入口）
P3.1	11	TXD（串行输出口）
P3.2	12	INT0（外部中断0）
P3.3	13	INT1（外部中断1）
P3.4	14	T0（定时器0的计数输入）
P3.5	15	T1（定时器1的计数输入）
P3.6	16	WR（外部数据存储器写脉冲）
P3.7	17	RD（外部数据存储器读脉冲）

(2) 串行I/O端口

8051具有一个全双工的可编程串行口，可以实现8位并行数据的串行发送和接收。在使用串行口之前必须对其初始化，即对PCON及SCON寄存器进行设置。

1.3.4　定时/计数器

8051具有两个16位定时/计数器T0和T1，分别与2个8位寄存器TL0、TH0及TL1、TH1对应。8051的定时/计数器可以工作在定时方式和计数方式。

定时方式　定时方式实现对单片机内部的时钟脉冲或分频后的脉冲进行计数。

计数方式　计数方式实现对外部脉冲的计数。

1.3.5　中断系统

在程序的执行过程中，有时需要停下正在执行的工作转而执行一些其他的重要工作，并在执行完后返回到刚才执行的程序来继续执行，这就是中断的一般过程。

8051有5个中断源，两个外部中断INT0、INT1，两个定时器中断T0、T1，还有一个串行中断。其中，有两个中断优先级控制可实现中断服务嵌套。

中断的控制由中断允许寄存器IE和中断优先级寄存器IP实现。

1.4　51单片机工作方式

1.4.1　复位方式

在51单片机中，最常见的复位电路有如图1.4.1所示的上电复位和手动复位电路，能有效地实现复位。

RST引脚是复位信号输入端，复位信号为高电平有效，有效持续时间在24个振荡周期以上才能完成复位操作。若使用6 MHz晶振，则须持续4 μs以上才能完成

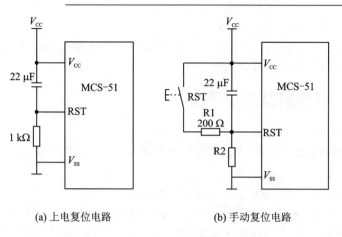

(a) 上电复位电路　　　　　(b) 手动复位电路

图 1.4.1　51 单片机的复位电路

复位操作。在通电瞬间，由于 RC 的充电过程，在 RST 端出现一定宽度的正脉冲；只要该脉冲保持 10 ms 以上，就能使单片机自动复位。在 6 MHz 时钟时，通常 C 取 22 μF，R1 取 200 Ω，R2 取 1 kΩ，这样就能可靠地上电复位和手动复位。

CPU 在第二个机器周期内执行内部复位操作，以后每个机器周期重复一次，直至 RST 端电平变低。在单片机复位期间，ALE 和 PSEN 信号都不产生。复位操作将对部分专用寄存器产生影响。

1.4.2　程序执行方式

连续执行方式　连续执行方式是单片机执行的基本工作方式，要执行的代码放在程序存储器 ROM 中(可以是片内或片外)，CPU 不断地从程序存储器中取指令、分析并执行。

单步执行方式　程序的执行处于外加脉冲(通常用一个按键生产)的控制下，一般利用中断来实现程序的单步执行。

1.5　51 单片机工作时序

时序即信号的时间顺序。CPU 实质上就是一个同步时序电路，在时钟脉冲的推动下工作。CPU 能够顺序读取、分析和执行指令，它们都和工作时序息息相关。

1.5.1　时钟电路

根据硬件电路的不同，单片机的时钟连接方式可以分为：

内部振荡方式：MCS‑51 单片机内有一个用于构成振荡器的高增益反向放大器，引脚 XTAL1 和 XTAL2 分别是此放大器的输入端和输出端。把放大器与作为反馈元件的晶体振荡器或陶瓷谐振器连接，就构成了内部自激振荡器并产生振荡时钟脉冲。

外部振荡方式：外部振荡方式就是把外部已有的时钟信号引入单片机内，即接XTAL2引脚，而XTAL1引脚接地。

1.5.2　机器周期及指令周期

1）振荡周期

振荡周期指为单片机提供定时信号的振荡源的周期或外部输入时钟的周期。

2）时钟周期

时钟周期即为振荡周期，又称为状态周期或状态时间 S，分为 P1 节拍和 P2 节拍。通常在 P1 节拍完成算术逻辑操作，在 P2 节拍完成内部寄存器之间的传送操作。

3）机器周期

一个机器周期由 6 个状态组成，如果把一条指令的执行过程分为几个基本操作，则将完成一个基本操作所需的时间称作机器周期。单片机的单周期指令执行时间为一个机器周期。

4）指令周期

指令周期即执行一条指令所占用的全部时间，通常为 1～4 个机器周期。

总之，一个机器周期＝6 个状态周期＝12 个节拍。

1.5.3　指令的执行时序

单片机执行指令分为取指令和执行指令两步。在取指令阶段，CPU 把 PC 中的地址送到程序存储器，并取出需要执行指令的操作码和操作数；在指令执行阶段，先对指令的操作码进行译码，然后取出操作数并执行指令。指令执行时序如图 1.5.1 所示。

1）单字节单周期指令

这类指令只占用一个字节，CPU 从取出指令到完成指令的执行仅需一个机器周期；在 ALE 信号第一次有效（上升沿）时从 ROM 中读出指令码，送到指令寄存器 IR 中开始执行。

在执行期间，CPU 一方面在 ALE 第二次有效时封锁 PC 的加 1 操作，使第二次读操作无效；另一个方面在 S6 期间完成指令的执行。

2）双字节单周期

CPU 在执行这类指令时需要分两次从 ROM 中读取指令码。ALE 信号第一次有效时读出指令的操作码，CPU 在译码后得知其为双字节指令；然后使程序计数器加 1，并在 ALE 信号第二次有效时读出指令的第二字节；最后在 S6 期间完成指令的执行。

3）单字节双周期指令

CPU 在第一个周期的 S1 期间读取指令的操作码，译码后得知该指令为单

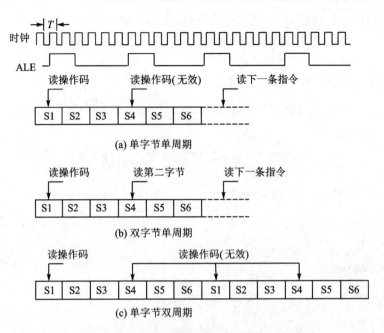

图 1.5.1　指令执行时序图

字节双周期指令。所以控制器自动封锁后面的连续 3 次的读操作,并在第二个周期的 S6 期间完成指令的执行。

1.6　单片机辅助设计软件——单片机小精灵

1.6.1　软件介绍

单片机小精灵是一款单片机辅助开发工具,提供常用 51 系列单片机的参数计算和资料查询功能。

单片机小精灵又称单片机工具箱或延时计算器,包括延时计算器(超精确延时,误差小于机器周期)、定时/计数器初值计算、串口通信波特率初值计算、波特率误差计算。以上功能均可生成 C 语言代码和汇编代码,其中波特率及串口通信模块可生成完整 Kiel C 可编译代码。

1.6.2　功能特点

➢ 延时计算(高精度延时、误差小于机器周期、支持 C、汇编语言);

➢ 定时/计数器初值计算(可生成 C 语言、汇编语言代码);

➢ 串口波特率计算(不同晶振、不同波特率误差及重载值);

➢ 中断及常用控制字设置(IE、IP、TMOD、TCON、SCON、PCON);

> ➤ 常用单片机资料（常用单片机寄存器、各系列单片机电路图）；
> ➤ 编程指令速查（C 语言、汇编语言）；
> ➤ 其他辅助工具（汉字内码查看器）。

单片机小精灵软件主界面如图 1.6.1 所示。

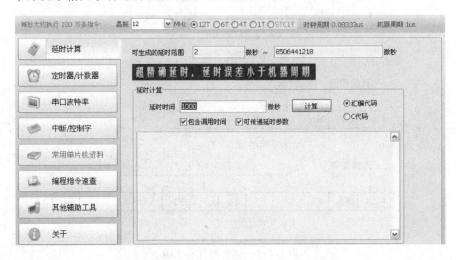

图 1.6.1　单片机小精灵软件

如果单片机晶振为 12 MHz、要求延时时间为 1 000 μs,则在单片机小精灵软件上进行相应设置,单击"计算"按钮,则生成需要的 C 代码程序,如图 1.6.2 所示。

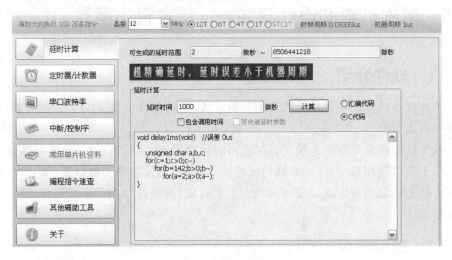

图 1.6.2　单片机小精灵软件生成 C 代码

1.7　小　结

本章简单介绍了 51 系列单片机的发展历史和应用领域,然后介绍了单片机的基本知识,包括单片机的内部结构、引脚功能、中央处理器、存储器结构、单片机复位、单片机工作时钟和时序,为读者后续的学习打下基础。

习　题

1.1　简述单片机的发展历史。

1.2　单片机主要应用在哪些领域?

1.3　举例说明 51 单片机的主要型号和特点。

1.4　51 单片机的 $\overline{\text{EA}}$、ALE 和 $\overline{\text{PSEN}}$ 引脚有哪些功能?

1.5　51 单片机内部包含哪些功能部件? 它们完成什么功能?

1.6　开机复位后,CPU 使用的是哪一组工作寄存器? 它们的地址是什么? CPU 如何确定和改变当前工作寄存器组?

1.7　在程序寄存器中,0000H、0003H、000BH、0013H、001BH、0023H 这 6 个地址单元的含义是什么?

1.8　在 51 单片机扩展系统中,片外程序存储器和片外数据存储器共处同一地址空间,为什么不会发生冲突?

1.9　51 单片机 P0~P3 口的结构有什么不同? P3 口有哪些第二功能?

1.10　51 单片机定时/计数器的定时方式和计数方式的区别是什么?

1.11　51 单片机中断系统的组成有哪些?

1.12　51 单片机有哪几种复位方式? 它们的工作过程是什么?

1.13　51 单片机的时钟周期、机器周期、指令周期是如何定义的? 当振荡频率为 6 MHz 时,一个机器周期是多少微秒?

第2章

Keil C51 软件入门与调试

　　单片机的程序设计需要在特定的编译器中进行。编译器完成对程序的编译、链接等工作，并生成可执行文件。对于单片机程序的开发，一般采用 Keil 公司的 μVision 集成开发环境，它支持 C51 语言的程序设计。

　　本章主要介绍 μVision3 集成开发环境以及如何使用该集成开发环境进行单片机的开发和调试。

2.1　Keil C51 的安装及启动

2.1.1　Keil C51 的安装

　　安装 Keil C51 非常简单，步骤如下：

　　① 运行 Keil C51 软件 SETUP 目录下的程序 c51v802.exe，如图 2.1.1 所示。

　　② 在接下来的几个对话框中选择 Next 或 Yes，当提示填入用户名和公司名时，照实际情况填写。

图 2.1.1　Keil C51 软件开始图标

　　③ 安装完毕按 Finish 结束。

2.1.2　启动 Keil μVision3 程序

　　安装好 Keil C51 后，自动在桌面和开始菜单中生成一个 Keil μVision3 图标。双击该图标即可启动运行，也可以选择"开始"→"程序"→Keil μVision3。启动 Keil C51 应用程序，则首先出现如图 2.1.2 所示的启动界面。随后，出现如图 2.1.3 所示的主窗口。

图 2.1.2　Keil C51 启动画面

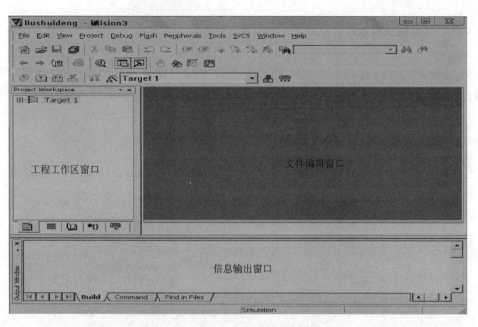

图 2.1.3　Keil C51 主窗口

2.2　工作环境介绍

如图 2.1.3 所示,该软件提供了丰富的工具,常用命令都具有快捷工具栏。除代码窗口外,软件还具有多种观察窗口,这些窗口可使开发者在调试过程中随时掌握代码所实现的功能。屏幕界面和 VC 类似,提供菜单命令栏、快捷工具栏、项目窗口、代码窗口、目标文件窗口、存储器窗口、输出窗口、信息输出窗口和大量的对话框。μVision3 中可以打开多个项目文件进行编辑。

1) 工程工作区窗口

工程工作区窗口用于管理项目中的文件、调试运行时的寄存器以及工程相关的说明文档。在其 File 区可以添加/移除文件、编译单个文件或调试工程,在 Regs 区可以参看、设置寄存器的值,在 Books 区有关于开发环境的说明以及芯片器件的用户手册等。

2) 文件编辑窗口

文件编辑窗口用于对源文件编辑、查看串行口输入/输出、浏览整个工程以及代码性能分析。

3) 信息输出窗口

信息编译窗口用于输出程序编译结果,包括编译、链接、程序区大小、输出文件的个数/名称以及错误、警告等信息。

2.3　创建项目

Keil μVision3 中有一个项目管理器,用于对项目文件进行管理;它包含了程序的环境变量和编辑有关的全部信息,为单片机程序的管理带来了很大的方便。创建一个新项目具体步骤如下:

2.3.1　新建项目

启动 μVision3 后,选择 Project→New Project 菜单项,则弹出 Create New Project 对话框,如图 2.3.1 所示。

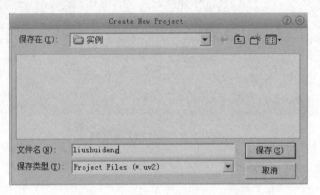

图 2.3.1　Keil C51 新建项目对话框

键入项目名称(建议每个项目使用一个独立的文件夹)后单击"保存",则弹出 Select Device for Target'Target 1'对话框,如图 2.3.2 所示。在此对话框中,根据需要选择合适的单片机型号。也可以选择 Project→Select Device for Target 菜单项,则弹出如图 2.3.2 所示的对话框。其中,Data base 栏列出了厂商名及其产品,Description 栏是对选中单片机的指示说明。选中所需要的单片机 CPU,单击"确定"即可。

2.3.2　创建新的源程序文件

单击图标 或选择 File→New 菜单项,则可以创建一个源程序文件。此命令会打开一个空的编辑窗口,如图 2.3.3 所示。

在该窗口用单片机 C 语言键入源代码后,选择 File→Save/Save as 菜单项对源程序进行保存,或直接单击图标 进行保存。保存时文件名可以是字符、字母或数字,而且需要自己带上扩展名;使用单片机 C 语言编写的源程序,扩展名为". C"。保存好源程序后,源程序窗口中的关键字呈彩色高亮度显示。

源程序文件创建后,要把此文件添加到项目中,在工作环境中左边中间位置的项目工作区 Project Workspace 显示框内单击文件夹 Target 1 左边的符号"+",再右击文件夹 Source Group 1,在弹出的界面中选择 Add Files to Group 'Source Group1',如图 2.3.4 所示。在弹出的对话框中选择刚才创建的源程序文件,然后单击 Add,再单击 Close 关闭对话框即可。

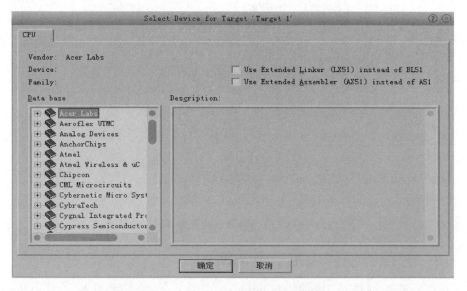

图 2.3.2　Keil C51 器件选择对话框

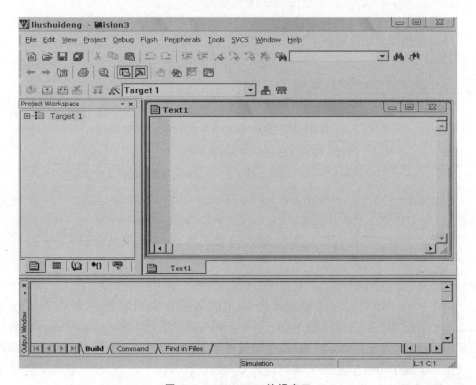

图 2.3.3　Keil C51 编辑窗口

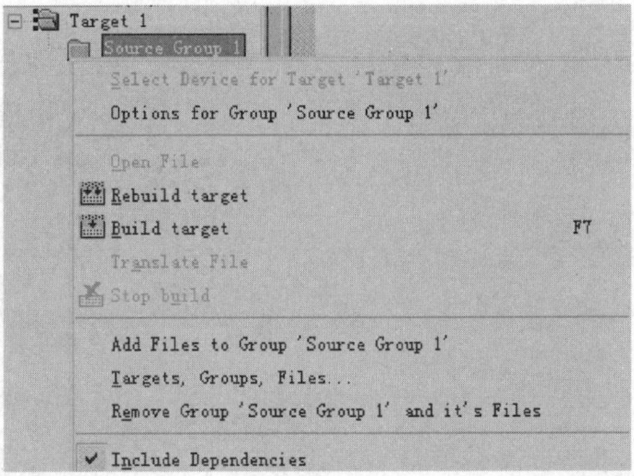

图 2.3.4　Keil C51 源程序文件添加到项目的界面

2.3.3　为目标项目设定工具选项

单击图标 ▲ 或选择 Project→Options for Target 菜单项,则弹出 Options for Target 'Target 1'对话框,如图 2.3.5 所示。

在此对话框中可对硬件目标及所选的器件片内部件进行参数设定。Target 对话框各项描述如表 2.3.1 所列。

表 2.3.1　Target 对话框各项描述

选　项	描　述
Xtal	指定器件的 CPU 时钟频率。在多数情况下,它的值与 Xtal 的频率相同
Use On-chip ROM	使用片上自带的 ROM 作为程序存储器
Memory Model	指定 C51 编译器的存储模式。在开始编译新应用时,默认 SMALL
Code Rom Size	指定 ROM 存储器的大小
Off-chip Code memory	指定目标硬件上所有外部程序存储器的地址范围
Off-chip Xdata memory	指定目标硬件上所有外部数据存储器的地址范围
Code Banking	指定 Code Banking 参数

标准 80C51 的程序存储器空间为 64 KB,若程序空间超过 64 KB,则可在如图 2.3.5 所示的 Target 对话框中对 Code Banking 栏进行设置。Code Banking 为地址复用,可以扩展现有的 CPU 程序存储器寻址空间。选中 Code Banking 复选框,用户根据需求在 Banks 列表框中选择合适的块数。在 Keil C51 中,用户最多能使用 32 块 64 KB 的程序存储空间,即 2 MB 的空间。

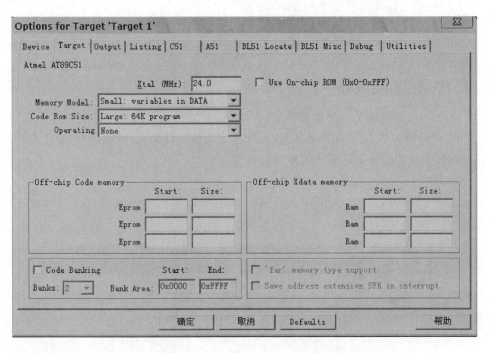

图 2.3.5 Options for Target 'Target 1'——Target 选项卡

2.3.4 编译项目并创建.HEX 文件

在 Target 选项卡中设置好工具后,就可以对源程序进行编译。单击图标▦或选择 Project→Build Target 菜单项,则可以编译源程序并生成应用。当编译的程序有错误时,µVision3 将会在输出窗口(Output Window)的编译页(Build)中显示出错误和警告信息,如图 2.3.6 所示。双击某一条信息,则光标停留在文本编译窗口中出错或警告的源程序位置上。编译成功后就可以开始调试。当要求产生一个.HEX 文件时,要将 Options for 'Target1'对话框 Output 选项卡中的 Create HEX File 复选框选中,则生成的.HEX 文件就可以下载到 EPROM 编程器或模拟器中。

```
× Build target 'Target 1'
  linking...
  Program Size: data=11.0 xdata=0 code=197
  creating hex file from "矩阵键盘显示"...
  "矩阵键盘显示" - 0 Error(s), 0 Warning(s).

  ⟍Build ∧Command ∧Find in Files∕
                              Target-Mode
```

图 2.3.6 项目编译结果显示

2.4　Keil C 程序调试器及程序调试方法

2.4.1　程序调试器

μVision3 中集成了一种新型调试器(Debug),它提供了两种调试模式:

① 软件模拟仿真(Use Simulator):此模式为纯软件调试,能够仿真 8051 系列产品的绝大多数功能而不需要任何硬件目标板。

② 硬件目标板在线仿真:硬件仿真。

这两种模式可以在 Options for 'Target 1' 对话框的 Debug 选项卡中选择,如图 2.4.1 所示。

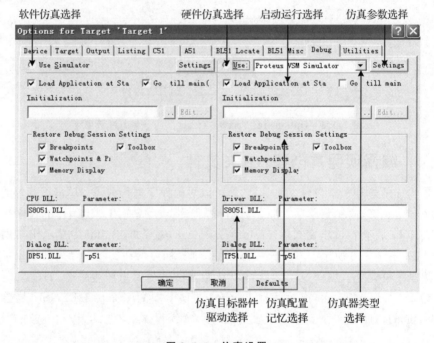

图 2.4.1　仿真设置

2.4.2　启动程序调试

Debug 选项配置完成之后,选择 Debug→Start/Stop Debug Session 菜单项即可启动 Debug 开始调试。启动 Debug 后 μVision3 窗口分配如图 2.4.2 所示。

命令窗口用于键入各种调试命令,存储器窗口用于显示程序调试过程中单片机的存储器状态,观察窗口用于显示局部变量和观察点的状态。此外,主调试窗口位置还可以显示反汇编窗口、串行窗口以及性能分析窗口;通过选择 View 菜单中的相应

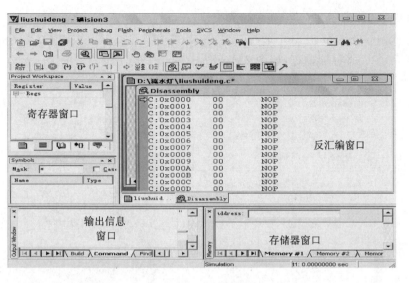

图 2.4.2　调试窗口

选项(或单击工具条中相应按钮),可以很方便地实现窗口切换。

(1) 反汇编窗口

在进行程序调试及分析时,经常用到反汇编。反汇编窗口同时显示了目标程序、编译的汇编程序和二进制文件。选择 View→Dissembly Window 菜单项,则弹出如图 2.4.3 所示的反汇编窗口,用于显示已经装到 μVision3 的用户程序汇编语言指令、反汇编代码及其他地址。

```
92: ?C_STARTUP:        LJMP      STARTUP1
93:
94:                     RSEG      ?C_C51STARTUP
95:
96: STARTUP1:
97:
98: IF IDATALEN <> 0
C:0x0000    020033    LJMP      STARTUP1(C:0033)
23: void Delay(uint del)
24: {
25:          uint i,j;
26:          for(i=0; i<del; i++)
C:0x0003    E4        CLR       A
C:0x0004    FD        MOV       R5,A
C:0x000E    EC        MOV       R4,A
```

图 2.4.3　反汇编窗口

已经执行了的指令都可以通过选择 Debug→View Trance Records 菜单项显示;要想有历史记录,则选择 Debug→Enable/Disable Trance Records 菜单项即可。当反汇编窗口作为当前活动窗口时,若单步执行指令,则所有的程序按照 CPU 指令即汇编指令来单步执行,而不是 C 语言的单步执行。

在反汇编的窗口中可以使用右键功能,将鼠标指向反汇编窗口并右击,则可弹出如图 2.4.4 所示界面。该菜单第一栏中的选项用于选择窗口内反汇编内容的显示方式。

(2) 寄存器窗口

选择 Debug→Start/Stop Debug Session 菜单项，则在 Project Windows 的 Page 页中显示 CPU 寄存器内存，如图 2.4.5 所示。

 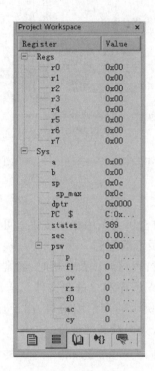

图 2.4.4　反汇编窗口右键界面　　　　图 2.4.5　寄存器窗口

(3) 存储器窗口

存储器窗口中最多可以通过 4 个不同的页来观察 4 个不同的存储区，每页都能显示存储器中的内容，如图 2.4.6 所示。在 Address 文本框中输入地址值后，则显示区域直接显示该地址的内容；若要更改地址中的内容，则只需要在该地址上双击并输入新的内容。

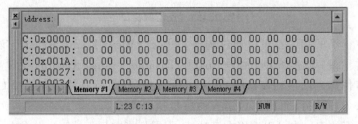

图 2.4.6　存储器窗口

(4) 串行窗口

　　μVision3 提供了 3 个专门用于串行调试输入和输出的窗口,被模拟仿真的 CPU
串行口数据输出将在该窗口中显示,输入串行窗口中的字符将输入到模拟的 CPU
中。选择 View→Serial Window ♯1 或 Serial Window ♯2 或 Serial Window ♯3 菜
单项即可打开串行调试窗口。

2.4.3　断点设置

　　程序调试时,一些程序行必须满足一定的条件才能被执行(如程序中某变量达到
一定的值、按键被按下、串口接收到数据、有中断产生等),这些条件往往是异步发生
或难以预先设定的,这类问题使用单步执行的方法是很难调试的,这时就要使用到程
序调试中的另一种非常重要的方法——断点设置。断点设置的方法有多种,常用的
是在某一程序行设置断点。设置好断点后可以全速运行程序,执行到该程序行即停
止,可在此观察有关变量值,以确定问题所在。可以通过以下方法来设置断点:

　　① 选择 Debug→Start/Stop Debug session 菜单项或单击快捷键 @ 开始调试
程序。

　　② 用 Debug→Insert/Remove BreakPoint 菜单项设置或移除断点(也可以用鼠
标在该行双击实现同样的功能);Debug→Enable/Disable Breakpoint 开启或暂停光
标所在行的断点功能;Debug→Disable All Breakpoin 暂停所有断点;Debug→Kill
All BreakPoint 清除所有的断点设置。这些功能也可以用工具条上的快捷按钮进行
设置。

　　③ 利用 Debug 菜单项,打开 Break point 对话框,在这个对话框中可以查看定义
或更改断点的设置。

　　④ Output Window 窗口的 Command 页也可以使用 Break set、Break kill、Break
list、Break Enable 和 Break Disable 命令选项进行断点设置。

2.4.4　目标程序的执行

　　目标程序的执行有以下方法:

　　① 选择 Debug→GO 菜单项或直接单击图标 🗐 。

　　② 在文本编辑窗口或反汇编窗口中右击,在弹出的快捷菜单上选择 Run till
Cursor line 命令。

　　③ 在 Output Window 窗口 Command 页中可以使用 Go、Ostep、Pestp、Tstep 命令。

2.5　Keil C 程序调试实例

　　本例将通过对最简单的流水灯程序的调试来演示如何用 Keil C 调试程序,本程
序使用 AT89C51 单片机,使用 P2 口连接 8 个 LED 灯。

源程序:

```c
/****************** 必要的变量定义 ***************** /
# include< reg51.h>
# include< intrins.h>      //声明头文件,该头文件包含"_crol_"函数
# define uchar unsigned char
/****************** 延时子程序 ***************** /
void delay( )
{
    uchar i,j;
    for(i= 200;i> 0;i-- )
    for(j= 150;j> 0;j-- );
}
/****************** 主程序 ***************** /
void main( )
{
  uchar i;
  uchar temp= 0x00;
    P2= temp;
    while(1)
    {
      P2= 0x01;            //点亮与 P2.0 连接的 LED 灯
      for(i= 0;i< 8;i++ )
      {
      P2= _crol_(P2,1); //_crol_()为循环移位函数,对 P2 存放的数值进行循环移位
      delay( );           //延时一段时间
      }
    }
}
```

2.5.1　创建项目

选择 Project→New Project 菜单项,则弹出新建项目对话框,如图 2.5.1 所示。

选择保存路径且输入文件名"liushuideng",则弹出如图 2.5.2 所示的 CPU 选择对话框,双击 Atmel 展开其产品,找到 AT89C51 单击。然后单击"确定",则弹出如图 2.5.3 所示的对话框,单击"是"就建好了项目 liushuideng。

图 2.5.1　新建项目对话框

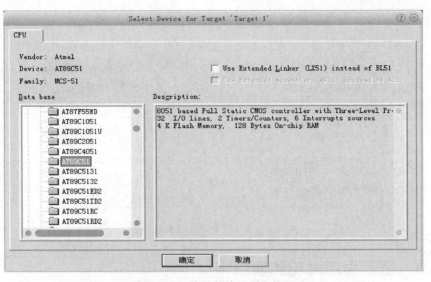

图 2.5.2　选择单片机型号界面

图 2.5.3　复制 51 启动代码并把文件加入到项目中

2.5.2　创建新的源程序

单击工具栏中的图标🗎,则弹出如图 2.5.4 所示的源程序编辑窗口。

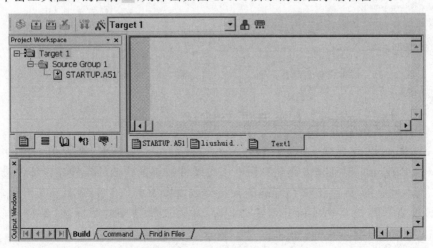

图 2.5.4　源程序编辑窗口

51单片机原理及应用(第4版)

32

在此窗口添加上面的源程序,然后单击图标进行保存。输入保存文件名时加上后缀名".C",如图 2.5.5 所示。

图 2.5.5　保存文件界面

2.5.3　把源程序添加到项目中

在 Project Workspace 显示框内单击文件夹 Target 1 左边的符号"+",再右击文件夹 Source Group 1。在弹出的界面中选中 Add Files to Group 'Source Group1' 选项,在弹出的对话框中选择刚才创建的源程序文件 liushuideng.C,如图 2.5.6 所示。然后单击 Add,再单击 Close 关闭对话框即可。此时,Project Workspace 中的 Source Group 1 目录下可看到源程序 liushuideng.C,如图 2.5.7 所示。

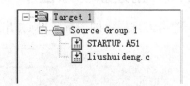

图 2.5.6　添加文件到项目界面　　　图 2.5.7　添加文件到项目后显示的界面

2.5.4　为目标设定工具选项并编译

单击图标或选择 Project→Options for Target 菜单项,则弹出 Options for Target 'Target 1'对话框。在此对话框中对硬件目标及所选的器件片内部件进行参数设定,本例中的 Target 及 Debug 的各项参数设置如图 2.5.8、图 2.5.9 所示。

设置好目标工具选项后开始编译程序,单击工具条中的图标,编译成功后,Output Window 显示正确,如图 2.5.10 所示。

```
                     Options for Target 'Target 1'                    ?  ⊗
Device  Target  Output  Listing  C51  A51  BL51 Locate  BL51 Misc  Debug  Utilities
Atmel AT89C51
                        Xtal (MHz): 12.0        ☑ Use On-chip ROM (0x0-0xFFF)
     Memory Model:  Small: variables in DATA    ▼
    Code Rom Size:  Large: 64K program          ▼
       Operating   None                         ▼


  Off-chip Code memory                   Off-chip Xdata memory
                      Start:   Size:                        Start:  Size:
             Eprom  [      ] [      ]            Ram  [      ] [      ]
             Eprom  [      ] [      ]            Ram  [      ] [      ]
             Eprom  [      ] [      ]            Ram  [      ] [      ]

  ☐ Code Banking        Start:    End:    ☐ 'far' memory type support
  Banks: [  ▼]  Bank Area: [0x0000] [0xFFFF] ☐ Save address extension SFR in interrupt

                  确定      取消      Defaults
```

图 2.5.8　Target 选项卡

```
                     Options for Target 'Target 1'                    ?  ⊗
Device  Target  Output  Listing  C51  A51  BL51 Locate  BL51 Misc  Debug  Utilities
⦿ Use Simulator             Settings    ○ Use:  Keil Monitor-51 Driver    Settings
☑ Load Application at Sta  ☑ Go  till main(  ☑ Load Application at Sta  ☐ Go  till main
  Initialization                            Initialization
  [                    ] [.. ] Edit         [                    ] [.. ] Edit

  ┌Restore Debug Session Settings┐          ┌Restore Debug Session Settings┐
  │ ☑ Breakpoints    ☑ Toolbox   │          │ ☑ Breakpoints    ☑ Toolbox   │
  │ ☑ Watchpoints & P            │          │ ☐ Watchpoints                │
  │ ☑ Memory Display             │          │ ☑ Memory Display             │
  └──────────────────────────────┘          └──────────────────────────────┘

  CPU DLL:    Parameter:                    Driver DLL:   Parameter:
  [S8051.DLL] [              ]               [S8051.DLL]  [              ]

  Dialog DLL:  Parameter:                    Dialog DLL:  Parameter:
  [DP51.DLL]  [-p51          ]               [TP51.DLL]  [-p51          ]

                  确定      取消      Defaults
```

图 2.5.9　Debug 选项卡

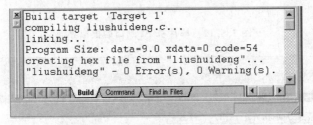

```
Build target 'Target 1'
compiling liushuideng.c...
linking...
Program Size: data=9.0 xdata=0 code=54
creating hex file from "liushuideng"...
"liushuideng" - 0 Error(s), 0 Warning(s).
 ◁◁ ◁ ▷ ▷▷ \ Build ╱ Command ╱ Find in Files ╱    ◁          ▷
```

图 2.5.10　编译成功后的信息输出窗口

2.5.5　软件调试

单击工具条中的按钮 ⌖ 进入软件调试界面，如图 2.5.11 所示。然后单击调试开始按钮 ⌖，此时调试已开始，选择 Peripherals→I/O - Ports →Port 2 菜单项，则调出 P2 口的模拟界面，如图 2.5.12 所示。此时可以看到，P2 上 8 个引脚的电平依次由低变到高，如此循环（选框内标"√"表示高电平，没有标的为低电平）；选择 View→ Watch & Call stack Window 菜单项调出观察窗口，如图 2.5.13 所示。

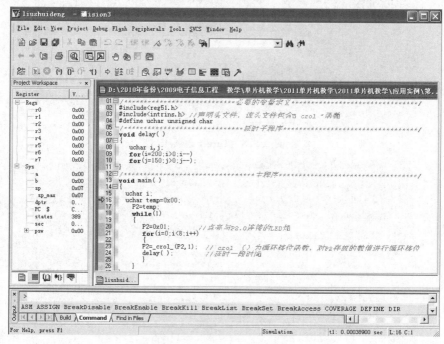

图 2.5.11　软件调试界面窗口

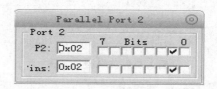

图 2.5.12　单片机 P2 端口的模拟界面

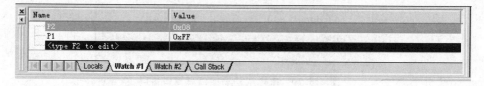

图 2.5.13　单片机 P2 端口的观察窗口

在 Watch ♯1 页中,双击项 Type F2 to edit,则可以通过输入想要观察的点来观察。例如,本演示例子要观察 P2 口的数值变化,因此输入 P2,则可以看到 P2 的值在循环变化,如图 2.5.13 所示。选择 View→Memory window 菜单项调出存储器窗口,在 Address 文本框中输入地址 0x0004,则即可显示此存储器里的内容,如图 2.5.14 所示。

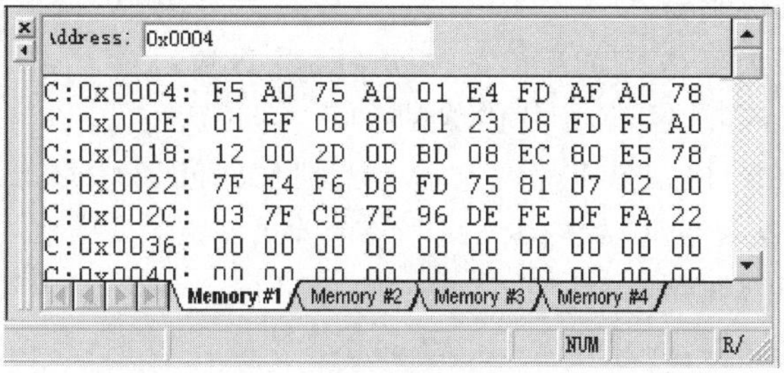

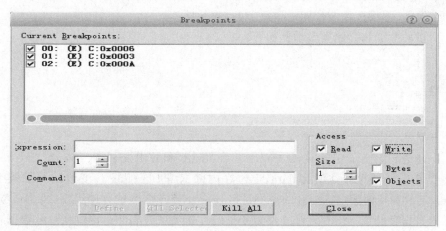

图 2.5.14　单片机存储器

单击工具条中的按钮 ⊗ 即可停止调试,选择 Debug→Breakpoints 菜单项,则弹出断点设置。本例中设置 3 个断点,如图 2.5.15 所示。然后接着单击按钮 ⊕ 继续调试。

图 2.5.15　断点显示

2.6　C51 语言概述

2.6.1　数据的存储类型

C51 是面向单片机及其硬件控制系统的开发工具,利用 C51 编写的程序最后要转换成机器码,并下载到单片机中运行。单片机中数据的存储空间有 4 类:片内程序存储器空间、片外程序存储器空间、片内数据存储器空间和片外数据存储器空间。数据的存储类型定义了数据在单片机系统中的存储位置,所以在 C51 中变量、常量要定义成各种存储类型,目的是将它们定位在相应的存储空间。根据单片机硬件结构的特点,C51 定义了 6 种存储类型,分别是 data、bdata、idata、pdata、xdata、code,它们与 51 单片机实际存储空间有如下对应关系:

(1) 片内数据存储器

片内 RAM 最大可达到 128 字节,可分为 3 个区域:

data:片内直接寻址区,位于片内 RAM 低 128 位。

bdata:片内位寻址区,位于片内 RAM 寻址区(20H~2FH)。

idata:片内间接寻址区,片内 RAM 所有字节。

(2) 片外数据存储器

xdata:外部存储器,为片外 RAM 的 64 KB 空间。

pdata:外部存储器,片外 RAM 中的一个页面,为 256 字节。

(3) 片内、外程序存储器

code:程序代码存储器,为片内、外 ROM 的 64 KB 空间。

程序中定义变量的类型是编程中首先遇到的问题。一个程序中肯定会有数据,首先要选择数据类型,一个变量可能有多大的数值、到底要几个字节才能存下,在够用的情况下,尽量选择 8 位即一个字节的 char 型。

变量的数据和存储类型举例如下:

```
unsingned char data var1;
bit bdata flag;
float idata a,b,c;
unsigned int pdata temp;
unsigned char xdata array1[10];
unsigned int code array2[12];
```

上述语句定义了变量 var1、flag、a、b、c、temp 和数组 array1、array2。无符号字符型变量 var1 的存储类型为 data,定位在内部 RAM 区;flag 位变量的存储类型为 bdata,定位在片内数据存储区的位寻址区;a、b、c 浮点变量的存储类型为 idata,定位在片内数据存储区;temp 无符号整型变量的存储类型为 pdata,定位在片外数据存储区;无符号字符型一维数组变量 array1 的存储类型为 xdata,定位在片外数据存储区;无符号整型一维数组 array2 的变量类型为 code,定位在程序存储区。

访问片内数据存储器(data、bdata、idata)花费的时间比访问片外数据存储器(xdata、pdata)相对要少,因此可将经常使用的变量置于片内 RAM,而将规模较大的或不常使用的数据置于片外 RAM 中。

2.6.2 C51 中断子程序

C51 编译器支持在 C 源程序中直接编写中断程序。中断服务函数的完整语法如下:

```
void    函数名(void)interrupt  n   [using r]
```

其中,n(0～31)代表中断号。C51 编译器允许 32 个中断,具体使用哪个中断由芯片决定。r(0～3)代表第 r 组寄存器。调用中断函数时,要求中断过程调用的函数所使用的寄存器组必需与其相同。逻辑上,一个中断服务程序不能传递参数进去,也不可返回值。

当中断发生时,编译器插入的代码被运行,它将累加器 A、B、DPTR 和 PSW(程序状态字)入栈。最后,在退出中断程序时,预先存储在栈中的数据被恢复。

为了用 Keil C 语言创建一个中断服务程序,则可以利用 interrupt 关键词和正确的中断号声明一个 static void 函数。Keil C 编译器自动生成中断向量以及中断程序的进口、出口代码。interrupt 函数属性标志着该函数为中断服务程序。可用 using 属性指定中断服务程序使用哪一个寄存器区,这是可选的。有效的寄存器区范围为 0～3。单片机中断源、C 中断号和中断源的矢量位置见表 2.6.1。

表 2.6.1　单片机中断源、C 中断号和中断源的矢量位置对照表

中断源	Keil 中断编号	矢量地址
外部中断 0	0	0x0003
定时器 0 溢出	1	0x000B
外部中断 1	2	0x0013
定时器 1 溢出	3	0x001B
串口	4	0x0023
定时器 2 溢出(C52 或 S52)	5	0x002B
最高优先级	6	0x0033
DMA	7	0x003B
硬件断点	8	0x0043
JTAG	9	0x004B

例如,一个定时器 0 的溢出中断程序编写格式如下:

```
void timer0(void) interrupt 1                    //timer0(void)为中断名
{
TR0= 0;                                          //关闭定时器 0
TH0= ReloadValueH;                               //重新装载初值
TL0= ReloadValueL;
TR0= 1;                                          //启动定时器 0
count++ ;                                        //中断次数计数器加 1
}
```

2.6.3　头文件定义

任何一种 C51 都要有头文件,它由预处理命令组成。头文件就是放在程序开头

的文件,一般都是由 C51 开发商和芯片厂商提供的;这些文件的后缀为"h",用 ♯ in-
clude ＜......＞格式在程序开始处标注出来。C51 在编译时首先会将标注的程序
应用到编译器里,所以在使用时要确保这些文件的存在。

以下是头文件的举例:

```
# include< reg51.h>
# include< stdio.h>
```

头文件 reg51.h 中包含芯片的引脚定义和功能电路的变量定义,可以直接拿来
使用,而不必关心该芯片的具体硬件问题,这就是与硬件无关性;stdio.h 是标准输入
输出头文件,用到标准输入输出函数时,就要调用这个头文件。

其他 C 头文件的主要作用如下:

```
# include < assert.h>              //设定插入点
# include < ctype.h>               //字符处理
# include < errno.h>               //定义错误码
# include < float.h>               //浮点数处理
# include < fstream.h>             //文件输入/输出
# include < iomanip.h>             //参数化输入/输出
# include < iostream.h>            //数据流输入/输出
# include < limits.h>              //定义各种数据类型最值常量
# include < locale.h>              //定义本地化函数
# include < math.h>                //定义数学函数
# include < stdio.h>               //定义输入/输出函数
# include < stdlib.h>              //定义杂项函数及内存分配函数
# include < string.h>              //字符串处理
# include < strstrea.h>            //基于数组的输入/输出
# include < time.h>                //定义关于时间的函数
# include < wchar.h>               //宽字符处理及输入/输出
# include < wctype.h>              //宽字符分类
```

51 系列单片机有 21 个特殊功能寄存器(SFR),对它的操作只能采用直接寻址
方式。在 C51 编译器中专门提供了一种定义方式,即用 sfr 定义特殊功能寄存器,用
sbit 定义位地址。例如:

```
sfr TMOD= 0x89;
sbit Cy= PSW^7;
```

对于片外扩充的接口,可以根据硬件地址,用 ♯ define 语句进行定义,例如:

```
# define PORT XBYTE [0xffc0]
```

2.7　小　结

本章详细介绍了 Keil μVision3 集成开发环境,包括 μVision3 的安装和启动、项
目开发过程、程序调试过程并举例说明。项目开发过程主要包括项目的创建和设置、
软件编译、链接和软件调试。Keil 提供了许多调试窗口,可以通过这些窗口来观察单

片机各种状态的变化。

　　μVision3 是一个十分优秀的单片机开发软件,应用十分广泛,熟练掌握其使用并在使用过程中不断总结,将为单片机的设计和开发奠定坚实的基础。

习　题

　　2.1　简述创建一个新 Keil C51 工程的步骤。

　　2.2　生成.HEX 文件的目的是什么? 在 Keil 51C 中如何生成.HEX?

　　2.3　断点的作用是什么? 如何在 Keil C51 中设置断点?

　　2.4　创建一个工程,并编写一个程序,实现 P1.0 口输出 80 Hz 的方波,并用调试窗口观察。

　　2.5　对习题 2.4 中编写的程序进行调试,在调试过程中练习断点的设置、熟悉调试方法。

　　2.6　使用 P2 口连接 8 个 LED 灯,设计一个流水灯程序完成一次点亮、间隔点亮、循环点亮等功能,并练习断点的设置和进行调试。

第 **3** 章

Proteus 电子仿真软件与 Keil 联合调试

本章简要介绍 Proteus 软件组成,详细说明 Proteus 软件的基本操作、原理图设计、单片机仿真过程以及 Proteus 与 Keil 软件联调过程。以典型数码管显示为例,讲述基于 Proteus ISIS 的电路设计、程序调试、系统仿真过程,及 Proteus 与 Keil 软件联合调试。

3.1　Proteus 软件

Proteus 软件有 20 多年的历史,应用广泛,除了具有和其他 EDA 工具一样的画原理图、PCB 自动或人工布线及电路仿真的功能外,其特殊功能是,它的电路仿真是互动的;针对微处理器的应用,还可以直接在基于原理图的虚拟原型上编程,并实现软件源代码级的实时调试、显示及输出,能看到运行后输入输出的效果,还配置了虚拟仪器如示波器、逻辑分析仪等。

3.1.1　Proteus 软件组成和开发流程

1. Proteus 软件组成

Proteus 系统包括 ISIS.EXE(电路原理图设计、电路原理仿真)及 ARES.EXE(印刷电路板设计)两个主要程序。Proteus 组合了高级原理布图、混合模式 SPICE 仿真、PCB 设计以及自动布线功能,从而实现了一个完整的电子设计系统。

Proteus 软件集原理图设计、仿真和 PCB 设计于一体,实现了从概念到产品的设计;具有模拟电路、数字电路、单片机应用系统设计和仿真功能;具有各种信号源和电路分析所需的虚拟仪器;支持 Keil、MATLAB 等第三方的软件编译和调试环境;具有强大的原理图到 PCB 设计功能,可以输出多种格式的电路设计报表。

Proteus 软件由以下 6 部分组成:

原理图输入系统 ISIS;	混合模型仿真器;
动态器件库;	高级图形分析模块;
处理器仿真模型 VSM;	PCB 设计编辑 ARES。

2. 基于 Proteus 软件产品开发流程

基于 Proteus 的电子产品开发流程如图 3.1.1 所示。

图 3.1.1　基于 Proteus 的电子产品开发流程

基于 Proteus 产品设计优点：

① 完成原理图设计之后就可以进行电路调试与仿真；

② 交互式仿真特性使得软件的调试与测试能在设计电路板之前完成；

③ 硬件设计的改动很容易,如同软件设计改动一样简单。

3.1.2　Proteus 编辑环境

在计算机中安装好 Proteus 软件后,选择"开始"→"所有程序"→Proteus 7 Professional 中的图标 即可启动程序。启动界面如图 3.1.2 所示。

图 3.1.2　Proteus 启动界面

进入启动画面两三秒后进入编辑操作界面,如图 3.1.3 所示。它由菜单栏、主工具栏、预览窗口、器件选择按钮、工具箱、原理图编辑窗口、对象选择器、方向工具栏、状态栏、仿真按钮组成。

1. 菜单栏

ISIS 系统的操作主菜单如表 3.1.1 所列,共有 12 项菜单,每项都有下一级菜单。

表 3.1.1　主菜单名称和下一级菜单内容

菜单图标	菜单名称	下一级菜单内容
File	文件菜单	新建、加载、保存、打印等文件操作
View	浏览菜单	图纸网格设置、快捷工具选项、图纸的放置缩小等操作

续表 3.1.1

菜单图标	菜单名称	下一级菜单内容
Edit	编辑菜单	编辑取消、剪切、复制、粘贴、器件清理等操作
Library	库操作菜单	器件封装、库编辑、库管理等操作
Tools	工具菜单	实时标注、自动放线、网络表生成,电器规则检查、材料清单生成等
Design	设计菜单	设置属性编辑、添加和删除图纸、电源配置等
Graph	图形菜单	传输特性、频率特性分析菜单,编辑图形,添加曲线,分析运行等
Source	源文件菜单	选择可程序器件的源文件、编译工具、外部编辑器、建立目标文件等
Debug	调试菜单	启动调试、复位显示窗口等
Template	模板菜单	设置模板格式、加载模板等
System	系统菜单	设置运行环境、系统信息、文件路径等
Help	帮助菜单	打开帮助文件、设计实例、版本信息等

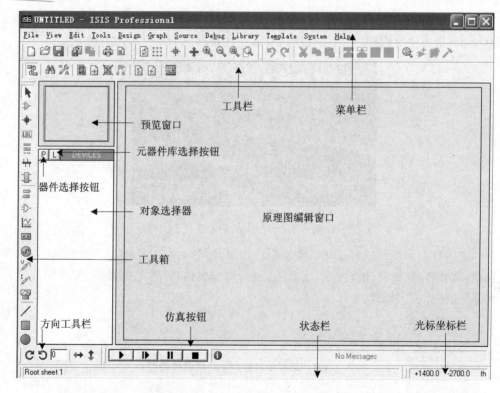

图 3.1.3　ISIS Professional 编辑操作界面

2. 预览窗口

预览窗口可显示两部分内容:

① 在对象选择器中单击某个元件或在工具箱中单击元件按钮、元件终端按钮

🞃、子电路按钮🞃、虚拟仪器按钮🞃等对象,则预览窗口显示该对象的符号。

② 当鼠标光标落在原理图编辑窗口或在工具箱中选择按钮🢓时,则显示整张原理图的缩略图,以及一个绿色方框、一个蓝色方框。绿色方框里的内容就是当前原理图编辑窗口中显示的内容,可在它上面单击来改变绿色方框的位置,从而改变原理图的可视范围;蓝色方框内是可编辑区的缩略图,如图 3.1.4 所示。

3. 器件选择按钮

在工具箱中单击元件按钮时才有器件选择按钮,如图 3.1.5 所示。

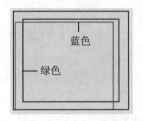

图 3.1.4　预览窗口

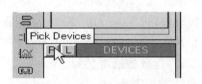

图 3.1.5　器件选择按钮

器件选择按钮中的 P 为对象选择按钮,L 为库管理按钮。单击 P 按钮,则弹出一个对象选择对话框。在此对话框的 Keywords 栏中键入器件名,单击 OK 按钮就可以从库中选择元件,并将所选器件名列在对象选择器窗口中。

4. 工具箱

ISIS 系统中提供了许多图标工具按钮,这些按钮对应的操作如下:

选择🢓按钮(Selection Mode):可在原理图编辑窗口中单击任意元件并编辑元件的属性。

元件🠖按钮(Components Mode):在器件选择按钮中单击 P 按钮时,根据需要从库中将元件添加到元件列表中,也可以在列表中选择元件。

连接点🞜按钮(Junction Dot Mode):可在原理图中放置连接点,也可在不用边线工具的前提下,方便地在节点之间或节点到电路中任意点或线之间连线。

连线的网络标号🞖按钮(Wire Lable Mode):在绘制电路图时,使用网络标号可使连线简单化。

文本脚本🞕按钮(Text Script Mode):在电路中输入文本脚本。

总线🞖按钮(Buss Mode):总线在电路中显示的是一条粗线,它是一组端口线,由许多根单线组成。使用总线时,总线的分支线都要标好相应的网络标号。

子电路🞕按钮(Sub Circuits Mode):用于绘制子电路。

元件终端🞕按钮(Terminals Mode):单击此按钮,则弹出 Terminals Selector 窗口。此窗口中提供了各种常用的端子,其中,DEFAULT 为默认的无定义的端子,INPUT 为输入端子,OUTPUT 为输出端子,BIDIR 为双向端子,POWER 为电源端子,GROUND 为接地端子,BUS 为总线端子。

元件引脚 ⊳ 按钮(Device Pins Mode):单击该按钮时,则弹出窗口中出现各种引脚供用户使用,如普通引脚、时钟引脚等。

图表 ⬚ 按钮(Graph Mode):单击该按钮,则在弹出的 Graph 窗口中出现各种仿真分析所需的图标供用户选择。ANALOGUE 为模拟图表,DIGTAL 为数字图表,MIXED 为混合图表,FREQUENCY 为频率图表,TRANSFER 为转换图表,NOISE 为噪声图表,DISTORTION 为失真图表,FOURIER 为傅里叶图表,AUDIO 为声波图表,INTERACTIVE 为交互式图表,CONFORMANCE 为一致性图表,DC SWEEP 为直流扫描图表、AC SWEEP 为交流扫描图表。

录音机 ▦ 按钮(Tape Recorder Mode):对设计电路分割仿真时采用此模式。

信号源 ⊘ 按钮(Generator Mode):单击此按钮,则弹出的 Generator 窗口中将出现各种激励源供用户选择,如 DC(直流激励源)、SINE(正弦激励源)、PULSE(脉冲激励源)、EXP(指数激励源)等。

电压探针 ⟋ 按钮(Voltage Probe Mode):在原理图中添加电压探针,在电路仿真时可显示各探针处的电压值。

电流探针 ⟋ 按钮(Current Probe Mode):在原理图中添加电流探针,在电路仿真时可显示各探针处的电流值。

虚拟仪器 ▤ 按钮(Virtual Instruments):单击该按钮,则弹出的 Instruments 窗口中出现虚拟仪器供用户选择,如 OSCILLOSCOPE(示波器)、LOGIC ANALYSER(逻辑分析仪)、COUNTER TIMER(计数/定时器)、SPI DEBUGGER(SPI 总线调试器)、I²C DEBUGGER(I²C 总线调试器)、SIGNAL GENERATOR(信号发生器)等。

画线 ╱ 按钮(2D Graphics Line Mode):用于创建元件或表示图表时绘画线。单击该按钮,则弹出的窗口中出现多种画线工具供用户选择。COMPONENT 为元件连线,PIN 为引脚连线,PORT 为端口连线,MARKER 为标记连线,ACTUATOR 为激励源连线,INDICATOR 为指示器连线,VPROBE 为电压探针连线,IPROBE 为电流探针连线,TAPE 为录音机连线,GENERATOR 为信号发生器连线,TERMINAL 为端子连线,SUBCIRCUIT 为子路连线,2D GRAPHIC 为二位图连线,WIRE DOT 为线连接点连线,WIRE 为线连线,BUS WIRE 为总线连线,BORDER 为边界连线,TEMPLATE 为模板连线。

方框 ▪ 按钮(2D Graphics Box Mode):用于创建元件或者表示图表绘制方框。

圆 ● 按钮(2D Graphics Circle Mode):用于创建元件或表示图表时绘制圆。

弧线 ◠ 按钮(2D Graphics Arc Mode):用于创建元件或表示图表时绘制弧线。

曲线 ◠ 按钮(2D Graphics Path Mode):用于创建元件或表示图表时绘制任意形状曲线。

文本 **A** 按钮(2D Graphics Text Mode):用于插入各种文本。

符号 ⑤ 按钮(2D Graphics Symbol Mode):用于选择各种符号。

坐标原点 ⊞ 按钮:用于产生各种坐标标记。

5．方向工具栏

除了可以在工具栏中单击这些方向按钮使用外,也可以先右击,再单击相应的按钮即可。

↻ 为旋转按钮。单击一次旋转角度为 90°,顺时针方向。

↺ 为旋转按钮。单击一次旋转角度为 90°,逆时针方向。

⌼0 为输入旋转角度按钮,旋转的角度只能是 90°的整数倍。

↔ 为翻转控制按钮,用于水平翻转。

↕ 为翻转控制按钮,用于垂直翻转。

6．仿真按钮

▶ :运行按钮; � :单步运行按钮; ‖ :暂停按钮; ■ :停止按钮。

7．原理图编辑窗口

原理图编辑窗口用于放置元件、连线、绘制原理图。在该窗口中,蓝色方框为可编辑区,电路设计必须在此窗口内完成。该窗口设有滚动条,用户单击预览窗口,拖动鼠标移动预览窗口的绿色方框就可以改变可视电路图区域。

在原理图编辑窗口中的操作与常用的 Windows 应用程序不同,其操作有以下特点:

➢ 3D 鼠标中间的滚轮用于放大或缩小原理图。

➢ 单击用于放置元件、连线。

➢ 双击右键可删除已放置的元件或者删除连线。

➢ 先单击后右击可编辑元件属性。

➢ 按住鼠标左键或右键拖出方框可选中方框中的多个元件或者连线。

➢ 先右击选中对象再按住左键移动,或双击元件使元件变成黄色时,可拖动元件或连线。

3.2　电路原理图设计

电路原理图是由电子器件符号和连接导线组成的图形。图中器件有编号、名称、参数等属性,连接导线有名称、连接的器件引脚等属性。电路原理图的设计就是放置器件并把相应的器件引脚用导线连接起来,并修改器件和导线的属性。

1．新建设计文件

选择"开始"→"所有程序"→Proteus 7 Professional 中的 **ISIS** 即可启动程序进入编辑操作界面,然后选择 File→New Design 菜单项,则弹出如图 3.2.1 所示的图纸选择界面。横向图纸为 Landscape,纵向图纸为 Portrait。DEFAULT 为默认模板,如果设计没有特殊要求,则选 DEFAULT 即可。单击 OK 将自动建立一个默认标题(UNTITLED)的文件,再选择单击文件菜单中的保存标志 💾,在弹出的界面中选择保存的路径和输入文件的名称,然后单击"保存"即可。

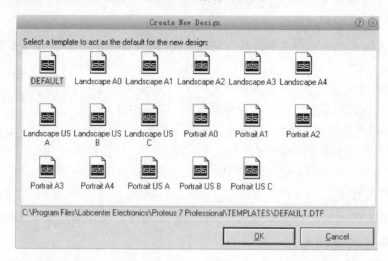

图 3.2.1　图纸模块选择界面

46

2. 设计图纸大小

Proteus ISIS 为用户提供了 A4～A0 这 4 种纸张大小的选择,如图 3.2.2 所示;用户也可以选择 System→Set Sheet size 菜单项,则弹出如图 3.2.2 所示对话框。根据设计需要选择图纸的大小,然后单击 OK 即可。

3. 添加元器件

单击工具栏中的元器件选择图标➡,然后单击图纸预览窗口下面的对象选择器按钮 P ,如图 3.2.3 所示,或选择 Library→Pick Device 菜单项。在弹出如图 3.2.4 所示的元器件选择对话框,在 Keywords 文本框中输入需要查找的元件名,则在 Results 栏中显示出与输入匹配的元件。例如,在 Keywords 文本框中输入 at89c51,则 Results 中显示出若干匹配的 at89c51,如图 3.2.4 所示。然后双击就可以将元件添加到 ISIS 对象选择器中,在元件表中可以看到选中的元件名称。

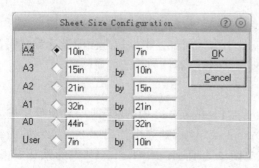

图 3.2.2　纸张大小选择对话框

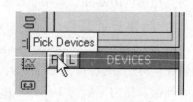

图 3.2.3　对象选择按钮

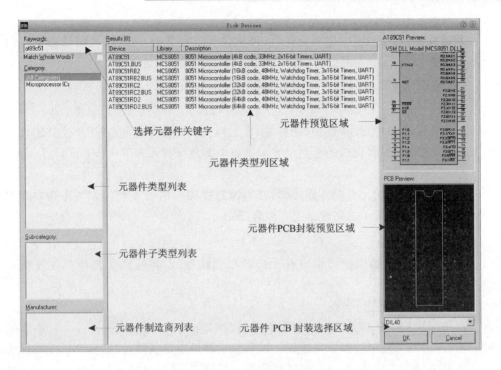

图 3.2.4　元器件选择对话框

4. 放置、移动、旋转、删除对象

1）放置元件

经过前面 3 步将所需要的元器件添加到 ISIS 对象选择器中后，在对象选择器中单击要放置的元件，则蓝色条出现在该元件名字上，再在原理图编辑窗口中单击就放置了一个元件。

2）移动元件

在原理图编辑窗口中，若要移动元件或连线，则先单击对象，使元件或连线处于选中状态（默认情况下为红色），再按住鼠标左键拖动，则元件或连线就跟随指针移动，到达合适位置松开鼠标左键即可。

3）旋转元件

放置元件前先单击要放置的元件，则蓝色条出现在该元件名上。单击方向工具栏上相应的转向按钮可旋转元件，再在原理图编辑窗口中单击就放置了一个已经改变方向的元件。

若在原理图编辑窗口中需要改变元件方向，则右击该元件，在弹出的对话框中键入旋转的角度即可实现更改元件方向。

4）删除元件

在原理图编辑窗口中，右键双击该元件就可删除该元件，或者先单击再按下

Delete 键也可删除元件。

通过放置、移动、旋转、删除元件后，可将各元件放置在 ISIS 原理图编辑窗口的合适位置。

5. 放置电源、地

1）放置电源

单击工具箱中的"元件终端"图标 ⊟，在对象选择器中单击 POWER 使其出现蓝色条，再在原理图编辑窗口的合适位置单击将电源放置在原理图中。

2）放置地

单击工具箱中的元件终端图标 ⊟，在对象选择器中单击 GROUND，再在原理图编辑窗口的合适位置单击将地放置在原理图中。

6. 布　线

在 ISIS 原理图编辑窗口中设有专门的布线按钮，但系统默认自动布线按钮有效，因此可直接画线。

1）在两个对象之间连线

将光标靠近一个对象的引脚末端单击，移动鼠标指针使其放在另一个对象的引脚末端，再次单击就可以画一条连线。如果想手动设定走线路径，则拖动鼠标在想要拐点处单击设定走线路径，到达画线端的另一端单击，就可画好一条连线。在拖动鼠标的过程中按住 Ctrl 键，在画线的另一端单击即可手动画一条任意角度的连线。

2）移动画线、更改线型

右击画线，选中 Drag Wire 项，则画线变成黄色。拖动鼠标，则该线跟随移动。若同时移动多根线，则先框选这些线，再单击快移动按钮 ，拖动到合适的位置单击就可以改变线条的位置。

3）总线及分支线的画法

画线　将光标靠近一个对象的引脚末端单击，然后拖动鼠标，在合适位置双击即可画出一条直线。

画总线　可以把已经画好的单线设置为总线。选中该线右击，在弹出的级联菜单中选择 Edit Wire Style 项，如图 3.2.5 所示。在 Global Style 下拉列表框中选择 BUS WIRE，然后单击 OK 即可。

画分支　将光标靠近一个对象引脚末端单击，然后拖动鼠标，在总线上单击即可画好一条分支。若要使分支与总线成任意角度，则要同时按住 Ctrl 键，再在总线上单击即可。

7. 设置、修改元件属性

在需要修改的元件上右击，在弹出的级联菜单中选择 Edit Properties 或按快捷方式 Ctrl＋E，则弹出 Edit Component 对话框。例如，要修改一个电阻的属性，其属性对话框如图 3.2.6 所示。

图 3.2.5　编辑线样式对话框

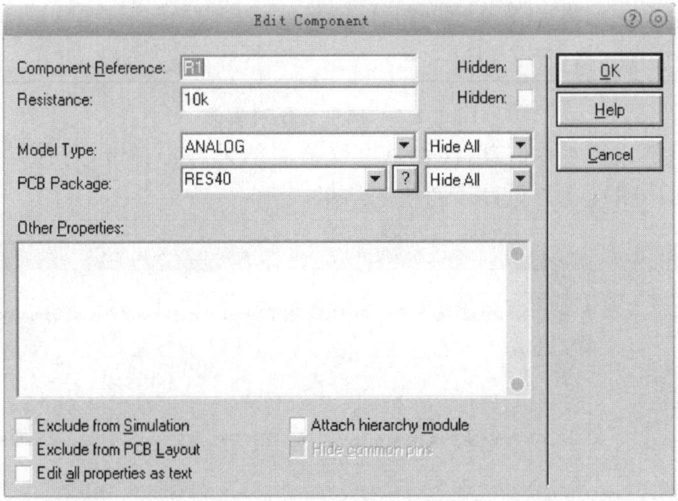

图 3.2.6　电阻属性设置对话框

　　在此对话框中设置元件属性。如果需要成组设置,则可以使用属性分配功能。用左键框选需要设置的所有器件,选择 Tools→Property Assignment Tool 菜单项或者按快捷方式 A,则弹出如图 3.2.7 所示的属性分配对话框。例如,要把好几个电阻设置阻值均为 100,则在 String 文本框输入"value＝100",且选中 Global Tagged 单选按钮,然后单击 OK 关闭对话框即可。

8. 建立网络表

　　网络就是一个设计中有电器连接的电路。选择 Tools→Netlist Complier 菜单项,则弹出对话框。在此对话框中,可设置网络表的输出形式、模式、范围、深度和格式等。

9. 电气检查

　　在一个电路设计中,画完电路并生成网络表后,可进行电器检测。选择 Tools→Electrical Rule Check 菜单项或者单击主工具栏中的图标 ,则弹出电气检测界面;

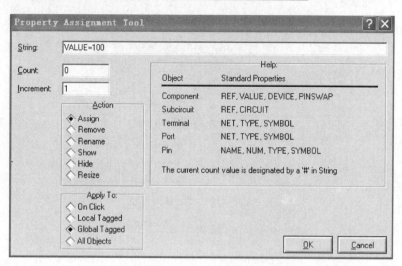

图 3.2.7　属性分配对话框

此界面上前面是一些文本信息,接着是电气检测结果。若有错,则有英文提示,并附有详细的说明。图 3.2.8 为显示的检测结果。

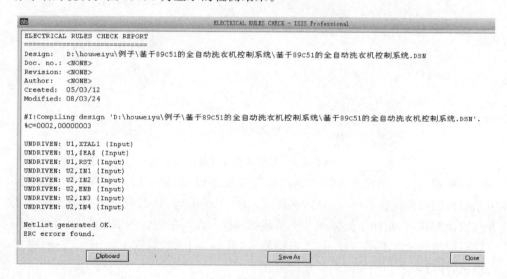

图 3.2.8　电气检测界面

10. 存盘及输出报表

如果设计的原理图没有保存,则将其保存。保存后,选择 Tools→Electrical Rule Check 菜单项,在其子菜单中选择其中一个选项或单击按钮,则生成 BOM 文档。

11. 单片机原理图设计实例

这里以设计数码管显示为例子,详细讲解原理图设计的具体步骤。数码管显示的原理图如图 3.2.9 所示。

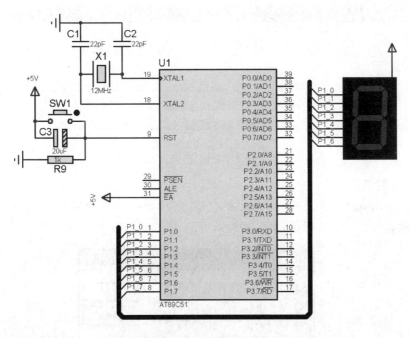

图 3.2.9　原理图

(1) 新建设计文件

选择"开始"→"程序"→Proteus 7 Professional→ISIS 7 Professional 菜单项打开 ISIS 7 Professional 窗口。选择 File→New Design 菜单项,则弹出图纸模板选择对话框。选择 DEFAULT,如图 3.2.10 所示,单击 OK 即完成了新建模板。

图 3.2.10　图纸模板选择对话框

建完模板后要保存。单击工具栏的图标 ,则弹出保存路径对话框,如图 3.2.11 所示。选择好路径后,在文件名文本框中输入文件名"实例",然后单击"保存"即完成了保存。

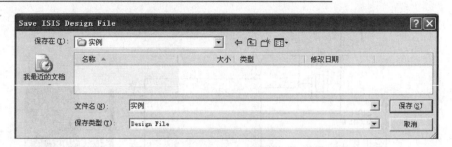

图 3.2.11　保存对话框

(2) 图纸设定

选择 System→Set Sheet Size 菜单项,在弹出的设置纸张大小对话框中选择
"A4"项,如图 3.2.12 所示,单击 OK 即可。

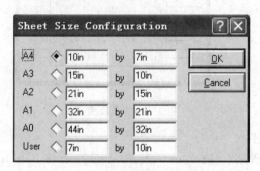

图 3.2.12　设置图纸大小对话框

(3) 添加元件

本例要用的元件如下:

AT89C51　　7SEG‐COM‐AN‐GRN　　　　CAP　　　CAP‐ELEC
CRYSTAL　　　　RES　　　　　BUTTON

单击器件选择按钮 P ,则弹出添加元器件对话框。在关键字(Keywords)文本框
输入 at89C51,如图 3.2.13 所示。然后双击 AT89C51 所在的行即可把 AT89C51 添
加到列表中。同样的方法把数码管(7SEG‐COM‐AN‐GRN)、电容(CAP)、电解
电容(CAP‐ELEC)、晶振(CRYSTAL)及电阻(RES)添加到器件列表中,如
图 3.2.14 所示。

(4) 放置元件

把元件添加到对象选择列表后,在对象选择列表单击要放置的元件(这里先放
AT89C51),然后把鼠标拖到编辑区,选好要放置的地方再单击两次即可将其放置到
编辑窗口中,如图 3.2.15 所示。

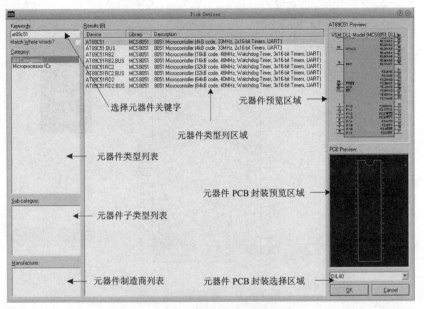

选择元器件关键字

元器件预览区域

元器件类型列区域

元器件类型列表

元器件 PCB 封装预览区域

元器件子类型列表

元器件制造商列表　　元器件 PCB 封装选择区域

图 3.2.13　器件选择对话框

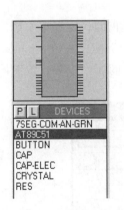

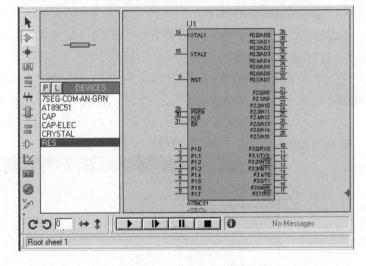

图 3.2.14　器件选择列表　　　　　图 3.2.15　放置 AT89C51

　　同样的方法将列表中余下的元件放到编辑窗口中,对元件位置的进行移动、旋转等操作。把所有的器件都放置到编辑窗口,如图 3.2.16 所示。

(5) 放置电源、地

　　单击工具箱中的"元件终端"图标 ☰,在器件选择框中选择 POWER(电源),再拖动鼠标将其放到选定的地方单击两次即可。然后在器件选择框中选择 GROUND,用同样的方法把"地"放置到编辑框中。

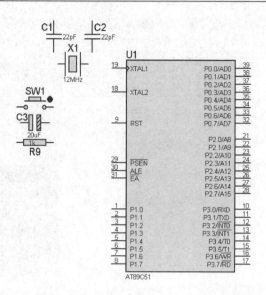

图 3.2.16　所有器件放置图

(6) 连　线

单击工具箱中的 2D Graphics Line Mode 图标 ／，在弹出的列表中选择 WIRE，然后将编辑窗口的元器件连线，再在列表中选择 BUS WIRE，在编辑窗口中画一条总线。

(7) 设置元件属性

单击工具箱中的 Selection Mode ，然后右击"按钮"，在弹出的快捷菜单中选择 Edit Properties，则弹出如图 3.2.17 所示的按钮属性编辑对话框。在 Component Reference 文本框中输入 SW1，然后单击 OK 即可完成对按钮的属性设置。按照同样的方法把剩下元件的属性设置好。

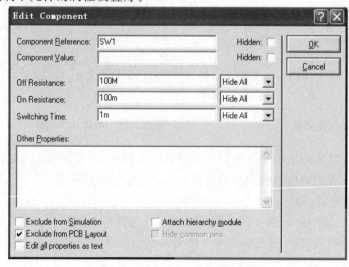

图 3.2.17　按钮属性设置对话框

(8) 给导线添加网络标签

右击 P1.0 口与总线连接的那根导线,在弹出的快捷菜单中选择 Place wire label,在弹出的添加网络标签对话框中的 String 文本框输入 P1_0,单击 OK 即可。用同样的方法为所有和总线相连的导线添加网络标签,具体每根导线的标签内容如图 3.2.18 所示。如果觉得以上的标号

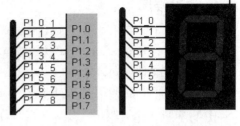

图 3.2.18　给导线添加网络标签

方法麻烦,则可以成组标号。此操作要使用到属性分配功能,选择 Tools→Property Assignment Tool 菜单项,或者按快捷方式 A,则弹出属性分配对话框。在 String 文本框输入"net＝P1_♯",然后单击 OK 关闭对话框。此时鼠标移到需要标号线时,鼠标箭头会出现一个绿色符号"＝",单击一下需要标号的线即可自动生成一个网络标号,只要单击需要的所有线即可完成网络标号。

(9) 电气检测

单击菜单工具栏中的图标,或选择 Tools→Electrical Rules Check 菜单项,则弹出电气检测结果对话框,如图 3.2.19 所示。从图中可知,本例子没有电气错误。

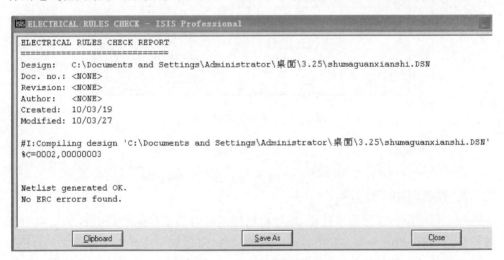

图 3.2.19　电气检测结果对话框

3.3　单片机的仿真

Proteus 系统能够仿真单片机的指令执行过程,能够在连接其他接口电路之后实现对电路的快速调试。对单片机进行仿真分以下几个步骤:

1. 添加程序

菜单的 Source 中有添加删除程序（Add/Remove Source file）、选择代码生成工具（Define Code Generation Tools）、设置外部文本编辑器（Setup External Text Editor）、编译所有文件（Build All）4 项。单击添加删除程序（Add/Remove Source file），则在弹出对话框中的代码生成工具栏（Code Generation Tool）下拉列表框中选中 ASEM51，如图 3.3.1 所示。在源文件选择项中单击 Change 来改变保存的路径，键入路径后单击"打开"，在弹出的是否建立新文件对话框中单击"是"即成功添加了源程序文本。在弹出的源程序文本框中写入源程序，选择 File→Save 菜单项关闭文本框即可。

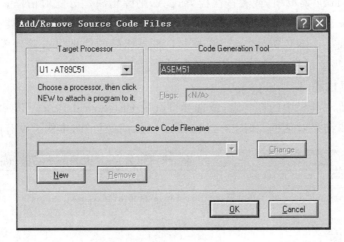

图 3.3.1　添加源文件对话框

2. 编译程序

选择 Source→Build All 菜单项，如果文件无错误就产生了 . HEX 文件。

3. 添加和执行程序

双击需要添加程序的单片机，则弹出属性编辑对话框。在 Program File 项中单击图标🗁，在弹出的 Select File Name（选择文件）对话框中选择上一步产生的 . HEX 文件，单击"打开"按钮回到单片机属性对话框，单击 OK 即可。单击编辑窗下边的仿真按钮或者选择调试菜单 Debug 下的执行功能即可执行。

4. 观察单片机内部状态

程序执行后单击暂停按钮，选择 Debug→8051CPU 菜单项，则有 3 项命令可以选择：Registers_U1（通用寄存器）、SFR Memory_U1（特殊功能寄存器）及 Internal IDATA Memory_U1（片内数据存储器）。可以任意单击一项，将其调出来查看状态。图 3.3.2 是片内数据存储器的状态，同时按快捷方式 F10 或 F11 单步运行观察其状态。

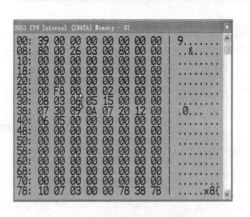

图 3.3.2　片内数据存储器状态

3.4　Proteus 和 Keil 联调仿真单片机

3.4.1　安装 vdmagdi 驱动

Proteus7.4 比以前低级的版本功能增加了很多,最大的亮点就是在实现与 Keil 联调时只需要安装一个 vdmagdi 驱动即可,免去了以往版本复杂的联调设置。在安装好本书提供的 Keil 软件和 Proteus 软件后,安装 vdmagdi 驱动,就方便快捷地实现了 Proteus 和 Keil 的联调。

将 vdmagdi 驱动安装到 Keil 目录下的步骤:

① 运行 Proteus 安装文件中 UTILITY 下的 vdmagdi.exe 文件。

② 选择对应的 Keil 版本(如果使用的 Keil 为 μVision2,则选择 AGDI Drivers for μVision2;如果使用的 Keil 为 μVision3,则选择 AGDI Drivers for μVision3)。

3.4.2　Proteus 与 Keil C 接口

步骤如下:

① 打开 Proteus 画出相应电路。选择 Proteus 的 Debug→Use Remote Debug Monitor 菜单项。

② 选择 Keil 的 Project→Option for target'工程名'菜单项或直接单击图标 ⚒,则弹出 Option for Target 'Target 1'对话框,在 Debug 选项卡的 Use 下拉列表框中选择 Proteus VSM Monitor - 51 Driver,如图 3.4.1 所示。单击 Settings 按钮,如果是同一台机,则 IP 名为"127.0.0.1";如不是同一台机,则填另一台的 IP 地址,端口号一定为 8000。注意:可以在一台机器上运行 Keil,另一台中运行 Proteus 进行远程仿真。到此为止,Proteus 与 Keil 的联调设置完成了。

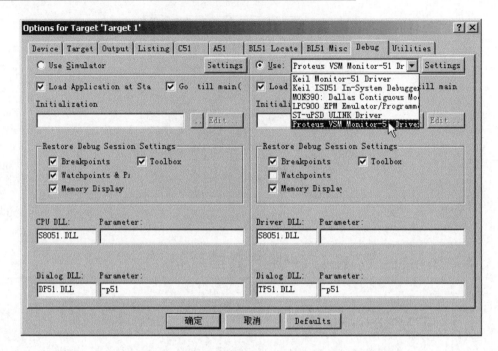

图 3.4.1　在 Debug 中选择 Proteus VSM Moniter - 51 Driver

3.4.3　Proteus 与 Keil C 联合调试实例

本小节以数码管循环显示 0~1 数字为例演示 Proteus 与 Keil C 联合调试过程，原理图如图 3.2.9 所示。

1. 新建工程

步骤如下：

① 建立一个新工程，选择 Project→New Project 菜单项。

② 选择工程要保存的路径，输入工程文件名"数码管显示"，然后单击"保存"按钮。

③ 这时弹出要求用户选择单片机型号的对话框，选择 Atmel，然后选择 AT89C51；单击"确定"，然后在弹出的界面中单击 YES。

④ 选择 File→New 菜单项或单击界面上的快捷图标 ，新建一个源代码编辑文件。

⑤ 单击快捷图标 保存源代码编辑文件，在输入文件名文本框输入 shumaguanxianshi.c 单击"保存"即可。

⑥ 回到编辑界面，单击 Target 1 前面的"+"号，然后在 Source Group 1 选项上右击，在弹出的界面中选择 Address File to Group 'Source Group 1'。在对话框中找到刚才保存的源文件 shumaguanxianshi.c，选中它并单击对话框下方的 Add 按钮，单击 Close 即可。

⑦ 编辑程序代码到源程序编辑文件中，程序代码如下：

```
# include < reg51.h>
# define uchar unsigned char
# define uint unsigned int
uchar code dis[]= {0xc0,0xf9}; //共阳数码管显示代码 0～1
void delay(void)
{
  uchar i,j;
  for(i= 100;i> 0;i-- )
  for(j= 500;j> 0;j-- );

}
void main()
{  uchar i;
  while(1)
  {
  P1= dis[0];//显示 0
  delay();
  P1= dis[1];//显示 1
  delay();
  }
}
```

2. 编译源程序和生成. HEX 文件

选择 Keil 的 Project→Option for target'工程名'菜单项，在 Output 选项中选中
Create Hex File 复选框，如图 3.4.2 所示。

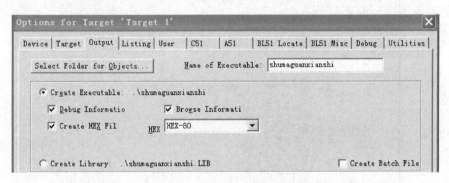

图 3.4.2　建立. HEX 文件对话框

3. 载入程序

双击 AT89C51，在弹出的属性对话框中单击 Program File ，在弹出的选择文
件窗口选择生成的. HEX 文件，再单击 OK 即完成了程序的载入。单击仿真按钮
，就可以看到数码管从 0～1 显示。

4. Keil C 与 Proteus 连接仿真调试

用 Keil 打开编好的工程 shumaguanxianshi，然后用 Proteus 打开在 3.2.11 小节
画好的原理图实例。在 Keil 编辑环境中语句"P1＝dis[0]"处双击，将此语句设置为

断点,此时可以看见此语句前面显示出一个红方块,如图 3.4.3 所示。单击仿真调试按钮 进入仿真调试界面,如图 3.4.4 所示。

图 3.4.3 在 Keil 中设置断点

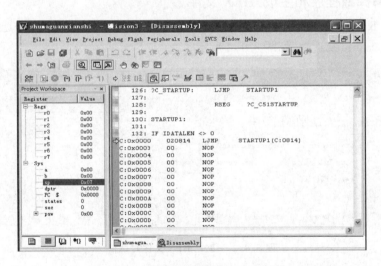

图 3.4.4 Keil 中仿真界面(反汇编窗口)

可以看到,编辑窗口变成了反汇编窗口,单击反汇编窗口下面的选项"C 语言源文件" ,Keil 的编辑窗口切换到了 C 语言源程序窗口,如图 3.4.5 所示。

此时可以看到 Proteus 的界面也开始仿真运行了,并且处于暂停的状态,如图 3.4.6 所示。

在 Keil 环境中单击运行按钮 ,则仿真调试开始运行;而且只运行到断点语句"P1=dis[0]"前面的语句(注意,此时红色小块上有一个黄色箭头,箭头指向的语句表示下一步要执行的语句),即程序刚进入到 for 循环语句,如图 3.4.7 所示。此时,

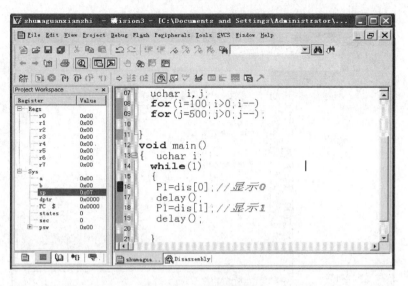

图 3.4.5　C 源程序窗口

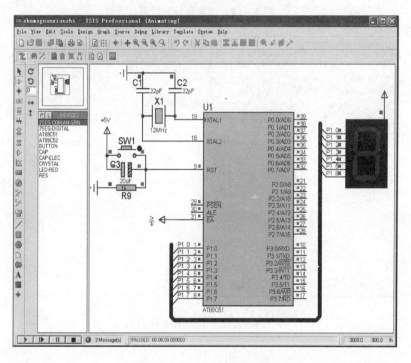

图 3.4.6　Proteus 仿真暂停

在 Proteus 界面中看到数码管的灯也还没亮。按 F10(单步运行的快捷方式)一次,
则可以看到 Keil 环境中的黄色箭头指向了语句 delay(),如图 3.4.8 所示。此时数
码管显示出了数字"0",Proteus 窗口如图 3.4.9 所示。

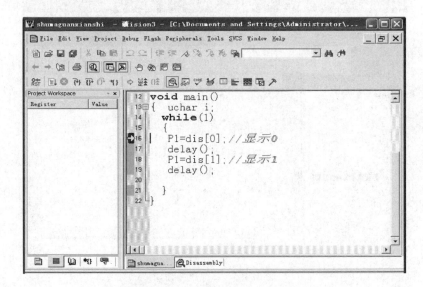

图 3.4.7　仿真运行到断点

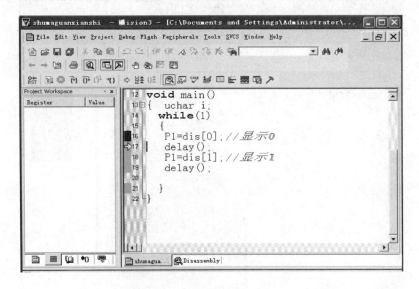

图 3.4.8　显示 0 时 Keil 的窗口

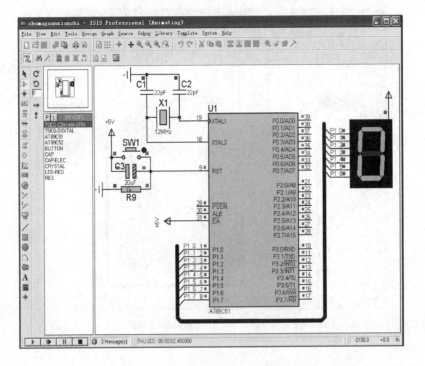

图 3.4.9　显示 0 时 Proteus 的窗口

　　继续按 F10，黄色箭头继续往下走，指到语句"P1＝dis[1]"时，再按一下 F10 键，指到语句 delay()，如图 3.4.10 所示。此时数码管显示为数字"1"，如图 3.4.11 所示。

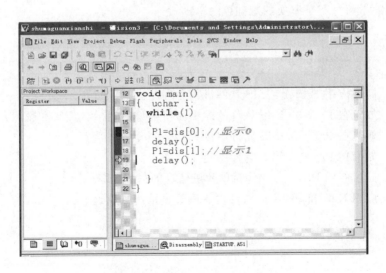

图 3.4.10　显示 1 时 Keil 的窗口

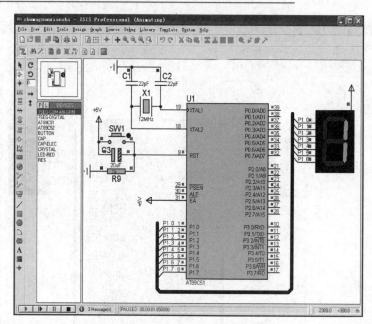

图 3.4.11　显示 1 时 Proteus 的窗口

64

3.5　小　结

　　本章详细介绍了 Proteus 的开发环境以及其中各种工具的用法、通过实例演示了如何使用 Proteus 来制作原理图以及如何使用 Keil 和 Proteus 实现联调过程,为后续章节的学习打下了坚实的基础。

习　题

3.1　简述应用 Proteus ISIS 软件进行原理图设计的过程。

3.2　如何在 Proteus ISIS 软件的编辑窗口中放置、移动、旋转和删除元件?

3.3　如何在 Proteus ISIS 软件中设置和修改元件属性?

3.4　如何在 Proteus ISIS 软件中建立网络表?

3.5　简述应用 Proteus 软件对单片机仿真的过程。

3.6　应用 Keil 和 Proteus 软件对数码管显示进行联调。

第 **4** 章

并行 I/O 端口

单片机内部集成了并行 I/O 接口电路,用于与外界设备交换信息。单片机的控制,其实就是对 I/O 口的控制,无论单片机对外界进行何种控制,或接受外部的何种控制,都是通过 I/O 口进行的。

4.1 并行 I/O 端口的基本概念

51 系列单片机的每个端口都是 8 位准双向口,共占 32 根引脚。每个端口都包括一个锁存器(即专用寄存器 P0～P3)、一个输出驱动器和输入缓冲器。通常把 4 个端口笼统地表示为 P0～P3。在无片外扩展存储器的系统中,这 4 个端口的每一位都可以作为准双向通用 I/O 端口使用。在具有片外扩展存储器的系统中,P2 口作为高 8 位地址线,P0 口分别作为低 8 位地址线和双向数据总线。

1. I/O 端口的作用

➤ 实现与不同外设的速度匹配。

➤ 改变数据传输方式。

➤ 改变信号的性质和电平。

2. 外部设备的编址

(1) 外设端口的单独编址

外设端口单独编址是指外设端口地址和存储器存储单元地址分别编址,互相独立,互不影响。单独编址的优点是不占用存储器地址,但需要 CPU 指令集中有专用的 I/O 指令等控制手段配合,增加软/硬件开销。

(2) 外设端口和存储器统一编址

把外设端口当作存储单元对待,也就是让外设端口地址占用部分存储器单元。优点如下:

① CPU 访问外部存储器的一切指令均适用于对 I/O 端口的访问,增强了 CPU 对外设端口的处理能力;

② CPU 本身不需要专门为 I/O 端口设置 I/O 操作指令;

③ 外设端口地址安排灵活,数量不受限制。

缺点是外设端口占用了部分存储器地址,也增加了硬件电路的复杂程度。

C51 系列单片机采用的是单独编址方式。

(3) I/O 口数据的 4 种传送方式

1) 同步传送

同步传送即无条件传送,使用情形如下:

➢ 外设工作速度非常快。当外设的工作速度与 CPU 的速度不相上下时,宜采用同步传送。

➢ 外设工作速度非常慢。当外设工作的速度非常慢,以致 CPU 在任何时候都可以认为它处于准备好的状态时,宜采用同步方式。

2) 异步传送

异步传送即条件传送。在这种传送方式下,CPU 需要 I/O 接口为外设提供状态和数据两个端口。CPU 首先对状态进行查询,满足一定的状态才能进行数据传送工作。

异步传送的优点是通用性好,硬件连接和查询处理较简练;缺点是 CPU 在查询的时候损失了效率。

3) 中断传送

中断传送是利用 CPU 本身的中断功能和 I/O 接口的中断功能来实现对外设 I/O 数据的传送。

中断传送的优点是 CPU 和外设可以并行工作,互不影响。CPU 只在外设请求干预时才响应外设的请求,执行数据传送操作,因而采用中断方式传送 I/O 数据可以提高 CPU 的工作效率。

4) DMA 传送

外设与片内存储的数据传送必须经过 CPU;在批量传送时,可采用 DMA 技术绕过 CPU,进一步提高工作效率。

4.1.1 P0 口结构

P0 口是由 8 个相同结构的引脚组成的。P0 口的某一个 P0.n(n=0~7)引脚结构如图 4.1.1 所示。P0 口内部包含一个输出锁存器、一个输出驱动电路、一个输出控制电路、多路开关和两个三态缓冲器。其中,输出驱动电路由一对场效应管(FET)组成,整个端口的工作状态受控于输出控制电路。

(1) 输入缓冲器

在 P0 口中,有两个三态的缓冲器。三态门有 3 个状态,即在其输出端可以是高电平、低电平,同时还有一种就是高阻状态。图中有一个是读锁存器的缓冲器,也就是说,要读取 D 锁存器输出端 Q 的数据,就得使读锁存器的三态控制端(图 4.1.1 中标号为"读锁存器"端)有效。另一个是读引脚的缓冲器,要读取 P0.n 引脚上的数据,也要使标号为"读引脚"的这个三态缓冲器的控制端有效,则引脚上的数据才会传输到单片机的内部数据总线上。

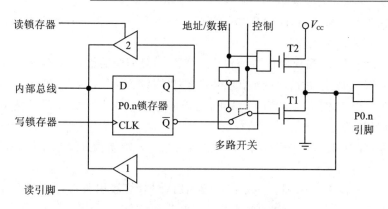

图 4.1.1   P0.n (n=0～7)内部结构图

(2) D 触发器

一个 D 触发器可以保存一位的二进制数(即具有保持功能),在 51 单片机的 32 根 I/O 口线中都是用一个 D 触发器来构成锁存器的。对于图 4.1.1 中的触发器,D 是数据输入端,CLK 是控制端(也就是时序控制信号输入端),Q 是输出端,$\overline{Q}$ 是反向输出端。

对于 D 触发器来讲,当 D 输入端有一个输入信号,并且这时控制端 CLK 没有信号(也就是时序脉冲没有到来),那么输入端 D 的数据是无法传输到输出端 Q 及反向输出端 $\overline{Q}$ 的。时序控制端 CLK 的时序脉冲一旦到了,那么 D 端输入的数据就会传输到 Q 及 $\overline{Q}$ 端。数据传送过来后,当 CLK 时序控制端的时序信号消失了,这时输出端还会保持着上次输入端 D 的数据(即把上次的数据锁存起来了)。下一个时序控制脉冲信号到来时,D 端的数据才再次传送到 Q 端,从而改变 Q 端的状态。

(3) 多路开关

在 51 单片机中,当内部的存储器够用(也就是不需要外扩展存储器时,这里讲的存储器包括数据存储器及程序存储器)时,P0 口可以作为通用的输入/输出端口(即 I/O)使用。对于 8031(内部没有 ROM)的单片机或者编写的程序超过了单片机内部的存储器容量,需要外扩存储器时,P0 口就作为"地址/数据"总线使用。那么这个多路选择开关就是用于选择是作为普通 I/O 口使用还是作为"数据/地址"总线使用的选择开关了。当多路开关与下面触点接通时,P0 口作为普通的 I/O 口;当多路开关是与上面触点接通时,P0 口作为"地址/数据"总线。

(4) 输出驱动部分

从图 4.1.1 看出,P0 口的输出是由两个 MOS 管组成的推拉式结构。也就是说,这两个 MOS 管一次只能导通一个,当 T1 导通时,T2 就截止;当 T2 导通时,T1 截止。

P0 口既可以作为 I/O,也可以作为 8 位地址/数据线。

① P0 口作为普通 I/O 口:当 P0 口作为普通 I/O 口使用时,对应的控制信号为 "0"。电子模拟开关 MUX 将锁存器的 $\overline{Q}$ 端和输出连接在一起。同时"与门"输出为

"0"，上拉 FET 管截止，这时输出的是漏极开路电路，所以需要外接上拉电阻（一般为 5～10 kΩ）才能正常工作。

② 作为输出时：当程序设置该输出为"0"时，锁存器的输出端 $\overline{Q}$ 为高电平，致使下拉 FET 管导通，因此输出端输出为"0"；当程序设置该输出为"1"时，锁存器的输出端 $\overline{Q}$ 为低电平，致使下拉 FET 管截止，由外接的上拉电阻将输出端变为高电平，因此输出为"1"。

③ 作为输入时：（应先设置各个锁存器为"1"，才能使输入结果正确）数据输入时（读 P0 口）有两种情况：

➤ 读引脚：读芯片引脚上的数据。读引脚数据时，读引脚缓冲器打开（即三态缓冲器的控制端要有效），通过内部数据总线输入。

➤ 读锁存器：通过打开读锁存器三态缓冲器来读取锁存器输出端 Q 的状态。

④ P0 作为地址/数据总线：在系统扩展时，P0 端口作为地址/数据总线使用时，分为：

P0 引脚输出地址/数据信息：CPU 发出控制电平"1"，打开"与门"，又使多路开关把 CPU 的地址/数据总线与 T2 栅极反相接通，输出地址或数据。由图 4.1.1 可以看出，上下两个 FET 处于反相，则构成了推拉式的输出电路，其负载能力大大增强，能够驱动 8 个 LSTTL 负载。

P0 引脚输入地址/数据信息：输入信号是从引脚通过输入缓冲器进入内部总线。此时，CPU 自动使多路开关向下，并向 P0 口写"1"，"读引脚"控制信号有效，下面的缓冲器打开，外部数据读入内部总线。

4.1.2　P1 口结构

P1 口通常用作通用 I/O 端口，可用做按位寻址处理。各个位都可以单独输出或输入信息，其结构图如图 4.1.2 所示，其中 P0.n(n=0～7)为其中的某一位。

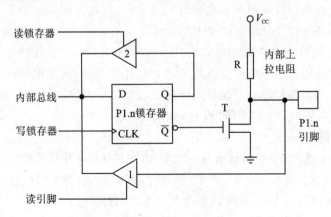

图 4.1.2　P1.n 内部结构图

由图 4.1.2 可见,P1 端口与 P0 端口的主要差别在于 P1 端口用内部上拉电阻 R 代替了 P0 端口的场效应管 T1,并且输出的信息仅来自内部总线。由内部总线输出的数据经锁存器反相端和场效应管反相后锁存在端口线上,所以,P1 端口是具有输出锁存的静态口。要正确地从引脚上读入外部信息,必须先使场效应管关断,以便由外部输入的信息确定引脚的状态。为此,在引脚读入前,必须先对该端口写入"1"。具有这种操作特点的输入/输出端口称为准双向 I/O 口。8051 单片机的 P1、P2、P3 都是准双向口。由于 P0 端口输出有三态功能,输入前端口线已处于高阻态,无需先写入"1"后再进行读操作。

P1 口的结构相对简单,前面已详细分析了 P0 口,只要认真分析了 P0 口的工作原理,P1 口的分析就简单了,这里就不多论述了。单片机复位后,各个端口已自动写入"1",此时,可直接进行输入操作。如果在应用端口的过程中已向 P1～P3 端口线输出过"0",则再输入时必须先写"1"再读引脚,才能得到正确的信息。此外,随输入指令的不同,端口也有读锁存器与读引脚之分。

4.1.3　P2 口结构

P2 端口的一位结构如图 4.1.3 所示。可见,P2 端口在片内既有上拉电阻,又有切换开关 MUX,所以 P2 端口在功能上兼有 P0 端口和 P1 端口的特点,既可以当作普通的 I/O 口,也可以在系统外部扩展存储器时,输出高 8 位地址。

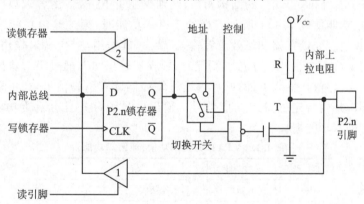

图 4.1.3　P2.n 内部结构图

当 P2 作为高 8 位地址时,控制信号用电子模拟开关 MUX 接通地址端,高 8 位地址信号便加到输出端口,从而实现 8 位地址的输出。由于 P2 口输出高 8 位地址,与 P0 口不同,无须分时使用,因此 P2 口上的地址信息(程序存储器上的 A8～A15)保存的时间足够长,不需要给 P2 设置地址锁存功能。

当 P2 作为普通 I/O 口时,控制信号用电子模拟开关接通锁存器的 Q 端,则进行通用 I/O 操作。此时,P2 口属于准双向 I/O 口。所以,在复位情况下,可以直接从引脚读入外部的数据信息;而在运行中,由输出转为输入方式时,应加一条输出 0xff

指令,再从端口读入数据才正确。P2 口的其余操作和 P0 口类似,P2 口可以同时驱动 4 个 LSTTL 负载。

4.1.4　P3 口结构

P3 口是一个多功能口,它除了可以作为 I/O 口外,还具有第二功能。P3 端口的一位结构如图 4.1.4 所示。

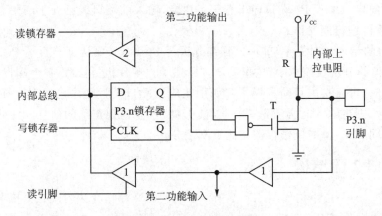

图 4.1.4　P3.n 内部结构图

可见,P3 端口和 P1 端口的结构相似,区别仅在于 P3 端口的各端口线有两种功能选择,第二功能如表 4.1.1 所列。当处于第一功能时,第二输出功能线为“1”,此时,内部总线信号经锁存器和场效应管输入/输出,其作用与 P1 端口作用相同,也是静态准双向 I/O 端口。当处于第二功能时,锁存器输出“1”,通过第二输出功能线输出特定的内含信号;在输入方面,既可以通过缓冲器读入引脚信号,还可以通过替代输入功能读入片内特定的第二功能信号。输出信号锁存并且有双重功能,所以 P3 端口为静态的双功能端口。

表 4.1.1　P3 口的特殊功能(即第二功能)

口　线	第二功能	信号名称
P3.0	RXD	串行数据接收
P3.1	TXD	串行数据发送
P3.2	INT0	外部中断 0 申请
P3.3	INT1	外部中断 1 申请
P3.4	T0	定时/计数器 0 计数输入
P3.5	T1	定时/计数器 1 计数输入
P3.6	WR	外部 RAM 写选通
P3.7	RD	外部 RAM 读选通

使 P3 端口各线处于第二功能的条件是：

➤ 串行 I/O 处于运行状态（RXD、TXD）；

➤ 打开了外部中断（INT0、INT1）；

➤ 定时/计数器处于外部计数状态（T0、T1）；

➤ 执行读写外部 RAM 的指令（RD、WR）。

在应用中如不设定 P3 端口各位的第二功能（WR、RD 信号的产生不用设置），则 P3 端口线自动处于第一功能状态，也就是静态 I/O 端口的工作状态。在更多的场合是根据应用的需要把几条端口线设置为第二功能，而另外几条端口线处于第一功能运行状态。在这种情况下，不宜对 P3 端口进行字节操作，须采用位操作的形式。

4.2　并行 I/O 口的应用

51 单片机的 P0、P1、P2、P3 口均可以进行字节操作和位操作，既可以 8 位一组进行输入、输出操作，也可以逐位分别定义各口线为输入线或输出线。每个并行 I/O 口均有两种读方式：读锁存器和读引脚。P0 端口除了作为 8 位 I/O 口外，在扩展外部程序存储器和数据存储器时，P0 要作为低 8 位地址总线和 8 位数据总线用。这种情况下，P0 口不能用作 I/O，要先作为地址总线对外传送低 8 位地址，然后作为数据总线对外交换数据。P1 口只能作为 I/O 口（除了 P1.0、P1.1 以外），没有其他的功能。P2 口除了作为普通 I/O 口之外，在扩展外围设备时，要用作高 8 位地址线。P3 口除了作为普通 I/O 口之外，由于其每个引脚都有第二功能，所以还可以用作第二功能，而此时它就不能用作为 8 位 I/O 口。综上所述，I/O 端口有以下特性：

① 端口自动识别：无论是 P0、P2 口的总线复用还是 P3 口的功能复用，内部资源会自动选择，不需要通过指令的状态选择。

② 准双向口功能：准双向口作为输入口时，应先使锁存器置"1"，然后再读引脚。

③ P0 口作为普通 I/O 口使用：不使用并行扩展总线时，必须外加上拉电阻。

④ I/O 口驱动特性：P0 口作为 I/O 口时可输出驱动 8 个 LSTTL 输入端，P1～P3 口则可以输出驱动 4 个 LSTTL 输入端。

4.3　I/O 口直接输入/输出实例

1. 设计要求

P2 口既作为输入口也作为输出口，通过 4 个开关分别控制 4 个 LED 的亮与灭。

2. 硬件设计

打开 Proteus ISIS，在编辑窗口中单击元件列表中的 P 按钮 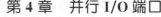，添加如表 4.3.1 所列元件。然后，按图 4.3.1 连线，绘制完电路图。选择 Proteus ISIS 编

辑窗口中的 File→Save Design 菜单项,保存电路图。在 Proteus 仿真电路图中单片机的晶振和复位电路可不画出。

表 4.3.1　元件清单

元件名称	所属类	所属子类
AT89C51	Microprocessor ICs	8051 Family
SWITCH	Switches & Relays	Switches
LED – GREEN	Optoelectronics	LEDs
RES	Resistors	Generic

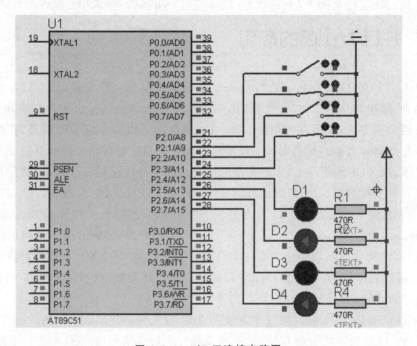

图 4.3.1　I/O 口连接电路图

3. 软件设计

源程序清单如下:

```
/***************** 必要的变量定义***************** /
# include< reg51.h>
# define uint unsigned int
/**************** 延时子程序*************** /
void delay()
{ uint i,j;
    for(i= 10;i> 0;i-- )
    for(j= 1000;j> 0;j-- );
}
/**************** 主程序***************** /
```

```
void main()
{
    while(1)
    {
      P2= 0xff;                    // P2 口全部赋高电平
      if(P2!= 0xff)                //有开关被按下
      {
      P2= P2< < 4;
//移位运算,向左移动 4 位,将读入的 4 个开关状态送给 4 个 LED
      delay();                     //延时
      }
    }
}
```

4. 联合调试与运行

联合调试与运行过程可参见附录。

5. 程序分析

由于电路中的 P2 口既用作输入也用作输出(P2.0~P2.3 作为输入,P2.4~P2.7 作为输出),所以程序中 P2=0xff 将 P2 口置高电平,做输入准备。当 I/O 作为输入时常常将其置高电平,防止其输入出错。

当 P2.0~P2.3 读入开关状态时,要将其电平输出到 P2.4~P2.7 口,所以对其进行移位:P2=P2<<4,将 P2.0~P2.3 的值对应移到了 P2.4~P2.7 中。

4.4　并行 I/O 口的扩展实例

51 系列单片机虽然提供了 4 个 8 位并行的 I/O 口用于和外部设备进行数据通信及控制,但这些 I/O 口一般不能完全用于输入/输出操作。例如,当需要扩展外部存储器时,P0、P2 口用作地址总线和数据总线,此时能用的 I/O 口就只有 P1、P3 口。如果再使用串行通信,I/O 就显得有点不够用了,因此,在单片机系统中常常需要扩展 I/O 口。

并行 I/O 口扩展方式有两种:

① 采用普通的锁存器、三态门等芯片(如 74LS373、74LS244)来进行简单的 I/O 口扩展。本例采用 74LS373 与 74LS244 进行 I/O 扩展。

② 采用可编程的 I/O 芯片来扩展,如 8255、8155 等,后面将介绍 8255A 的用法。

1. 设计要求

用 4 个开关控制 4 个 LED 的亮灭状态,其中,采用 74LS244 控制开关的输入,采用 74LS373 控制 LED 输出。

2. 硬件设计

打开 Proteus ISIS,在编辑窗口中单击元件列表中的 P 按钮 PL DEVICES ,添加如

表 4.4.1 所列的元件。然后按图 4.4.1 连线绘制完电路图。

表 4.4.1 元件清单

元件名称	所属类	所属子类
AT89C51	Microprocessor ICs	8051 Family
SWITCH	Switches & Relays	Switches
RESPACK - 8	Resistors	Generic
74LS244	TTL 74LS series	Buffers & Drivers
LED - BLUE	Optoelectronics	LEDs
4071	CMOS 4000 vseries	Gates & Inverters
74LS373	TTL 74LS series	Flip—Flops & Latches

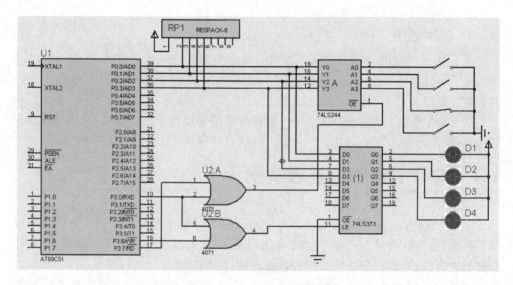

图 4.4.1 I/O 口扩展电路连接图

选择 Proteus ISIS 中的 File→Save Design 菜单项,保存电路图。在 Proteus 仿真电路图中单片机的晶振和复位电路可不画出。

3. 软件设计

程序清单:

```
/* * * * * * * * * * * * * * * * 必要的变量定义* * * * * * * * * * * * * * /
# include< reg51.h>
# define uchar unsigned char
sbit  com= P3^0;              //位定义 P3.0 为输入和输出的控制的公共位
sbit  wr= P3^6;               //位定义 P3.6 为输出控制位
sbit  rd= P3^7;               //位定义 P3.7 为输入控制位
/* * * * * * * * * * * * * * * 延时子程序* * * * * * * * * * * * * * /
void delay(void)
```

```
{
  uchar i,j;
  for(i= 30;i> 0;i-- )
    for(j= 30;j> 0;j-- );
}
/***************主程序***************/
void main()
{
    while(1)
    {
    uchar temp;                    //中间变量
    P0= 0xff;                      //先拉高 P0 口即关闭 LED 灯
    com= 0;
    rd= 0;                         //开启 74LS244 单片机输入数据
    temp= P0;                      //把输入的数据暂时赋给中间变量
    rd= 1;                         //关闭 74LS244
    wr= 1;                         //将 74LS373 的 LE 端置"1"
    P0= temp;                      //P0 口将数据送到 74LS373 的 D 端
     wr= 0;                        //负跳变,74LS373 将 D 端数据锁存到 Q 端
    delay();
    }
}
```

4. 联合调试与运行

联合调试与运行过程参见附录。

5. 电路图功能分析

74LS244 实现了输入数据的缓冲,74LS373 实现了输出数据的锁存。P3.0 和 WR 接"或门"后控制 74LS373 的 LE 端,P3.0 和 RD 接"或门"后控制 74LS244 输入。

74LS244:4 缓冲驱动器(三态输出),$\overline{OE}$ 为使能端,低电平有效的,高电平时,输出为三态。

74LS373:当 74LS373 用作地址锁存器时,应使 $\overline{OE}$ 为低电平,此时锁存使能端 LE 为高电平时,输出 Q0～Q7 状态与输入端 D1～D7 状态相同;当 LE 发生负的跳变时,输入端 D0～D7 数据锁入 Q0～Q7。

由于 P0 口用作 I/O 时是漏极开路电路,无法输出高电平,所以在设计时要给其接上拉电阻。

6. 程序分析

P0 口读入键盘状态:首先将 P0 口置高电平,做输入准备。程序"com=0;rd=0;"使"或门"A 输出一个低电平,即打开 74LS244,使开关的电平能通过 74LS244 传到 P0 口,接着"temp=P0"读入开关电平状态。读入完成后"rd=1;"关闭 74LS244,禁止数据通过 74LS244。"wr=1"打开 74LS373,Q0～Q7 的状态与 D0～D7 相同,"P0=temp"将开关的状态输出给 74LS373,"wr=0"产生一个负跳变,将 D0～D7 的数据锁存到 Q0～D7。

4.5　输入/输出电路设计

单片机要求输入的是 TTL 电平(低电平为 0~0.8 V,高电平为 1.4~5 V),然而在实际的单片机应用系统中,真正符合输入条件的信号很少,因此对输入电路进行设计。由于单片机驱动能力小,一般只能驱动发光二极管、数码管等,对于电磁铁、继电器等功率器件需要设计输出驱动电路。

下面介绍几种典型的单片机输入/输出电路。

4.5.1　弱开关信号输入电路设计

对于较弱的开关信号,通过如图 4.5.1 所示的开关放大电路使之符合单片机输入电平要求。图中输入信号的频率为 10 Hz,幅值为 0~1 V 开关量,经放大后信号的频率仍为 10 Hz,幅值为 0~5 V。

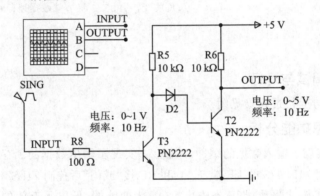

图 4.5.1　弱开关信号输入电路

4.5.2　强开关信号输入电路设计

若有一个 0~24 V 的开关量要输入到单片机,怎么办? 对于强信号或不同电压等级的输入信号,一般采用光电隔离实现信号输入。图 4.5.2 是典型的强信号光电隔离电路。图中输入开关 SW1 闭合,U1 导通,在输出端测得输出为低电平。当开关 SW1 打开时,U1 处于截止状态,在输出端测得为高电平,这样开关 SW1 的通断与变换电路的输出一一对应。

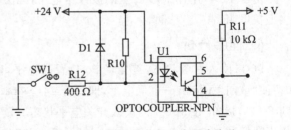

图 4.5.2　强开关信号光电隔离电路

4.5.3　直接驱动电路设计

单片机 P0 口具有带动 8 个 TTL 门电路的能力,其余端口线据具有带动 4 个 TTL 门电路的能力,因此,数码管、发光二极管等可以直接用单片机口线进行驱动。

4.5.4　晶体管驱动电路设计

1. 采用三极管直接耦合

图 4.5.3 是三极管直接耦合输出电路,T1、T2 耦合后驱动 T3。T1 导通时,在 R3、R4 串联电路电路中流过电流,从而使 T2 导通,T2 提供了功率管 T3 的基极电流,T3 的发射极用来驱动负载。当 T1 输入为低电平时,T1 截止,R3 上压降为零,T2 截止,T3 截止。R5 一方面作为 T2 集电极的一个负载;另一方面 T2 截止时,T3 基极所存储的电荷可以通过电阻 R5 迅速释放,加快 T3 的截止速度,有利于减小损耗。

2. 采用 TTL(或 CMOS)器件耦合输出

如图 4.5.4 所示,集电极开路器件通过集电极负载电阻 R1 接至+15 V 电源,提升了驱动电压。但要注意的是,这种电路的开关速度慢,若用其直接驱动功率管,当后续电路具有电感性负载时,由于功率管的相位关系,会影响波形上升时间,造成功率管动态损耗增大。

为了改善开关速度,可用图 4.5.5 或图 4.5.6 所示的电路。图 4.5.5 具有快速开通的作用。当 TTL 输出高电平时,输出点通过晶体管 T1 获得电压和电流,充电能力提高,从而加快开通速度。图 4.5.6 为推挽式输出电路,采用这种电路不但可提高开通时的速度,还可提高负载能力。

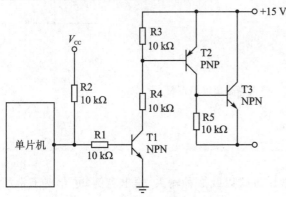

图 4.5.3　三极管直接耦合输出电路

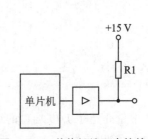

图 4.5.4　单片机端口直接输出

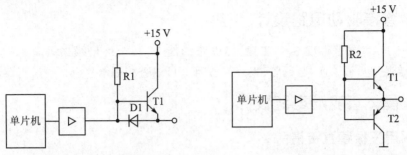

图 4.5.5 快速开通输出　　　图 4.5.6 采用快速开通和关断的推挽式输出

4.5.5 继电器驱动电路设计

图 4.5.7 为继电器输出控制电路,其中,图 4.5.7(a)具有电源变换作用,图 4.5.7(b)具有隔离作用。采用继电器驱动的电路中,继电器的线圈电压宜高不宜低,这是从提高可靠性的要求来说的。如果继电器线圈电压低,由于三极管本身具有一定压降,当三级管导通时,加在线圈两端的电压要减去三极管的压降,这样就难以使线圈导通。如线圈电压为 5 V,三极管饱和导通时压降为 0.7 V,当三极管导通时,实际加在线圈两端的电压为 4.3 V。

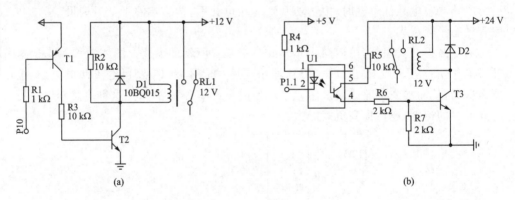

图 4.5.7 继电器输出电路控制

4.6 小 结

本章介绍了 I/O 端口的结构、常用方式以及 3 种输入/输出实例,并介绍了常用的输入/输出电路。51 单片机 4 个 I/O 端口线路设计得非常巧妙,学习 I/O 端口逻辑电路不但有利于正确合理地使用端口,而且会对设计单片机外围逻辑电路有所启发。

习　题

4.1　简述 I/O 口的基本作用。

4.2　I/O 接口和 I/O 端口有什么区别？I/O 接口的功能是什么？

4.3　外部设备的编址方式有哪些？它们的优缺点是什么？

4.4　简述 I/O 口的 4 种传送方式。

4.5　何为准双向 I/O 端口？在使用中如何正确使用？

4.6　当 P0、P2 口作为地址使用时，哪个作地址的高 8 位，哪个作地址的第 8 位？

4.7　P0 口作 I/O 口使用时，为什么要在外部接上拉电阻？

4.8　何为分时复用？在什么情况下出现复用？在硬件中应做何处理？

4.9　描述 P3 口的第二功能有哪些，分别做什么用？

4.10　为什么要对单片机的 I/O 进行扩展？

4.11　为什么要对单片机的输入/输出口进行设计？直接接外部电路不行吗？

实战训练

在单片机的 P2 口接 8 个开关，P0 口接 8 个 LED（要求 P0 口接 LED 的阳极）。通过控制 P2 口 8 个开关来控制 P0 口 LED 的亮灭，即当 P2 口有开关按下时，P0 口对应位的 LED 被点亮。

第 **5** 章

中断系统

中断系统在单片机系统中起着十分重要的作用。一个功能强大的中断系统能大大提高单片机处理随机事件的能力,提高效率,增强系统的实时性。

本章首先简要介绍了中断的基本概念;接着介绍 51 单片机中断系统的结构,外部中断应用实例;然后介绍中断的优先级,并给出了中断优先级应用实例;最后介绍了中断响应过程,并给出了中断扩展应用实例。

5.1 中断概述

什么是中断,我们从一个生活中的例子引入。你正在家中看书,突然电话铃响了,你放下书本,去接电话,和来电话的人交谈,然后放下电话,回来继续看你的书。这就是生活中的"中断"的现象。中断就是正常的工作过程被外部的事件打断了,过程如图 5.1.1 所示。

对于单片机来讲,中断是指 CPU 在处理某一事件 A 时,发生了另一事件 B 请求 CPU 立刻去处理(中断发生);CPU 暂时停止当前的工作(中断响应),转去处理事件 B(中断服务);待 CPU 处理事件 B 完成后,再回到原来事件 A 被中断的地方继续处理事件 A(中断返回)。这一过程称为中断,流程如图 5.1.2 所示。

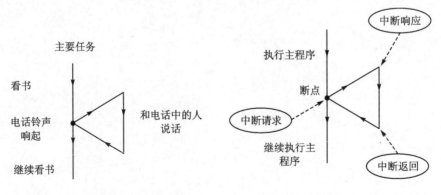

图 5.1.1 生活中的中断事例   图 5.1.2 单片机的中断过程

仔细研究下面生活中的中断事例,对学习单片机的中断很有帮助。

① 中断源：生活中很多事件可以引起中断，电话铃响了、闹钟响了、烧的水开了等诸如此类的事件，我们把可以引起中断的事件称为中断源。单片机中也有一些可以引起中断的事件，如外部中断、计数/定时器中断、串行口中断。

② 中断的嵌套与优先级处理：设想一下，我们正在看书，电话铃响了，同时又有人按了门铃，你该先做哪样呢？如果你正是在等一个很重要的电话，你一般不会去理会门铃；反之，你正在等一个重要的客人，则可能就不会去理会电话了。如果不是这两者(既不等电话，也不是等人上门)，你可能会按通常的习惯去处理。总之这里存在一个优先级的问题，单片机中也有优先级的问题。优先级的问题不仅发生在两个中断同时产生的情况，也发生在一个中断已产生又有一个中断产生的情况，比如你正接电话时，有人按门铃的情况，或你正开门与人交谈时，又有电话响了情况。考虑一下怎么办呢？

③ 中断的响应过程：当有事件产生，进入中断之前我们必须先记住现在看书到第几页了，或拿一个书签放在当前页的位置，然后去处理不同的事情(因为处理完了，我们还要回来继续看书)。另外，电话铃响我们要到放电话的地方去、门铃响我们要到门那边去也是不同的中断，我们要在不同的地点处理，而这个地点通常是固定的。这也和单片机的中断类似，单片机的 5 个中断源都有一个中断入口地址，当某个中断源产生中断时，CPU 响应中断便到相应的中断入口地址执行中断服务程序。

5.2　51 单片机中断系统的结构

51 单片机中断系统的结构如图 5.2.1 所示，由 5 个中断请求源 INT0、T0、INT1、T1、TI/RI，中断标志寄存器(TCON)，中断允许寄存器(IE)，全局中断允许，中断优先级寄存器(IP)和查询硬件等组成。通过对各种寄存器的读/写来控制单片机的中断类型、中断开/关和中断源的优先级。

5.2.1　中断请求

(1) 外部中断请求源

外部中断源有外部中断 0(INT0)和外部中断 1(INT1)，经由外部引脚 P3.2、P3.3 引入。在特殊功能寄存器 TCON 中有 4 位是与外部中断有关的位，如表 5.2.1 所列。

表 5.2.1　TCON 寄存器结构

位　序	D7	D6	D5	D4	D3	D2	D1	D0
位名称	TF1	TR1	TF0	TR0	IE1	IT1	IE0	IT0

IT0：INT0 触发方式控制位，可由软件进行置位和复位。IT0＝0 时，INT0 为低电平触发方式；IT0＝1 时，INT0 为负跳变触发方式。这两种方式的差异将在以后再谈。

51单片机原理及应用(第4版)

82

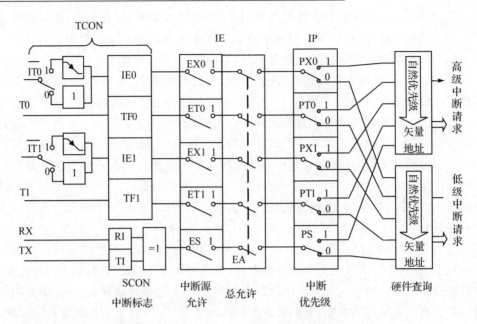

图 5.2.1　51 单片机中断系统结构

IE0:INT0 中断请求标志位。当有外部的中断请求时,该位置 1(这由硬件来完成),在 CPU 响应中断后,由硬件将 IE0 清 0。

IT1、IE1 的用途和 IT0、IE0 相似。

(2) 内部中断请求源

内部中断请求源包括定时/计数器 0、定时/计数器 1 以及串口中断。在特殊功能寄存器 TCON 中有 4 位与定时/计数器 0、定时/计数器 1 有关,在 SCON 中有两位与串口中断有关,如表 5.2.2 所列。

表 5.2.2　SCON 寄存器

位 序	D7	D6	D5	D4	D3	D2	D1	D0
位名称	—	—	—	—	—	—	TI	RI

TF0:定时/计数器 T0 的溢出中断标记。当定时/计数器 T0 计数产生溢出时,由硬件置位 TF0。当 CPU 响应中断后,再由硬件将 TF0 清 0。

TF1:与 TF0 相似。

TR0:定时/计数器 0 的开闭控制位,当为 1 时定时/计数器打开,为 0 时关闭。

TR1:与 TR0 相似。

TI、RI:串行口发送、接收中断。

5.2.2　中断允许寄存器 IE

在 51 单片机中断系统中,中断的允许或禁止是由片内可进行位寻址的 8 位中断允许寄存器 IE 来控制的，如表 5.2.3 所列。

表 5.2.3　IE 寄存器结构

位　序	D7	D6	D5	D4	D3	D2	D1	D0
位名称	EA	—	—	ES	ET1	EX1	ET0	EX0

EA：中断总控制位。EA＝1，CPU 开放所有中断；EA＝0，CPU 禁止所有中断。

ES：串行口中断控制位。ES＝1，允许串行口中断；ES＝0，屏蔽串行口中断。

ET1：定时/计数器 T1 中断控制位。ET1＝1，允许 T1 中断；ET1＝0，禁止 T1 中断。

EX1：外部中断 1 中断控制位。EX1＝1，允许外部中断 1 中断；EX1＝0，禁止外部中断 1 中断。

ET0：定时/计数器 T0 中断控制位。ET0＝1，允许 T0 中断；ET0＝0，禁止 T0 中断。

EX0：外部中断 0 中断控制位。EX0＝1，允许外部中断 0 中断；EX0＝0，禁止外部中断 0 断。

要设置允许外部中断 0、1 允许，其他不允许，则 IE 的值如表 5.2.4 所列，即 IE＝85H。

表 5.2.4　IE＝85H

位　序	D7	D6	D5	D4	D3	D2	D1	D0
位名称	1	0	0	0	0	1	0	1

5.3　外部中断应用实例

1. 设计要求

用 C 编程，使外部中断每发生一次在共阴数码管上显示一个数字，且每中断一次显示的数值增加 1 或减少 1（根据按下的是"加 1 键"还是"减 1 键"而定）。

要求：中断触发方式为下降沿触发方式，按键有消除抖动功能。

2. 硬件设计

打开 Proteus ISIS，在编辑窗口中单击元件列表中的 P 按钮，添加如表 5.3.1 所列的元件。然后按图 5.3.1 连线，绘制完电路图。在 Proteus ISIS 编辑窗口中选择 File→Save Design 菜单项，保存电路图。在 Proteus 仿真电路图中单片机的晶振和复位电路可不画出。

表 5.3.1　元件清单

元件名称	所属类	所属子类
7SEG - COM - CAT - GRN	Optoelectronics	7 - Segment Displays
AT89C51	Microprocessor ICs	8051 Family
BUTTON	Switches & Relays	Switches
RES	Resistors	Generic

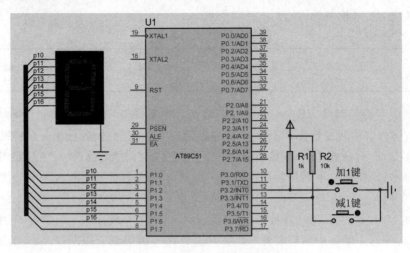

图 5.3.1　外部中断原理电路图

3. 软件设计

源程序清单：

```
/******************* 必要的变量定义 ******************* /
# include< reg51.h>
# define uint unsigned int
# define uchar unsigned char    //宏定义
uchar code table[]= {0x3F,0x06,0x5B,0x4F,0x66,0x6D,0x7D,0x07,0x7F,0x6F};
//共阴数码管"0- 9"编码表
uchar m= 0;
/**************** 延时子程序 **************** /
void delay(uchar c)              //延时 C 毫秒
{
    unsigned char a,b;
    for(;c> 0;c-- )
        for(b= 142;b> 0;b-- )
            for(a= 2;a> 0;a-- );
}
/**************** 外部中断 0 子程序 **************** /
void INT_0() interrupt 0
{
 EX0= 0;                          //关闭外部中断 0,防止在执行过程中再次发生中断
 delay(20);                       //延时 20 ms,去抖动
 EX0= 1;                          //开外部中断 0
 m++ ;
 if(m== 10) m= 0;                 //当 m= 10 时返回到 0
 else P1= table[m];               //循环输出 "0~9"
}
/**************** 外部中断 1 子程序 **************** /
```

```
void INT_1() interrupt 2
{
  EX1= 0;                      //关闭外部中断1,防止在执行过程中再次发生中断
  delay(20);                   //延时 20 ms,去抖动
  EX1= 1;                      //开外部中断 1
  m-- ;
  P1= table[m];                //循环输出"9～0"
  if(m==0) m= 10;              //当 m= 0 时返回到 10
}
/* * * * * * * * * * * * * * * * * 主程序 * * * * * * * * * * * * * * * * * * */
void main()
 {
    P1= 0x00;
    EA= 1;                     //打开总中断
    EX0= 1;                    //打开外部中断 0
    IT0= 1;                    //设置中断触发方式为下降沿触发方式
   EX1= 1;
   IT1= 1;
   while(1);                   //死循环
 }
```

4. 联合调试与运行

联合调试与运行过程参见附录。

5. 电路图功能分析

每按下一次"加 1 键"(或减 1 键),按键电路就给 INT0 脚一个低电平,即发生一次外部中断事件,这时程序的执行从主程序跳到外部中断 0 的中断程序。外部中断 0 程序则完成给一个变量加 1(或减 1),并显示当前数值到数码管的功能。

需注意的是:实际电路图中由于 P1 口的输出电平较低,应给 P1 口接上拉电阻,这样才能较好地驱动数码管显示,这里为了方便省略了上拉电阻电路。

6. 程序分析

在实际电路中按键难免出现抖动现象,前面已经有过介绍在这就不多说了。抖动发生的时间在 10 ms 左右,此例中采用延时 20 ms 来消抖。

观察程序便可以发现,中断程序 void INT_0 没有在主程序 main()中调用,而且后面还多了 interrupt 0,读者可能会有疑问了:为什么和 C 语言格式不一样? C 语言中每个子程序要在主程序 main()被调用才能生效,而在这里不被调用也能生效呢?其实这是 Keil C 在 C 语言上的拓展,如果 Keil C 的中断服务程序和 C 语言一样,需要在主程序 main()中调用,那么它应该放在什么位置呢?我们知道中断的发生是随时随地的,在我们写程序时是不能预测中断在什么时候发生的。

Keil C 中程序根据 interrupt 来判断该函数是中断程序,根据 interrupt 后面的序号来判断该中断类型。只要有中断事件发生并且 CPU 允许响应,程序就自动跳

出主程序执行中断服务程序;执行完成中断服务程序后程序才回到主程序刚才跳出的地方继续向下执行未完成的主程序。

定义中断函数的一般形式:

void　函数名( ) interrupt　中断号 using 寄存器工作组

其中,interrupt 是函数定义时的一个选项,加上这个选项即可以将一个函数定义成中断服务函数。

关键字 interrupt 后面 n 是中断号,n 的取值范围是 $0\sim31$;编译器从 $8n+3$ 处产生中断向量。中断序号如表 5.3.2 所列。

表 5.3.2　中断序号

中断序号	中断源	中断向量(8n+3)
0	外部中断 0	0003H
1	定时器 0	000BH
2	外部中断 1	0013H
3	定时器 1	001BH
4	串行口	0023H

C51 编译器扩展了一个关键字 using,专门用来选择 8051 单片机中不同工作寄存器组(可以省略)。

using 后面的 n 是一个 $0\sim3$ 的常整数,分别对应选项中不同的工作寄存器组;using 是一个可选项,若没有,则由编译器自动选择。

关键字 using 和 interrupt 后面都不允许跟带运算符的表达式,同时,带此两关键字的函数都不允许用于外部函数。

编写 8051 单片机中断函数时应遵循以下规则:

① 中断函数不能进行参数传递。

② 中断函数没有返回值,故一般定义成 void 类型。

③ 在任何情况下,都不能直接调用中断函数。

④ 如果中断函数中调用了其他函数,则被调用函数所使用的寄存器组必须与中断函数相同。

5.4　中断优先级寄存器 IP

51 单片机采用了自然优先级和人工设置高、低优先级的策略。当 CPU 处理低优先级中断,又发生更高级中断时,中断处理过程如图 5.4.1 所示。

上电时,中断优先级寄存器 IP 被清零,每个中断源都处于同一个优先级,这时若其中几个中断同时产生中断请求,则 CPU 按照片内硬件优先级链路的顺序即自然优先级响应中断。硬件优先级由高到低的顺序如表 5.4.1 所列。

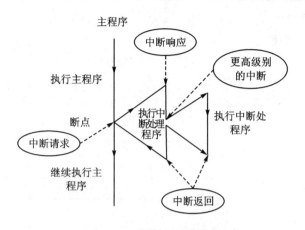

图 5.4.1　中断优先级别流程图

表 5.4.1　51 单片机单片机中断级别

中断源	默认中断级别	中断函数 C 语言中的序号
INT0——外部中断 0	最高	0
T0——定时/计数器 0 中断	第 2	1
INT1——外部中断 1	第 3	2
T1——定时/计数器 1 中断	第 4	3
TI/RI 串行口中断	第 5	4
T2——定时/计数器 2 中断(52 独有)	最低	5

在某些特殊情况下,如果希望某个中断源有更高的优先级,则可以通过程序人工地设置高、低优先级。中断优先级由中断优先级寄存器 IP 来设置,如表 5.4.2 所列。

表 5.4.2　IP 寄存器结构

位　序	D7	D6	D5	D4	D3	D2	D1	D0
位名称	—	—	—	PS	PT1	PX1	PT0	PX0

IP 中某位设为 1,则相应的中断就是高优先级;否则,就是低优先级。但在同一个优先级下,中断响应的顺序和自然优先级一样。

PS:串行口中断优先级控制位。PS=1,声明串行口中断为高优先级中断;PS=0,串行口定义为低优先级中断。

PT1:定时器 1 优先级控制位。PT1=1,声明定时/计数器 1 为高优先级中断;PT1=0,定义定时器 1 为低优先级中断。

PX1:外部中断 1 优先级控制位。PX1=1,声明外部中断 1 为高优先级中断;PX1=0,定义外中断 1 为低优先级中断。

PT0:定时/计数器 0 优先级控制位。PT0=1,声明定时/计数器 0 为高优先级中断;PT0=0,定义定时/计数器 0 为低优先级中断。

PX0:外部中断 0 优先级控制位。PX0＝1,声明外部中断 0 为高优先级中断;PX0＝0,定义外部中断 0 为低优先级中断。

【例 5-1】　设有如下要求,将 PT0、PX1 设为高优先级,其他为低优先级,求 IP 的值。

IP 的首 3 位没用,可任意取值,设为 000,后面根据要求写就可以了,如表 5.4.3 所列。

表 5.4.3　IP 的值

位　序	D7	D6	D5	D4	D3	D2	D1	D0
位名称	0	0	0	0	0	1	1	0

因此,最终,IP 的值就是 06H。

【例 5-2】　在上例中,如果 5 个中断请求同时发生,求中断响应的次序。

响应次序为:定时/计数器 0→外部中断 1→外部中断 0→定时/计数器 1→串行中断。

5.5　中断优先级应用实例

1. 设计要求

用 C 编程,设置两个外部中断(INT0 和 INT1)按键,优先级 IP＝0x04,如表 5.5.1 所列。

表 5.5.1　IP＝0x04

位　序	—	—	—	PS	PT1	PX1	PT0	PX0
位名称	0	0	0	0	0	1	0	0

即把外部中断 1 设置为高级优先级,外部中断 0 为低级优先级,使外部中断 1 嵌套在外部中断 0 中。

要求:中断触发方式为下降沿触发方式,按键有消抖功能。

2. 硬件设计

在 Proteus ISIS 编辑窗口中单击元件列表中的 P 按钮 `P L DEVICES` ,添加如表 5.5.2 所列的元件。然后,按图 5.5.1 连线绘制完电路图。选择 Proteus ISIS 编辑窗口中的 File→Save Design 菜单项,保存电路图。在 Proteus 仿真电路图中单片机的晶振和复位电路可不画出。

表 5.5.2　元件清单

元件名称	所属类	所属子类
SWITCH	Switches & Relays	Switches
AT89C51	Microprocessor Ics	8051 Family
LED‑BARGRAPH‑RED	Optoelectronics	Bargraph Displays
RES	Resistors	Generic

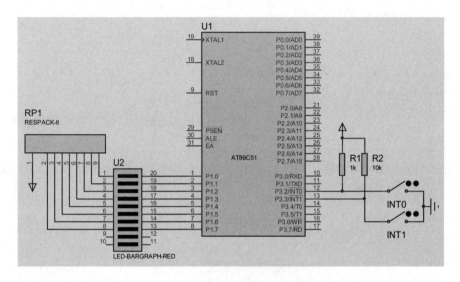

图 5.5.1　外部中断原理电路图

3. 软件设计

源程序清单：

```
/* * * * * * * * * * * * * * * * * * * 必要的变量定义 * * * * * * * * * * * * * * * * * * * /
# include< reg51.h>
# define uchar unsigned char   //宏定义
/* * * * * * * * * * * * * * * * * * * * 延时子程序 * * * * * * * * * * * * * * * * * * * * * /
void delay(uchar c)            //延时 C 毫秒
{
unsigned char a,b;
for(;c> 0;c-- )
        for(b= 142;b> 0;b-- )
            for(a= 2;a> 0;a-- );
}
/* * * * * * * * * * * * * * * * * * * *外部中断 0 子程序* * * * * * * * * * * * * * * * * * * /
void INT_0() interrupt 0
{
 EX0= 0;                //关闭外部中 0,防止在执行过程中再次发生中断
 delay(20);             //延时 20 ms,去抖动
```

```
    EX0= 1;                          //开外部中断 0
    while(1)                         //LED 向下循环点亮,表示在执行外部中断 0 服务程序
    {
        P1= 0xfe;delay(200);
        P1= 0xfd;delay(200);
        P1= 0xfb;delay(200);
        P1= 0xf7;delay(200);
        P1= 0xef;delay(200);
        P1= 0xdf;delay(200);
        P1= 0xbf;delay(200);
        P1= 0x7f;delay(200);
    }
}
/* * * * * * * * * * * * * * * * * * * *外部中断 1 子程序* * * * * * * * * * * * * * * * * * * * /
void INT_1() interrupt 2
{
    EX1= 0;                          //关闭外部中断 1,防止在执行过程中再次发生中断
    delay(20);                       //延时 20 ms,去抖动
    EX1= 1;                          //开外部中断 1
    P1= 0x00;delay(200);             //LED 全部点亮,闪烁 3 次,表示在执行外部中 1 服务程序
    P1= 0xFF;delay(200);
    P1= 0x00;delay(200);
    P1= 0xFF;delay(200);
    P1= 0x00;delay(200);
}
/* * * * * * * * * * * * * * * * * * * 主程序* * * * * * * * * * * * * * * * * * * * /
void main()
{
    P1= 0xFF;
    EA= 1;                           //打开总中断
    EX0= 1;                          //打开外部中断 0
    IP= 0x04;                        //外部中断 1 为优先级
    IT0= 1;                          //设置中断触发方式为下降沿触发方式
    EX1= 1;
    IT1= 1;
    while(1);                        //死循环
}
```

4. 联合调试与运行

联合调试与运行过程可参见附录。

5. 电路图功能分析

如图 5.5.1 所示合上 INT0 的开关,则 LED 依次循环点亮,表示电路正在执行外部中断 0 的服务程序。按下 INT1 按键,则 LED 全体闪烁 3 次,然后继续依次循环点亮。说明在执行外部中断 0 服务程序的过程中被外部中断 1 打断;执行完外部中断 1 的服务程序后,返回外部中断 0 继续执行外部中断 0 的服务程序。

5.6　51 单片机中断响应过程

1. 中断响应的条件

CPU 都会去查询各个中断标记,看它们是否是"1",如果是"1",则说明有中断请求。所以所谓中断,其实也是查询,不过是每个周期都查一下而已,并且此查询过程是由单片机的 CPU 完成的而不是人工完成的。了解中断的过程就不难了解中断响应的条件了,但是在下列 3 种情况之一时,CPU 将封锁对中断的响应:

①CPU 正在处理一个同级或更高级别的中断请求。

②当前正在执行的指令还没执行完毕。

③当前正执行的指令是返回指令(RETI)或访问 IP、IE 寄存器的指令,则 CPU 至少再执行一条指令才响应中断。

2. 中断响应过程

具体地说,中断响应可以分为以下几个步骤:

① 自动清除中断请求标志(对串口的中断标志要用软件清除),然后保护断点,保存下一个将要执行指令的地址,就是把这个地址送入堆栈。

② 寻找中断入口,根据 5 个不同的中断源所产生的中断,查找 5 个不同的入口地址,即将 5 个中断入口的地址装入寄存器 PC 中(PC 是程序指针,CPU 取指令就根据 PC 中的值,PC 中是什么值,就会到什么地方去取指令,PC 中装入了中断入口的地址程序就会转到中断入口处执行)。以上工作是由单片机自动完成的,与编程者无关。在这 5 个入口地址处存放有中断处理程序(这是程序编写时放在那儿的,如果没把中断程序放在那儿,中断程序就不能被执行到)。

③执行中断处理程序。

④中断返回:执行完中断指令后,就从中断处返回到主程序,继续执行。各中断源的中断服务程序入口如下:

外部中断 0:0003H

定时/计数器 0:000BH

外部中断 1:0013H

定时/计数器 1:001BH

串口:0023H

可以看出,每个中断向量地址只间隔了 8 个单元,如 0003H~000BH,在如此少的空间中如何完成中断程序呢? 很简单,在中断处安排一个 AJMP 指令,就可以把中断程序跳转到任何地方。

一个完整的主程序看起来应该是这样的:

汇编:ORG 0000H

```
AJMP START
ORG 0003H
AJMP INT0;跳转到外中断 0 的服务子程序处执行
ORG 000BH
…………………
INT0:
RE TI
C 语言:main()
{
主程序内容
}
/************ 中断程序入口,"using 工作组"可以忽略************ /
void  函数名() interrupt  中断序号 using  工作组
{
中断服务内容
}
```

注意:只响应中断时 CPU 所做的保护工作是很有限的,只保护了一个地址,而其他的所有东西都不保护。所以如果主程序中用到了如 A、PSW 等,而在中断程序中又要用它们,还要保证回到主程序后这里面的数据还是没执行中断以前的数据,就得自己保护起来。

写到这里,大家应当明白,为什么一些程序一开始这样写:

```
ORG 0000H
LJMP START
ORG 0003H
START:
……………
```

这样写的目的就是让出中断源的入口地址。当然,程序中没用中断时,直接从0000H 开始写程序,在原理上并没有错,但在实际工作中最好不这样做。

C 语言中这些工作都不需要我们编写,由程序内部自己完成。所以,编写 C 语言程序相对汇编程序来说比较简单易懂。

5.7　中断扩展应用实例

51 单片机内部共有 5 个中断源,即两个定时/计数器、两个外部中断和一个串口中断。

由于 51 的中断 I/O 口资源有限,并且 I/O 口的应用频繁,因此,两个外部中断端口往往不能满足用户的使用,这时就需要对外部中断 I/O 口进行扩展。I/O 口扩展的方式有很多种,笔者在这归纳为两类:软件扩展和硬件扩展。软件扩展指的是中断的优先级设置;而硬件扩展指的是外围电路扩展。下面就举个简单的硬件外部中断 I/O 口扩展例子。

1. 设计要求

将外部中断 0 端口 P3.2 扩展成 3 个中断入口,并且当中断发生时,能识别是哪个中断源发生的中断事件。

2. 硬件设计

打开 Proteus ISIS,在编辑窗口中单击元件列表中的 P 按钮 P L   DEVICES ,添加如表 5.7.1 所列的元件。然后,按图 5.7.1 连线绘制完电路图。选择 Proteus ISIS 编辑窗口中的 File→Save Design 选项,保存电路图。在 Proteus 仿真电路图中单片机的晶振和复位电路可不画出。

表 5.7.1 元件清单

元件名称	所属类	所属子类
LED – BLUE	Optoelectronics	LEDs
AT89C51	Microprocessor Ics	8051 Family
BUTTON	Switches & Relays	Switches
AND_3	Modelling Primitives	Digital（Buffers & Gates）
RES	Resistors	Generic

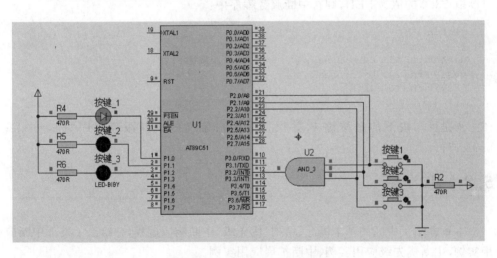

图 5.7.1 外部中断扩展电路图

3. 软件设计

源程序清单:

```
/*****************主程序*****************/
# include< reg51.h>
main()
{
EA= 1;
```

```
EX0= 1;
}
/* * * * * * * * * * * * * * * * * 中断服务子程序* * * * * * * * * * * * * * * * * */
void INT_0()   interrupt 0
{
    switch(P2)
    {
    case 0xfe: P1= 0xfe;break;                    //按键 1
    case 0xfd: P1= 0xfd;break;                    //按键 2
    case 0xfb: P1= 0xfb;                          //按键 3
    }
}
```

4. 联合调试与运行

联合调试与运行过程可参见附录。

5. 电路图功能分析

当有按键按下时(无论一个或多个同时按下),"与门"的输出端输出一个低电平,即产生外部中断事件,同时与该按键连接的 P3.2 口也获得一个低电平。这时我们可以根据读取 P3.2 口的状态来判断发生外部中断事件的中断源位置。

例如,如图 5.7.1 所示,假设按键 1 按下发生外部中断事件,CPU 响应中断,这时读取 P3.2 的值为 FEH,则在中断服务程序中:

```
switch(P2)
{
case 0xfe: P1= 0xfe;break;                    //按键 1
case 0xfd: P1= 0xfd;break;                    //按键 2
case 0xfb: P1= 0xfb;                          //按键 3
}
```

于是可知按下的是按键 1,并执行了用户定义的中断服务程序"P1 = 0xfe; break;"。

5.8　小　结

本章介绍了中断的基本概念、结构、优先级,中断响应过程,并给出了外部中断应用实例、中断优先级应用实例、中断扩展应用实例。

习　题

5.1　51 单片机有几个中断源,各中断标志是如何产生的,又是如何清零的?

5.2　简述单片机的中断处理过程。

5.3　简述 MCS‑51 单片机不能响应中断的几种情况。

5.4　CPU 相响应中断时,它的中断矢量地址分别是多少?

5.5　简述 IP、IE、SCON 和 TCON 在中断系统中的作用。

5.6　简述中断初始化应包括的几个方面。

5.7　下列说法错误的是（　　）

A、各中断发出的中断请求信号都会标记在 MCS-51 系统的 IE 寄存器。

B、各中断发出的中断请求信号都会标记在 MCS-51 系统的 TMOD 寄存器中。

C、各中断发出的中断请求信号都会标记在 MCS-51 系统的 IP 寄存器中。

D、各中断发出的中断请求信号都会标记在 MCS-51 系统的 TCON 与 SCON 寄存器中。

5.8　下列说法正确的是（　　）

A、同一级别的中断请求按时间的先后顺序响应。

B、同一时间、同一级别的多中断请求将形成阻塞，系统无法响应。

C、低优先级中断请求不能中断高优先级中断请求。

D、同级中断不能嵌套。

5.9　MCS-51 单片机的中断系统中有几个优先级，如何设定优先顺序？

5.10　请写出 $\overline{\text{INT0}}$ 为下降沿触发方式的中断初始化程序。

5.11　当中断优先级寄存器的内容为 09H 时，其含义是什么？

实战训练

根据图 1 连接好电路图，设计一个 8 路抢答器，然后按要求编写程序，并加载到 Proteus 的 AT89C51 单片机中，观察显示结果。

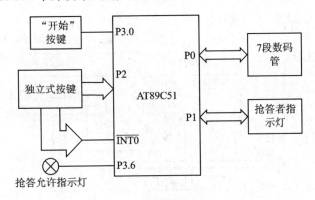

图 1　8 路抢答器原理图

要求：

①主持人按下"开始"按键后才开始抢答，并亮抢答允许指示灯。

②主持人按下"开始"按键后若有人抢答，则抢答指示灯灭，7 段数码管显示抢答者编号。

第 **6** 章

定时/计数器

MCS-51 单片机内部共有两个 16 位可编程定时/计数器：定时/计数器 0 和定时/计数器 1(MCS-52 比 MCS-51 多一个定时/计数器 2)。在 51 单片机中，定时/计数器的定时功能和计数功能是由同一种硬件完成的，它们的区别在于计数器的计数脉冲来源于单片机的外部脉冲，而定时器的脉冲来源于单片机的内部(它的脉冲频率取决于单片机的晶振频率)。

本章主要介绍定时/计数器的工作原理和工作方式、TMOD 和 TCON 的设置方法、初始化以及在 Keil C 中编写 C51 单片机定时中断函数的方法等。

6.1 定时/计数器的结构与工作原理

6.1.1 硬件结构

定时/计数器结构框图如图 6.1.1 所示。

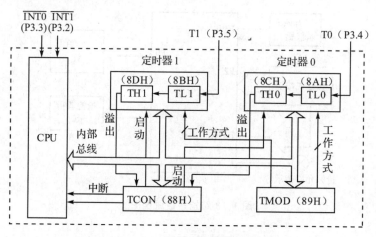

图 6.1.1 定时/计数器结构框图

16 位定时/计数器 T0、T1 由 4 个 8 位计数器组成，均属 SFR 寄存器。T0 由两个 8 位的寄存器 TH0、TL0 构成，字节地址为 8CH、8AH；T1 也由两个 8 位的寄存器 TH1、TL1 构成，字节地址为 8DH、8BH。

由图 6.1.1 可知，定时/计数器主要受方式寄存器 TMOD 和控制寄存器 TCON 的控制。方式寄存器 TMOD 用于设置定时器的工作方式，控制寄存器 TCON 用于启动和停止定时/计数器的计数，并控制定时器的工作状态。

6.1.2　工作原理

定时/计数器有两种用途：定时器和计数器。但一个定时/计数器（T1 或 T0）不能既做定时器又做计数器。其实，定时/计数器的核心是一个加 1 计数器，脉冲来源有两个：一个是由系统的时钟晶振器输出脉冲经 12 分频后送来；另一个是由 T0 或 T1 引脚（P3.4 或 P3.5）输入的外部脉冲源提供。这就是 51 单片机中定时/计数器的定时功能和计数功能的区别（前者是定时器，后者是计数器）。每来一个脉冲则加 1 计数器加 1，当加到加 1 计数器为全 1 时，再来一个脉冲就使加 1 计数器回到零；且加 1 计数器的溢出使得 TCON 寄存器中的 TF0（或 TF1）置 1，向 CPU 发出中断请求。如果定时/计数器工作于定时模式，则表示定时时间已到；如果定时/计数器工作于计数模式，则表示计数值已满。

定时器的定时时间不仅与计数器的初值有关，而且与系统的时钟频率有关，在实际使用中要根据时钟频率来确定定时器的初值。

定时/计数器用作计数器时，计数器对来自 T0（P3.4）和 T1（P3.5）的外部脉冲计数，在每个机器周期的 S5P2 期间采样引脚输入电平。如果前一个机器周期采样值为 1 而后一个机器周期采样值为 0，则说明有一个脉冲，计数器值加 1。新的计数初值于下一个机器周期的 S3P1 期间装入计数器中。由于此种方式需要两个机器周期来检测一个从"1"到"0"的负跳变信号。因此，最高的计数频率为时钟频率的 1/24。

当设置了工作方式并启动定时/计数器开始工作后，定时/计数器就按照设定的工作方式工作，不需要 CPU 的干预。当定时/计数器值为全 1 时，如果再输入一个脉冲则计数器重新回到全 0，同时把定时/计数器的溢出标志位（TF1 或 TF0）置位，作为定时/计数器的溢出标志。

定时/计数器有两个控制寄存器，即 TMOD 和 TCON。TMOD 用于控制定时/计数器的工作方式，选择定时或计数功能；TCON 则用于控制定时/计数器的启动和停止，并控制定时/计数器的工作状态等。启动定时/计数器开始工作之前，需要定义定时/计数器的工作方式，同时对 TL0、TH0 及 TL1、TH1 进行初始化编程，下面介绍 TCON、TMOD 寄存器的结构。

1. 定时/计数器的控制寄存器 TCON

TCON 字节地址为 88H，用于控制定时/计数器的启、停，标志定时器溢出和中断情况。可以按位寻址，其结构如表 6.1.1 所列。其各个位的含义和功能如表 6.1.2 所列。

表 6.1.1　TCON 寄存器结构

位 序	D7	D6	D5	D4	D3	D2	D1	D0
位名称	TF1	TR1	TF0	TR0	IE1	IT1	IE0	IT0

表 6.1.2　TCON 寄存器各个位的功能

名 称	说 明	功 能
TF1	T1 溢出标志位	当 T1 计数满溢出时,硬件将 TF1 置 1,并申请中断。进入服务程序后,由硬件将 TF1 自动清 0。需要注意的是,如果使用定时器的中断,那么该位不需人去操作,但是如果使用软件查询方式,当查询到该位置 1 后,须用软件清 0
TR1	T1 运行控制位	TR1=1:启动定时器。TR1=0:关闭定时器,由软件控制
TF0	T0 溢出标志位	功能同 TF1,但是 TF0 的工作对象是 T0
TR0	T0 运行控制位	功能同 TR1,但是 TR0 的工作对象是 T0
IE1	外部中断 1 请求标志位	当 IT1=0 时,为低电平触发方式,每个机器周期的 S5P2 采样 INT1 引脚。若 INT1 引脚为低电平,则 IE1 置 1,否则 IE1 清 0。 当 IT1=1 时,为下降沿触发方式,当第一个机器周期采样到 INT1 为低电平时,则 IE1 置 1。IE1=1 表示外部中断 1 正在向 CPU 请求中断。但 CPU 响应中断该位由硬件清 0
IT1	外部中断 1 触发方式选择位	IT1=0,低电平触发方式,INT1 引脚上低电平有效 IT1=1,下降沿触发方式,INT1 引脚上的电平由高到低的负跳变有效
IE0	外部中断 0 请求标志位	功能同 IE1,但是 IE0 的工作对象是 INT0
IT0	外部中断 0 触发方式选择位	功能同 IT1,但是 IT0 的工作对象是 INT0

2. 定时器工作方式寄存器 TMOD

　　TMOD 字节地址为 89H,用来确定定时器的工作方式及功能选择,不能按位寻址,结构如表 6.1.3 所列。各个位的含义及功能如表 6.1.4 所列。注意:除方式 3 外,在其他 3 种工作下 T0 和 T1 功能完全相同。

表 6.1.3　TMOD 寄存器结构

位 序	D7	D6	D5	D4	D3	D2	D1	D0
位名称	GATE	C/$\overline{\text{T}}$	M1	M0	GATE	C/$\overline{\text{T}}$	M1	M0
应 用	定时/计数器 1				定时/计数器 0			

表 6.1.4　TMOD 寄存器各个位的功能

名　称	含　义	功　能
M1、M0	工作方式 选择位	M1M0＝00:方式 0,13 位定时/计数器,最大计数 8 192 次; M1M0＝01:方式 1,16 位定时/计数器,最大计数 65 536 次; M1M0＝10:方式 2,8 位自动重装定时/计数器,最大计数 256 次; M1M0＝11:方式 3,把 T0 分为两个 8 位计数器,最大计数 256 次
C/$\overline{T}$	定时器工作 方式控制位	C/$\overline{T}$＝0:定时工作方式,脉冲来自单片机的内部; C/$\overline{T}$＝1:计数工作方式,脉冲由外部提供
GATE	计数器工作 方式控制位	当 GATE＝0 时,计数器不受外部控制; 当 GATE＝1 时,计数器 T0 和 T1 分别受 P3.2 和 P3.3 引脚上的电平控制。 当 P3.2(或 P3.3)引脚为高电平时,置 TR0(或 TR1)为 1,计数器 T0(或 T1) 开始计数;P3.2(或 P3.3)引脚为低电平时,计数器 T0(或 T1)停止计数

当定时/计数器为计数模式时,计数脉冲是 T0 或 T1 引脚上的外部脉冲。这时,门控位 GATE 具有特殊的作用。GATE 的逻辑图如图 6.1.2 所示。

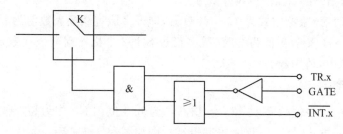

注: TRx为TR0和TR1的简写, TNT.x为INT0和INT1的简写。

图 6.1.2　GATE 门控制位结构

当 GATE＝0 时,经反相后使"或门"输出为"1",此时仅由 TR.x 控制"与门"的开启,"与门"输出"1"时,控制开关接通,计数开始;当 GATE＝1 时,由外中断引脚信号控制"或门"的输出,此时控制"与门"的开启由外中断引脚信号 INT.x 和 TR.x 共同控制。当 TR.x＝1 时,外中断引脚信号 INT.x 的高电平启动计数,低电平停止计数。这种方式常用来测量外中断引脚上正脉冲的宽度。

6.2　定时/计数器的工作方式

1. 方式 0

方式 0 为 13 位计数,由 TL0 的低 5 位(高 3 位未用)和 TH0 的 8 位组成。TL0 的低 5 位溢出时向 TH0 进位;TH0 溢出时,置位 TCON 中的 TF0 标志,向 CPU 发出中断请求。方式 0 定时/计时器逻辑结构图如图 6.2.1 所示。

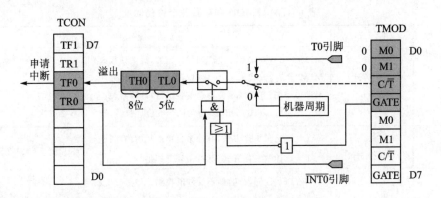

图 6.2.1　方式 0 定时/计数器逻辑结构图

当定时/计数器工作方式为方式 0 时,假设单片机的机器周期为 T_{cy},定时产生一次中断的时间为 t,那么需要计数的个数 $N = t/T_{cy}$,装入 TH.x 和 TL.x 中的初值分别为:

$$TH.x = (8\ 192 - N)/32 \qquad\qquad TL.x = (8\ 192 - N)\%32$$

由于定时/计数器方式为 13 位计数器,即最多能装载最大数值为 $2^{13} = 8\ 192$ 个。当 TL.x 和 TH.x 的初值为 0 时,最多经过 8 192 个机器周期该计数器就会溢出一次,并向 CPU 申请中断。

2. 方式 1

方式 1 的计数位数是 16 位,由 TL0 作为低 8 位、TH0 作为高 8 位组成了 16 位加 1 计数器。方式 1 定时/计时器逻辑结构图如图 6.2.2 所示。

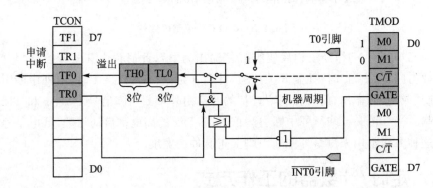

图 6.2.2　方式 1 定时/计数器逻辑结构图

当定时/计数器工作方式为方式 1 时,假设单片机的机器周期为 T_{cy},定时产生一次中断的时间为 t,那么需要计数的个数 $N = t/T_{cy}$,装入 TH.x 和 TL.x 中的初值分别为:

$$TH.x = (65\ 536 - N)/256 \qquad\qquad TL.x = (65\ 536 - N)\%256$$

由于定时/计数器方式为 16 位计数器,即最多能装载最大数值为 $2^{16}=65\,536$ 个。当 TL. x 和 TH. x 的初值为 0 时,最多经过 65 536 个机器周期该计数器就会溢出一次,并向 CPU 申请中断。

3. 方式 2

在定时/计数器的方式 0 和方式 1 中,当计数器溢出后,计数器变为 0。因此在循环定时或循环计数时必须要用软件反复设置计数初值,这必然影响到定时的精度,同时也给程序设计带来很多麻烦。定时/计数器方式 2 则可解决软件反复装初值所带来的问题,在计数器溢出后,计数器自动将上次设置的初值重装。所以方式 2 特别适合做较精确的脉冲信号发生器,但由于它只有 8 位计数器,当定时较长时间时也会给编程带来麻烦,同时也可能影响到精度。所以当我们对定时精度要求不高时,使用方式 0 或方式 1 比较合适。要做精确的频率较高的信号发生器时才选用方式 2,但也要注意,此时的晶振频率务必要选择 12 的整数倍,因为定时器的频率是晶振频率的 $1/12$。

方式 2 为自动重装初值的 8 位计数方式。方式 2 定时/计时器逻辑结构图如图 6.2.3 所示。

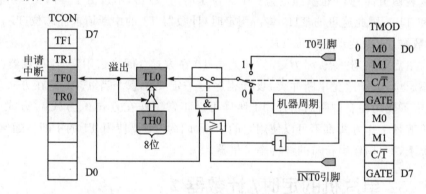

图 6.2.3　方式 2 定时/计数器逻辑结构图

当定时/计数器工作方式为方式 2 时,假设机器周期为 T_{cy},定时/计数器产生一次中断时间为 t,那么需要计数的个数 $N=\dfrac{t}{T_{cy}}$。装入 TH. x 和 TL. x 中的初值分为:

$$\text{TH. x} = 256 - N \qquad\qquad \text{TL. x} = 256 - N$$

由于定时器方式 2 为 8 位计数器,即最多能装载的数为 $2^8=256$ 个。当 TL. x 和 TH. x 的初值为 0 时,最多经过 256 个机器周期该计数器就会溢出。若使用 12 MHz 的晶振,也只有 256 μs 的时间。若使用 11.059 2 MHz 晶振,那么计算机器周期时,晶振自身产生的误差也已经不少了,再加上过程累加,误差便会更大。

4. 方式 3

方式 3 只适用于定时/计数器 T0,定时器 T1 处于方式 3 时相当于 TR1=0,T1

不计数。方式 3 将 T0 分成两个独立的 8 位定时/计数器 TL0 和 TH0,方式 3 定时/计时器逻辑结构图如图 6.2.4 所示。

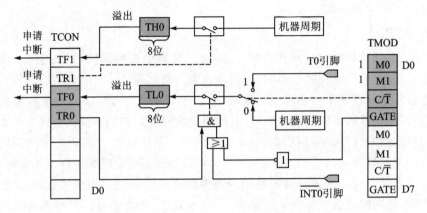

图 6.2.4 方式 3 定时/计数器逻辑结构图

TL0 为正常的 8 位定时/计数器,计数溢出后置位 TF0,并向 CPU 申请中断,之后再重装初值。TH0 也被固定为一个 8 位定时/计数器,不过由于 TL0 已经占用了 TF0 和 TR0,因此这里的 TH0 将占用定时/计数器 T1 的中断请求标志位 TF1 和定时/计数器 T1 的启动控制位 TR1。

这里需要强调一点,因为定时/计数器 T0 在方式 3 时会占用定时/计数器 T1 的中断标志位,为了避免中断冲突,设计程序时一定要注意。当 T0 工作在方式 3 时,T1 一定不要用在有中断的场合,T1 照样可以正常工作在方式 0、方式 1、方式 2 下,但无论哪种工作方式都不可以使用它的中断,因为 T0 要使用 T1 的中断。通常在这种情况下,T1 用作串行口的波特率发生器。

6.3 52 单片机的定时/计数器 2

52 单片机与 51 单片机相比,除了其内部程序存储器容量增大外,还多了一个 T2 定时/计数器。定时/计数器 T2 是一个 16 位的计数器,通过设置特殊功能寄存器 T2CON 中的 C/$\overline{\text{T2}}$ 位,可将其设置为定时器或计数器;通过设置 T2CON 中的工作模式选择可将定时/计数器 T2 设置为 3 种模式,分别为波特率发生器、自动重装(递增或递减)和捕获。

所谓捕获,就是指捕捉某一瞬间的值,该功能通常用来测量外部某个脉冲的宽度或周期。工作原理为:单片机内部有两组寄存器,其中一组的内部数值是按固定机器周期递增或递减的,通常这组寄存器就是定时器的计数寄存器(TLX、THX)。当与捕获功能相关的外部某引脚有一个负跳变时,捕获便会立即将此时第一组寄存器中的数值准确地获取,并且存入另一组寄存器中;这组寄存器通常称为"陷阱寄存器"

(RCAPXL、RCAPXH),同时向 CPU 申请中断,以方便软件记录。当该引脚的下一次负跳变来临时,于是产生另一个捕获,并再次向 CPU 申请中断。通过软件记录了两次捕获得到数据后,便可以准确计算出该脉冲的周期了。

6.3.1　定时/计数器 2 控制寄存器 T2CON

T2CON 寄存器的字节地址为 C8H,可进行位寻址,即可对该寄存器的每一位进行单独操作,单片机复位时 T2CON 全部被清 0。其各位定义如表 6.3.1 所列。

表 6.3.1　定时/计数器 2 控制寄存器 T2CON

位　序	D7	D6	D5	D4	D3	D2	D1	D0
位名称	TF2	EXF2	RCLK	TCLK	EXEN2	TR2	$C/\overline{T2}$	CP/RL2

TF2:定时/计数器 2 溢出标志位。定时/计数器 2 溢出时 TF2 置位,该位必须由软件清 0。当 RCLK=1 或 TCLK=1 时,TF2 将不会置位。

EXF2:定时/计数器 2 外部标志位。当 EXEN2=1 且 T2EX(单片机的 P1.1 口)的负跳变产生捕获或重装时,EXF2 置位。定时/计数器 2 中断使能时,EXF2=1 将使 CPU 进入定时/计数器 2 的中断服务程序。EXF2 位必须用软件清 0。在递增/递减计数器模式(DCEN=1)中,EXF2 不会引起中断。

RCLK:接收时钟标志位。RCLK=1 时,将定时/计数器 2 的溢出脉冲作为串口模式 1 或模式 3 的接收时钟;RCLK=0 时,将定时/计数器 1 的溢出脉冲作为串口模式 1 或模式 3 的接收时钟。

TCLK:发送时钟标志位。TCLK=1 时,将定时/计数器 2 的溢出脉冲作为串口模式 1 或模式 3 的发送时钟;TCLK=0 时,将定时/计数器 1 的溢出脉冲作为串口模式 1 或模式 3 的发送时钟。

EXEN2:定时/计数器 2 外部使能标志位。当 EXEN2=1 且定时/计数器 2 未作为串口时钟使用时,允许 T2EX 的负跳变产生捕获或重装;当 EXEN2=0 时,T2EX 的跳变对定时/计数器 2 无效。

TR2:定时/计数器 2 启动/停止控制位。TR2 置 1,则启动定时/计数器 2;TR2 清 0,则停止定时/计数器 2。

$C/\overline{T2}$:定时/计数器 2 的定时或计数选择控制位。$C/\overline{T2}$=1 为外部事件计数器(下降沿触发);$C/\overline{T2}$=0 为内部定时器。

CP/RL2:捕获/重载标志位。CP/RL2=1 且 EXEN2=1 时,T2EX 的负跳变产生捕获;CP/RL2=0 且 EXEN2=0 时,定时/计数器 2 溢出或 T2EX 的负跳变都可以使定时/计数器 2 自动重装。当 RCLK=1 或 TCLK=1 时,该位无效且定时/计数器 2 强制为溢出时自动重装。

除了控制寄存器 T2CON,定时/计数器 2 还有一个模式控制寄存器 T2MOD,用来设定定时/计数器 2 的自动重装模式为递增或递减模式,字节地址为 C9H,该寄存器不可位寻址。单片机复位时 T2MOD 全部清 0,其各个位定义如表 6.3.2 所列。

表 6.3.2　定时/计数器 2 模式控制寄存器 T2MOD

位　序	D7	D6	D5	D4	D3	D2	D1	D0
位名称	—	—	—	—	—	—	T2OE	DCEN

　　其中,"—"表示保留未使用。T2OE 表示定时/计数器 2 输出使能位。DCEN 表示向下计数使能位。

6.3.2　定时/计数器 2 的 3 种工作模式

　　表 6.3.3 为定时/计数器 2 的 3 种工作模式。

表 6.3.3　定时/计数器 2 控制寄存器 T2CON

RCLK＋TRCLK	CP/RL2	TR2	模　式
0	0	1	16 位自动重装
0	1	1	16 位捕获
1	X	1	波特率发生器
X	X	0	关闭

1. 自动重装模式(递增或递减)

　　16 位自动重装模式中,定时/计数器 2 可以通过设置 C/T2 来设置定时/计数器 2 为定时器或计数器,并且可以编程控制递增/递减计数。当 DCEN＝0 时,定时/计数器 2 默认为向上计数;当 DCEN＝1 时,定时/计数器 2 可通过 T2EX 确定递增或递减计数。

　　当 EXEN2＝0 时,定时/计数器 2 递增计数到 0FFFFH,并在溢出后将 TF2 置位,然后将 RCAP2L 和 RCAP2H 中的 16 位值作为重新装载值装入定时/计数器 2 中。RCAP2L 和 RCAP2H 的值是通过软件预置的,逻辑结构图如图 6.3.1 所示。

　　当 EXEN2＝1 时,16 位重载可以通过溢出或 T2EX 从 1 到 0 的负跳变实现。此负跳变同时将 EXF2 置位。如果定时/计数器 2 中断被使能,则当 TF2 或 EXF2 置 1 时产生中断。在图 6.3.2 中 DCEN＝1 时,定时/计数器 2 可以递增或递减计数。此模式允许 T2EX 控制计数的方向。当 T2EX 置 1 时,定时/计数器 2 递增计数,计数到 0FFFFH 后溢出并置位 TF2,且产生中断。定时/计数器 2 溢出将使 RCAP2L 和 RCAP2H 中的 16 位值作为重新装载值装入 TL2 和 TH2。当 T2EX 清 0 时,定时/计数器 2 递减计数。当 TL2 和 TH2 计数到等于 RCAP2L 和 RCAP2H 时,定时/计数器 2 产生中断,其逻辑结构图如图 6.3.2 所示。

2. 捕获模式

　　在捕获模式中,通过 T2CON 中的 EXEN2 设置两个选项。

　　当 EXEN2＝0 时,定时/计数器 2 作为一个 16 位定时器或计数器(由 T2CON 和

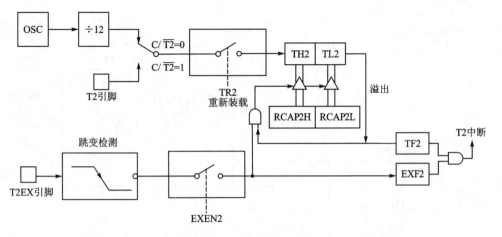

图 6.3.1 定时/计数器 2 自动重载模式(DCEN＝0)逻辑结构图

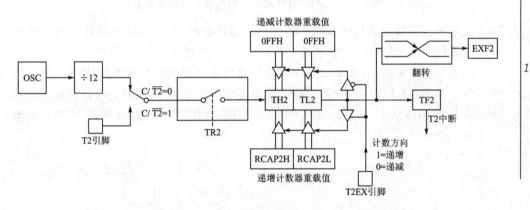

图 6.3.2 定时/计数器 2 自动重装模式(DCEN＝1)逻辑结构图

C/$\overline{T2}$ 位选择),溢出时置位 TF2(定时/计数器 2 溢出标志位)。该位可用于产生中断(通过使能 IE 寄存器中的定时/计数器 2 中断使能位)。

当 EXEN2＝1 时,与以上描述相同,但增加了一个特性,即外部输入 T2EX 由 1 变 0 时,定时/计数器 2 中 TL2 和 TH2 的当前值各自捕获到 RCAP2L 和 RCAP2H 中。另外,T2EX 的负跳变使 T2CON 中的 EXF2 置位,EXF2 也像 TF2 一样能够产生中断(其中断向量与定时/计数器 2 溢出中断地址相同,在定时/计数器 2 中断服务程序中可通过查询 TF2 和 EXF2 来确定引起中断的事件)。捕获模式逻辑结构图如图 6.3.3 所示。在该模式中,TL2 和 TH2 无重新装载值,甚至当 T2EX 引脚产生捕获事件时,计数器仍以 T2 脚的负跳变或振荡频率的 1/12 计数。

3. 波特率发生器模式

寄存器 T2CON 的 TCLK 和 RCLK 位允许从定时/计数器 1 或定时/计数器 2 获得串行口发送和接收的波特率。当 TCLK＝0 时,定时/计数器 1 作为串行口发送波特率发生器;当 TCLK＝1 时,定时/计数器 2 作为串行口发送波特率发生器。

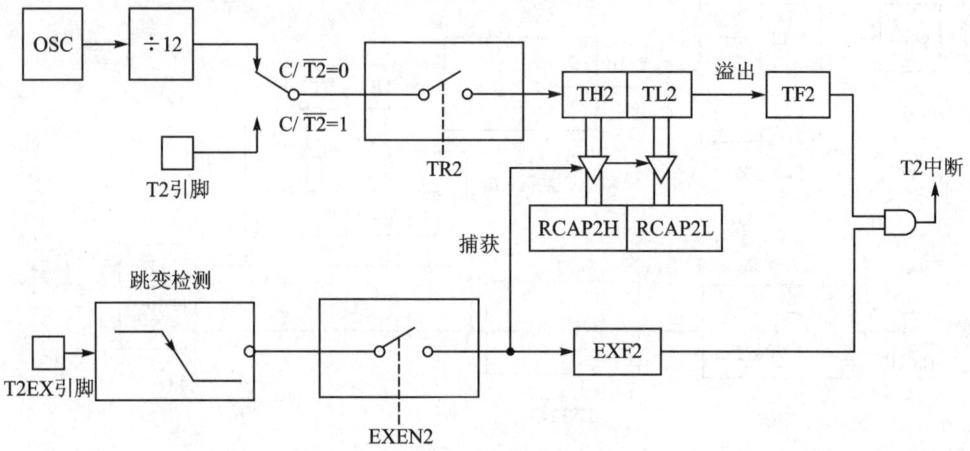

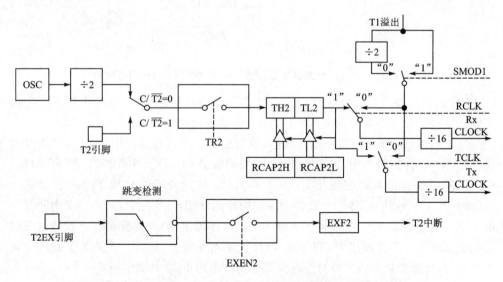

图 6.3.3   定时/计数器 2 的捕获模式逻辑结构图

RCLK 对串行口接收波特率有同样的作用。通过这两位,串行口能得到不同的接收和发送波特率,一个通过定时/计数器 1 产生,另一个通过定时/计数器 2 产生。

图 6.3.4 为定时/计数器 2 工作在波特率发生器模式时的逻辑结构图。与自动重装模式相似,当 TH2 溢出时,波特率发生器模式使定时/计数器 2 寄存器重新装载来自寄存器 RCAP2H 和 RCAP2L 的 16 位初值,寄存器 RCAP2H 和 RCAP2L 的初值由软件来预置。

图 6.3.4   定时/计数器 2 的波特率发生器模式逻辑结构图

当定时/计数器 2 设置为计数方式时,外部时钟信号由 T2 引脚引入。当工作于模式 1 和模式 3 时,波特率由下面给出的公式所决定:

模式 1 和模式 3 的波特率＝T2 的溢出率/16

4. 定时/计数器 2 的设置

除了波特率发生器模式,T2CON 不包括 TR2 位的设置,TR2 位需要单独设置来启动定时/计数器 2。定时/计数器 2 的定时器和计数器的设置方法如表 6.3.4 和表 6.3.5 所列。

表 6.3.4 T2 位定时器的设置

模式	T2CON	
	内部控制	外部控制
16 位重载	00H	08H
16 位捕获	01H	09H
波特率发生器接收和发送相同波特率	34H	36H
只接收	24H	26H
只发送	14H	16H

表 6.3.5 T2 位计数器的设置

模式	T2CON	
	内部控制	外部控制
16 位	02H	0AH
自动重装	03H	0BH

内部控制:仅当定时/计数器 2 溢出时捕获和重载。

外部控制:当定时/计数器 2 溢出并且 T2EX(P1.1)发生电平负跳变时产生捕获和重载(定时/计数器 2 用于波特率发生器模式时除外)。

5. 可编程时钟输出

对于 52 系列单片机,可设置定时/计数器 2 通过 P1.0 引脚输出时钟。P1.0 引脚除用作通用 I/O 口外,还有两个功能可供选用:用于定时/计数器 2 的外部计数输入和定时/计数器 2 时钟信号输出。图 6.3.5 为时钟输出和外部事件计数方式示意图。

通过软件将 T2CON.1 的 C/$\overline{T2}$ 位设置为 0,并将 T2MOD 的 T2OE 位设置为 1就可将定时/计数器 2 选定为时钟信号发生器,而 T2CON 的 TR2 位用来控制时钟信号输出开始或结束(即 TR2 为启动/停止控制位)。由主振荡频率和定时/计数器 2 定时、自动再装入方式的计数初值决定时钟信号的输出频率。其设置公式如下:

$$时钟信号输出频率 = 振荡器频率/4 \times [65\ 536 - (RCAP2H, RCAP2L)]$$

可见,在主振荡器频率设定后,时钟信号输出频率就取决于计数初值的设定。在时钟输出模式下,定时/计数器回 0 溢出不会产生中断请求。这种功能相当于定时/计数器 2 用作波特率发生器,同时又可以作时钟发生器。但必须注意,无论如何波特率发生器和时钟发生器不能单独确定各自不同的频率,原因是两者都用同一个陷阱寄存器 RCAP2H 和 RCAP2L,不可能出现两个计数初值。

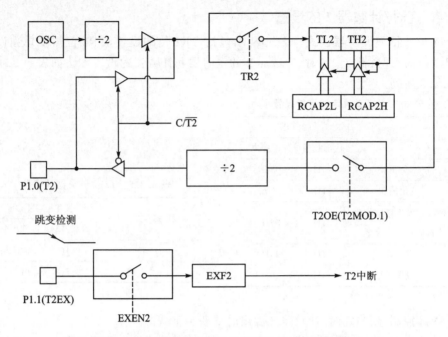

图 6.3.5 时钟输出和外部事件计算方式示意图

6.4 定时/计数器的初始化

初始化程序应完成如下工作:

➤ 对 TMOD 赋值,以确定 T0 和 T1 的工作方式。

➤ 计算初值,并将其写入 TH0、TL0 或 TH1、TL1。

➤ 使用中断方式时,则对 IE 赋值,开放中断。

➤ 使 TR0 或 TR1 置位,启动定时/计数器的定时或计数。

1. 初值的计算

假设定时器工作在工作方式 1,位数是 16 位。定时器一旦启动,便在原来的数值上开始加 1 计数。若在程序开始时我们没有设置 TH.x 和 TL.x,则它们的默认值是 0。假设时钟频率为 12 MHz,12 个时钟周期为一个机器周期,那么此时机器周期就是 1 μs,计满 TH.x 和 TL.x 就需要:计数最大值-1。再来一个脉冲计数器就会溢出,随即向 CPU 申请中断。因此溢出共需要 65 536 μs,约等于 65.5 ms。

若要定时 50 ms,那么就要先给 TH.x 和 TL.x 装初值。TH.x 和 TL.x 中应该装入的总数为 65 536-50 000=15 536,把 15 536 对 256 求商 15 536/256=60 装入 TH.x 中;把 15 536 对 256 求余 15 536%256=176 装入 TL.x 中。在这个初值的基础上计 50 000 个数后定时溢出,此时刚好就是 50 ms 中断一次。若要定时 1 s,由于

定时/计数器的最大定时时长为 65 536 μs,不能像定时 50 ms 那样直接给定时/计数器赋 1 000 000 μs 的初值,可以累计定时/计数器产生 50 ms 中断的次数。当中断的次数达到 20 时就定时到了 50 ms×20＝1 s。20 次 50 ms 中断时为 1 s,这样才可以准确控制定时时长。

2．Keil C 中断服务程序的写法

C51 的中断函数格式如下：

```
void 函数名() interrupt 中断号 using 工作组
{
中断服务程序内容
}
```

中断函数中不能返回任何值,所以在最前面用 void;函数名可以更改,由用户自定义,但不能和 C51 的关键字相同;中断函数也不能带任何参数,所以函数名后面是个空的小括号;中断号是指单片机中几个中断源的序号。这个序号是编译器识别不同中断的唯一符号,因此,在编写中断服务程序时务必书写正确;最后的“using 工作组”是指这个中断函数使用单片机内存中 4 组工作寄存器中的哪一组。C51 编译器在编译程序时会自动分配工作组,因此“using 工作组”可以省略不写。

6.5　定时器中断应用实例

1．设计要求

用 C 编程,每秒点亮 P1.0 口的发光二极管一次,然后熄灭,使发光二极管形成闪烁的效果。要求:采用定时/计数器 0,其工作方式为 1;当 P1.0 口输出低电平时,发光二极管点亮。

2．硬件设计

打开 Proteus ISIS,在编辑窗口中单击元件列表中的 P 按钮  P L DEVICES ,添加如表 6.5.1 所列的元件。然后,按图 6.5.1 连线绘制完电路图。选择 Proteus ISIS 编辑窗口中的 File→Save Design 菜单项,保存电路图。在 Proteus 仿真电路图中单片机的晶振和复位电路可不画出。

表 6.5.1　元件清单

元件名称	所属类	所属子类
AT89C51	Microprocessor ICs	8051 Family
RES	Resistors	Generic
LED－BLUE	Optoelectronics	LEDs

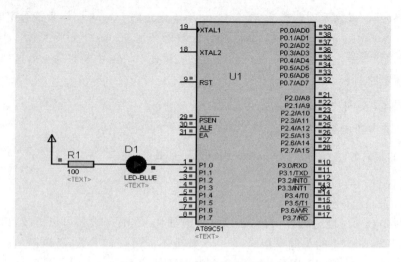

图 6.5.1 定时中断连接电路图

3. 软件设计

源程序清单:

```
/*****************必要的变量定义***************** /
# include < reg51.h>
# define uchar unsigned char
# define uint unsigned int
sbit LED= P1^0;               //取 P1.0 口作为点亮发光二级管的输出信号接口
bit flag;                     //用户定义标志位,标志是否发生中断
uchar count= 0;               //计数变量
/*****************延时子程序****************** /
void delay(uchar c)           //延时 C 毫秒
{
    unsigned char a,b;
    for(;c> 0;c-- )
        for(b= 142;b> 0;b-- )
            for(a= 2;a> 0;a-- );
}
/***************主程序***************** /
void main(void)
{
    TMOD= 0x01;               //设置定时器 0 为工作方式 1
    TH0= (65536- 50000)/256;
    TL0= (65536- 50000)% 256; //给定时器 0 赋初值为 50 ms
    EA= 1;                    //开总中断
    ET0= 1;                   //开定时 /计数器 0 中断
    TR0= 1;                   //启动定时 /计数器 0
    while(1)
      {
          if(flag== 1)
          {
              LED= 0;         //点亮发光二极管
```

```
        delay(100);                    //延时 100 ms
        LED= 1;                        //熄灭发光二极管
        flag= 0;                       //将用户定义中断标志位 flag 置 0,防止误判中断
        }
        }
}
/* * * * * * * * * * * * * * * *定时器 0 中断子程序* * * * * * * * * * * * * * * * /
void time0(void) interrupt 1
{
  TH0= (65536- 50000)/256;
  TL0= (65536- 50000)% 256;      //重新给定时器赋初值
  count++ ;                      //每中断一次 count 加 1
  if(count> = 20)                //当定时到 1 s 时给用户定义中断标志 flag 置 1
  {
    count= 0;
    flag= 1;
  }
}
```

4. 联合调试与运行

联合调试与运行过程可参见附录。

5. 电路图功能分析

给定时器 0 设置定时初值为 50 ms,每次中断溢出执行中断子程序时,计数变量 count 加 1。当 count 增加到 20 时(总时长为 20×50 ms=1 s),用户定义标志位 flag 置 1。程序跳回到主程序执行,这时的主程序的判断语句 if(flag==1)成立,给 P1.0 输出低电平使发光二极管电亮,然后熄灭发光二极管,且置 flag=0。重复的进行上述过程便可形成发光二极管闪烁的现象。

6. 程序分析

定时器寄存器为 16 位的寄存器,最大容量为 65 536,约 65 ms,所以不能直接给定时器定时 1 s。因此,采用 count=20,count×50 ms=1 s。

定时初值的计算:由于定时器是个递增的加法器,且 TH0、TL0 为 8 位的寄存器,所以若定时 50 000 μs(为了方便计算,设置 AT89C51 的晶振为 12 MHz),则 TH0=(65 536−50 000)/256,TL0=(65 536−50 000)%256。这个可以自己动手计算。

每次点亮发光二级管都要记得将它熄灭,否则发光二极管会一直亮着不灭,这样就不能使发光二极管形成闪烁的效果。

每点亮一次发光二极管都必须把 flag 置为 0,否则 flag 会一直等于 1,这样发光二级管也会一直亮着。

每次点亮发光二极管时都要点亮延时一段时间才将其熄灭,如果发光二极管点亮的时间太短会导致我们人眼观察不到二极管的发光现象,这是由人眼存在视觉暂留现象所产生的。因此,本例采用了 delay(100),使发光二极管点亮维持 100 ms。

6.6　小　结

定时/计数器也是单片机最重要的功能之一,应用十分广泛,可以解决很多实时性的问题,尤其在测量信号频率、汽车速度等脉冲计数方面是不可或缺的。如果单片机将定时/计数器功能与外部中断功能一起使用,则可以设计很多常见到的电子产品,比如电子表、温度测量仪等。单片机爱好者们有这么一句话:"如果单片机初学者能使用定时/计数器和外部中断功能设计一个精确到时、分、秒的电子表,表示他已经学会控制单片机的八九成功能了。"

习　题

6.1　C51 单片机有几个定时/计数器? C52 单片机有几个定时/计数器?

6.2　简述定时/计数器的工作原理。

6.3　TCON 和 TMOD 的各个位的作用是什么? 它们都可以按位寻址吗?

6.4　判断下列的说法是否正确。

A、特殊功能寄存器 SCON 与定时/计数器的控制无关。

B、特殊功能寄存器 TCON 与定时/计数器的控制无关。

C、特殊功能寄存器 IE 与定时/计数器的控制无关。

D、特殊功能寄存器 TMOD 与定时/计数器的控制无关。

6.5　定时/计数器的工作方式有几种? 各有什么不同?

6.6　简述定时/计数器的初始化步骤。

6.7　TH. x 与 TL. x 是普通寄存器还是计数器,其内容可以随时用指令更改吗,更改后的新值是立即刷新还是等当前计数器计满后才刷新?

6.8　如果单片机的晶振采用 6 MHz,定时/计数器工作在方式 0、1、2 下,其最大的定时时间为多少?

6.9　定时/计数器用作定时器时,其计数脉冲由谁提供,定时时间与哪些因素有关?

6.10　定时/计数器用作计数器时,其对外界计数频率有何限制?

6.11　定时/计数器的工作方式 2 有何特点,适用于哪些应用场合?

6.12　一个定时/计数器的定时时间有限,如何实现两个定时器的串行定时,实现延长定时器的定时时间?

6.13　编写程序,要求使用 T0,采用方式 2 定时,在 P1.0 口输出周期为 400 μs,占空比为 10∶1 的矩形脉冲。

6.14　采用定时/计数器 T0 对外部进行计数,每计数 100 个脉冲后,T0 转为定时工作方式。定时 1 ms 后,又转为计数方式,如此循环不止。假定 C51 单片机的晶振频率为 6 MHz,请用方式 1 实现,编写程序。

实战训练

根据图 1 连接好电路图按要求编写程序,并加载到 proteus 的 AT89C51 单片机中观察显示结果。

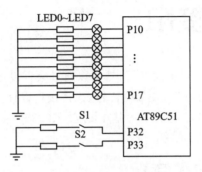

图 1　实战训练原理图

要求如下:

①编写程序以 50 Hz 的频率循环点亮 LED 发光管,并能通过开关 S1、S2 调整 LED 的发光时间。按下 S1,频率以 1 Hz 为单位增大;按下 S2,频率以 1 Hz 频率减小。观察发光二极管的发光频率。循环点亮时间用定时器实现,程序编写方法用两种:查询方式和中断方式,比较两种方式的优缺点。

②在 P33 引脚上连接方波输入信号,利用定时/计数器 T1 测量 P33 引脚上的正脉冲宽度,并把测量得到的信号周期用发光二极管显示出来。

第 7 章

串行通信接口

　　AT89S51 具有一个全双工的串行口,可以通过编程设定 4 种工作方式。串行接口是单片机和外界通信的纽带,在数据传输、人机接口设计等方面起着重要作用。

　　本章的主要内容有串行通信中的基本概念,RS232C 接口标准,波特率计算,串行口应用,MAX487 多机通信等。

7.1　串行通信方式简介

　　目前,单片机内使用的串行通信接口的种类很多,如 UART、I^2C、SPI、USB 等。不同型号的单片机使用的串行通信接口不同,如 AT89 系列单片机内使用的是 UART、C8051F 系列单片机内有的使用 UART 和 SPI、有的使用 UART 和 USB 等。所以,可以根据自己的需要选择相应的单片机;在有些场合如果单片机没有需要的串行通信接口,则可以通过单片机的 I/O 口进行模拟。

　　MCS－51 和 AT89 系列单片机中使用的是全双工 UART(异步串行通信接口)。UART 有两种工作状态:同步串行通信状态和异步串行通信状态。同步串行通信虽然传输速率较高,但由于其硬件电路复杂,且无论是在发送状态还是在接收状态都要同时使用两条信号线,所以在单片机上进行同步通信只能使用单工方式或半双工方式,很不方便。单片机上的串行口在同步方式下除了可以用于通信外,还可用于 I/O 口的扩展。当与 74LS164 联合使用时,可以扩展成并行输出口;当与 74LS165 联合使用时,可以扩展成并行输入口等。而异步通信技术则相对同步通信较简单,虽然传输速率不高(这里指单片机的串行口),但应用十分广泛,并且方便与其他通信标准进行衔接。

7.2　51 单片机的串行通信

7.2.1　串口接口的数据传输方式

1. 异步传输方式

数据异步传输方式就是指通信双方事先约好需要传输数据的格式、传输的速度。

通过一条线路实现从一方到达另一方的数据传送,如果需要数据的双向传输,则可以再增加一条通信线路。

数据传输格式:异步传输时,数据是以字符为单位进行数据传送的。每个字符由4部分组成:起始位、数据位、奇偶校验位和停止位,如图7.2.1所示。

图 7.2.1　数据异步传输格式

起始位为"0",占用 1 位,用来表示一个字符数据的开始;其后是数据位,可以是5位、6位、7位或8位,传输时待发送数据的低位在前,高位在后;接下来是奇偶校验位(即可编程位,单片单片机通信时,它为奇偶标志位;进行多机通信时,它为地址/数据标志位);最后是停止位,用逻辑"1"表示一个字符信息的结束,可以是 1 位、1 位半或两位。

数据异步传输的特点:数据在线路上的传送不连续,传送时字符间隔不固定。各个字符可以是连续传送,也可以是间断传送,这完全取决于通信协议或双方的约定。间断传送时,在停止位后,线路上自动保持为"1",表示通信总线"空闲"。

在使用数据异步传输时,数据传输的效率并不是很高。当采用 1 位起始位、8 位数据位、1 位奇偶位和 1 位停止位时,有效数据值占到了一次 1 个字符的 73%。如果数据位减少,则传输的效率更低。但这种方式也有其优点:硬件电路简单,方便实现各种通信标准的变换。

2. 同步传输方式

同步传输方式是指通信双方同时使用两条通信线。其中一条用于产生时钟,并且要求发送和接收的双方必须保持完全同步(一般情况下,时钟信号由发送端提供),另一条用于传送数据。如果需要同时双向数据传输,则需要再添加两条通信线,但是MCS-51 系列单片机不支持同时的双向数据同步传输,所以只能进行分时复用。

数据格式:同步传输时,数据是以数据块的形式进行传输的。每个数据块包括同步字符、数据和校验字符,如图7.2.2所示。

图 7.2.2　数据同步传输格式

数据传输时,由于不像异步传输那样附加了起始位和停止位,所以数据的传输效率较高;一旦发现接收到的数据出错,所有的数据都需要重新传输,效率也会相应地降低,而且当大量数据进行一次性传输时,错误的概率较高。

在近距离的数据通信时,同步传输方式可以使用两条通信线。在远距离通信时,可以通过调制解调从数据流中提取同步信号,用锁相的技术使接收方得到与发送方相同的时钟信号。另外,时钟信号线与数据线分离可以实现高速率、大容量的数据通信。

综上所述,数据异步传输方式较为简单,应用广泛;同步传输方式速率高,但硬件电路复杂,所以较少使用。

7.2.2 串行接口寄存器

单片机的串行接口主要受串行接口控制寄存器 SCON 的控制,另外也和电源控制寄存器 PCON 有关。

(1) 串口控制寄存器 SCON

SCON 寄存器的 8 个状态位规定了 MCS-51 串行通信的方式和功能,其方式和功能由寄存器 SCON 来进行设置,可选择通信模式、允许接收、检查状态位。SCON 的结构如表 7.2.1 所列。SCON 各个位的定义和功能如表 7.2.2 所列。

表 7.2.1 SCON 的结构

位 序	D7	D6	D5	D4	D3	D2	D1	D0
位名称	SM0	SM1	SM2	REN	TB8	RB8	TI	RI

表 7.2.2 SCON 各个位的定义和功能说明

位	定 义	说 明				
SM0	串行口工作方式选择	SM0	SM1	工作方式	功能说明	波特率
		0	0	0	同步移位寄存器	$F_{osc}/12$
SM1		0	1	1	10 位异步接收/发送	可变(与定时器 1 的溢出率有关)
		1	0	2	11 位异步接收/发送	$F_{osc}/32$ 或 $F_{osc}/64$
		1	1	3	11 位异步接收/发送	可变(与定时器 1 的溢出率有关)
SM2	多机通信控制位	用于方式 2 和方式 3。SM2=0:单片机通信;SM2=1:多机通信				
REN	接收允许位	REN=0:禁止接收,REN=1:允许接收				
TB8	发送数据第 9 位	① SM2=0,TB8 为发送数据的奇偶标志位 ② SM2=1,TB8=1:发送的是地址信息;TB8=0:发送的是数据信息 该位由用户自行设置				
RB8	接收数据第 9 位	①SM2=0,RB8 为接收数据的奇偶标志位 ②SM2=1,RB8=1:接收的是地址信息;RB8=0:接收的是数据信息 该位由用户自行设置				

位	定　义	说　明
TI	发送中断标志	在发送时，当 SBUF 的数据由"满"变为"空"时，TI 由硬件置 1，表示发送缓冲器"已空"，该位必须由用户用软件清 0
RI	接收中断标志	在接收时，当 SBUF 的数据由"空"变为"满"时，RI 由硬件置 1，表示发送缓冲器"已满"，该位必须由用户用软件清 0

波特率发生器的时钟来源有两种：一是来自系统的时钟分频（波特率不可变），二是由定时器 T1 提供（波特率可变）。

（2）电源控制寄存器 PCON

对 PCON 来说只有最高位 SMOD 对串口通信产生影响，那就是如果 SMOD＝0，波特率为原值；SMOD＝1，波特率提高一倍。该寄存器不能进行位寻址，所以只能进行整字节操作。PCON 的结构见表 7.2.3。

表 7.2.3　PCON 的结构

位　序	Bit7	Bit6	Bit5	Bit4	Bit3	Bit2	Bit1	Bit0
位名称	SMOD	—	—	—	GF1	GF0	PD	IDL

7.2.3　串行口的工作方式

UART 有一个接收数据缓冲区，当上一个字节还没被处理时，下一个数据仍然可以被缓冲区接收进来；但如果接收完这个字节而上个字节还没处理，则上个字节被覆盖。因此，软件必须在此之前处理数据。连续发送字节时也是如此。

8051 支持 10 位和 11 位数据方式，11 位数据方式用来进行多机通信，并支持高速 8 位移位寄存器方式。方式 1 和方式 3 中波特率可变。

1. UART 方式 0

方式 0 时，UART 作为一个 8 位的移位寄存器使用，波特率为 $F_{osc}/12$。数据由 RXD 从低位开始收发，TXD 用来发送同步移位脉冲。因此，方式 0 不支持全双工。这种方式可用来和某些具有 8 位串行口的 EEPROM 器件通信。

当向 SBUF 写入字节时，开始发送数据。数据发送完毕时，TI 位置位。置位 REN 时，将开始接收数据；接收完 8 位数据时，RI 位将置位。方式 0 的输出时序图如图 7.2.3 所示。输入时序图如图 7.2.4 所示。

2. UART 方式 1

方式 1 是 10 位数据的异步通信口。TXD 为数据发送引脚，RXD 为数据接收引脚，传送一帧数据的格式如图 7.2.5 所示。其中，1 位起始位，8 位数据位，1 位停止位。方式 1 的输出时序如图 7.2.6 所示。输入时序如图 7.2.7 所示。

用软件置 REN 为 1 时，接收器选择波特率的 16 倍速率采样 RXD 引脚电平。检测到 RXD 引脚输入电平发生负跳变时，说明起始位有效，将其移入输入移位寄存

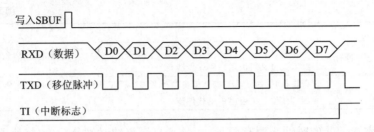

图 7.2.3　UART 方式 0 输出

图 7.2.4　UART 方式 0 输入

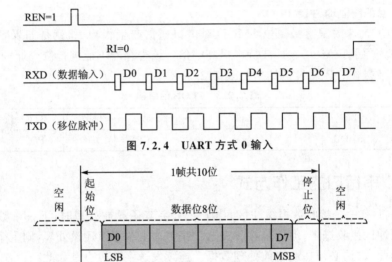

图 7.2.5　传送一帧数据的格式

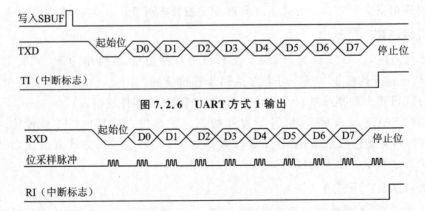

图 7.2.6　UART 方式 1 输出

图 7.2.7　UART 方式 1 输入

器,并开始接收这一帧信息的其余位。接收过程中,数据从输入移位寄存器右边移入,起始位移至输入移位寄存器最左边时,控制电路进行最后一次移位。当 RI＝0 且 SM2＝0(或接收到的停止位为 1)时,接收到 9 位数据的前 8 位数据装入接收

SBUF,第9位(停止位)进入 RB8 并置 RI=1,向 CPU 请求中断。

如果用定时器1来产生波特率,则应通过下式来计算装入 TH1 的初值:

$$TH1= 256- (K \times F_{osc})/(384 \times BoudRate)$$
$$K= 1(SMOD= 0); K= 2(SMOD= 1)$$

其中,F_{osc} 为单片机的晶振频率,BandRate 为波特率。重装值要小于256,非整数的重装值必须和下一个整数非常接近,这点需要开发者把握。

举例:如果使用9.216 MHz 晶振,想产生9 600 的波特率。假设 $K=1$,分子为9 216 000,分母为3 686 400,相除结果为2.5,不是整数。设 $K=2$,分子为18 432 000,分母为3 686 400,相除结果为5,可得 TH1=251 或 0FBH。有专门计算波特率初值的软件,在网上搜索可以找到。

3.　UART 方式 2 和方式 3

方式2或方式3为11位数据的异步通信口。TXD 为数据发送引脚,RXD 为数据接收引脚。传送一帧数据的格式如图7.2.8所示。

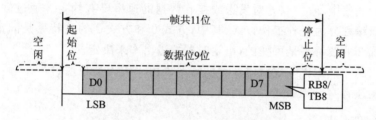

图 7.2.8　传送一帧数据的格式

方式2和方式3时起始位1位,数据9位(含1位附加的第9位,发送时为 SCON 中的 TB8,接收时为 RB8),停止位1位,一帧数据为11位。方式2的波特率固定为晶振频率的1/64或1/32,方式3的波特率由定时器的溢出率决定。

方式2、3的输出时序如图7.2.9所示。发送开始时,先把起始位0输出到 TXD 引脚,然后发送移位寄存器的输出位(D0)到 TXD 引脚。每一个移位脉冲都使输出移位寄存器的各位右移一位,并由 TXD 引脚输出。

第一次移位时,停止位"1"移入输出移位寄存器的第9位上,以后每次移位左边都移入0。当停止位移至输出位时,左边其余位全为0,检测电路检测到这一条件时,控制电路进行最后一次移位并置 TI=1,向 CPU 请求中断。

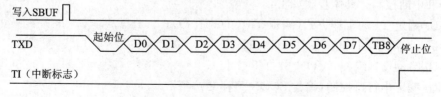

图 7.2.9　UART 方式 2、3 输出

方式 2、3 的输入时序图如图 7.2.10 所示。接收时,数据从右边移入输入移位寄存器,在起始位 0 移到最左边时,控制电路进行最后一次移位。当 RI＝0 且 SM2＝0(或接收到的第 9 位数据为 1)时,接收到的数据装入接收缓冲器 SBUF 和 RB8(接收数据的第 9 位),置 RI＝1,向 CPU 请求中断。如果条件不满足,则数据丢失且不置位 RI,继续搜索 RXD 引脚的负跳变。

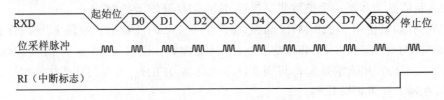

图 7.2.10　UART 方式 2、3 输入

7.2.4　波特率的计算

在串行通信中,收发双方对发送或接收数据的速率要有约定。通过软件可对单片机串行口编程分为 4 种工作方式,其中,方式 0 和方式 2 的波特率是固定的,而方式 1 和方式 3 的波特率是可变的,由定时器的溢出率来决定。

串行口的 4 种工作方式对应 3 种波特率。由于输入移位时钟的来源不同,所以各种方式的波特率计算公式也不相同。

方式 0 的波特率 $= F_{osc}/12$
方式 2 的波特率 $= (2^{SMOD}/64) \cdot F_{osc}$
方式 1 的波特率 $= (2^{SMOD}/32) \cdot (定时器溢出率)$
方式 3 的波特率 $= (2^{SMOD}/32) \cdot (定时器溢出率)$

当 T1 作为波特率发生器时,最典型的用法是使 T1 工作在自动再装入的 8 位定时器方式(即方式 2,且 TCON 的 TR1＝1,以启动定时器)。这时溢出率取决于 TH1 中的计数值。

T1 溢出率 $= F_{osc}/\{12 \times [256-(TH1)]\}$

在单片机的应用中,常用的晶振频率为 12 MHz 和 11.059 2 MHz。所以,选用的波特率也相对固定。常用的串行口波特率以及各参数的关系如表 7.2.4 所列。串行口工作之前应对串口通信进行初始化,主要是设置产生波特率的定时器 1、串行口控制和中断控制。具体步骤如下:

① 确定 T1 的工作方式(编程 TMOD 寄存器);
② 计算 T1 的初值,装载 TH1、TL1;
③ 启动 T1(编程 TCON 中的 TR1 位);
④ 确定串行口控制(编程 SCON 寄存器)。

串行口在中断方式工作时,要进行中断设置(编程 IE、IP 寄存器)。常用串口波特率与定时初值见表 7.2.4。

表 7.2.4 常用串口波特率与定时初值对应表

波特率/bps	晶振/MHz	初值 SMOD=0	初值 SMOD=1	误差/(%)	晶振/MHz	初值 SMOD=0	初值 SMOD=1	误差/(%) SMOD=0	误差/(%) SMOD=1
300	11.059 2	0xA0	0x40	0	12	0x98	0x30	0.16	0.16
600	11.059 2	0xD0	0xA0	0	12	0xCC	0x98	0.16	0.16
1 200	11.059 2	0xE8	0xD0	0	12	0xE6	0xCC	0.16	0.16
1 800	11.059 2	0xF0	0xE0	0	12	0xEF	0xDD	2.12	−0.79
2 400	11.059 2	0xF4	0xE8	0	12	0xF3	0xE6	0.16	0.16
3 600	11.059 2	0xF8	0xF0	0	12	0xF7	0xEF	−3.55	2.12
4 800	11.059 2	0xFA	0xF4	0	12	0xF9	0xF3	−6.99	0.16
7 200	11.059 2	0xFC	0xF8	0	12	0xFC	0xF7	8.51	−3.55
9 600	11.059 2	0xFD	0xFA	0	12	0xFD	0xF9	8.51	−6.99
14 400	11.059 2	0xFE	0xFC	0	12	0xFE	0xFC	8.51	8.51
19 200	11.059 2	—	0xFD	0	12	—	0xFD	—	8.51

7.3 RS232 标准及应用

目前,RS232 是 PC 与通信工业中应用最广泛的一种串行接口,其中,EIA(Electronic Industry Association)代表美国电子工业协会,RS 代表推荐标准,232 是标识号。RS232 定义为一种在低速率串行通信中增加通信距离的单端标准。一个完整的 RS232 接口有 22 根线,采用标准的 25 芯插头座(DB25)。除此之外,目前广泛应用的还有一种 9 芯的 RS232 接口(DB9)。它们的外观都是 D 形的,对接的两个接口又分为针式和孔式的两种,如图 7.3.1 所示。DB9 的引脚定义如表 7.3.1 所列。

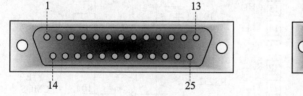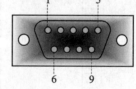

图 7.3.1 DB25 的孔式与 DB9 的孔式外形图

表 7.3.1 DB9 的引脚定义

引脚号	引脚名称	信号方向	说　明
1	DCD	输入	载波检测(Carrier Detect)
2	RXD	输入	接收数据(Receive)

引脚号	引脚名称	信号方向	说　明
3	TXD	输出	发送数据（Transmit）
4	DTR	输出	数据终端准备好（Data Terminal Ready）
5	GND	公共地端	信号地（Ground）
6	DSR	输入	数据装置准备好（Data Set Ready）
7	RTS	输出	请示发送（Request To Send）
8	CTS	输入	清除发送（Clear To Send）
9	R I	输入	振铃指示（Ring Indicator）

　　RS232 采取不平等传输方式，即单端通信，是指发送和接收双方的数据信号都是相对于信号地的。由于 RS232 电平采用负逻辑（即逻辑"1"：$-3 \sim -15$ V，逻辑"0"：$+3 \sim +15$ V），而单片机使用的 CMOS 电平（即逻辑"1"：$3.5 \sim 5$ V，逻辑"0"：$0 \sim 0.8$ V），所以在单片机与 RS232 进行连接通信之前，需要在单片机的串行接口上连接电平转换电路，将与 TTL 兼容的 CMOS 电平转换成 RS232 的标准电平，转换后的典型值为逻辑"1"：-10 V；逻辑"0"：$+10$ V。RS232 是为点对点（即只用一对收发设备）通信而设计的，其驱动器负载为 $3 \sim 7$ kΩ。

　　常用的 RS232 电平转换接口芯片为 MAX232。MAX232 芯片是 MAXIM 公司生产的、包含两路接收器和驱动器的 IC 芯片，内部有一个电源电压变换器，可以把 +5 V 电源电压变换成 RS232 输出电平所需的 +10 V 电压。所以，采用此芯片接口的串行通信系统只需单一的 +5 V 电源就可以了。其引脚图和外部连接电路图如图 7.3.2 所示。

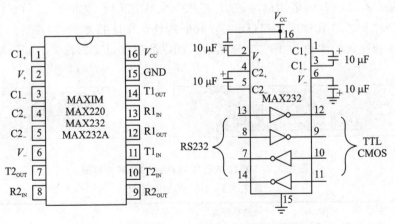

图 7.3.2　MAX232 引脚及标准外部连接电路图

　　RS232 串行通信信号引脚分为两类：一类为基本的数据传送信号引脚，另一类是用于 MODEM 控制的引脚信号。在无 MODEM 的电路中，可以采用最简单的连接方式,即只有使用 3 个引脚信号:TXD、RXD 和 GND。使用这种方式的引脚连接如图 7.3.3 所示。

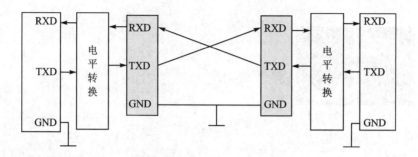

图 7.3.3　引脚连接

7.4　RS232 串口应用实例

1. 设计要求

通过串口调试助手给 AT89C51 发送一个数据,AT89C51 接收数据后在数码管上显示,并将该数据返发给串口调试助手。

要求:在 Proteus 中 RS232 的电平已经默认转换成 CMOS 电平,所以在 Proteus 仿真中可以省略电平转换电路,此例中省略了 MAX232 的电平转换电路,但在实际硬件电路中电平转换电路必须有。

2. 硬件设计

打开 Proteus ISIS,在编辑窗口中单击元件列表中的 P 按钮 P|L DEVICES ,添加如表 7.4.1 所列的元件。然后,按图 7.4.1 连线绘制完电路图。选择 Proteus ISIS 编辑窗口中的 File→Save Design 菜单项,保存电路图。在 Proteus 仿真电路图中单片机的晶振和复位电路可不画出。

表 7.4.1　元件清单

元件名称	所属类	所属子类
7SEG – BCD	Optoelectronics	7 – Segment Displays
AT89C51	Microprocessor ICs	8051 Family
COMPIM	Miscellaneous	无子类

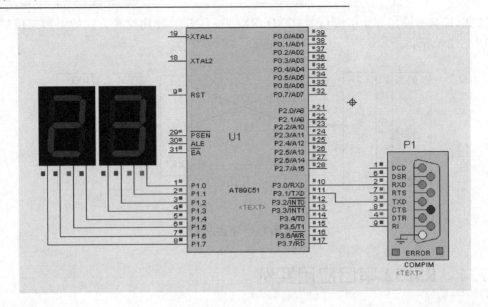

图 7.4.1　RS232 连接原理图

3. 软件设计

源程序清单:

```
/****************主程序****************/
# include< reg51.h>
main()
{
TMOD= 0x20;                    //定时器1设置为工作方式2
SM0= 0;
SM1= 1;
REN= 1;                        //SM0SM1= 01,串口工作方式1,允许接收控制位 REN= 1
PCON= 0;                       //波特率不加倍
TH1= 0xFD;
TL1= 0xFD;
//波特率9600,把 Proteus 中的 AT89C51 的晶振设置成 11.059 2 MHz
TR1= 1;                        //开启定时/计数器1
P1= SBUF;while(! RI);RI= 0; //接收数据
SBUF= P1;while(! TI);TI= 0; //发送数据
}
```

4. 联合调试与运行

联合调试与运行过程见附录。

另外,本例还需要额外的两个软件:串口调试助手和虚拟串口(vspdconfig)。串口调试助手用于收发数据,虚拟串口则为计算机打开两个虚拟的串口供 Proteus 和串口调试助手通信(这两个软件在网上搜索便可轻松找到)。本例的具体调试过程如下:

(1) 打开虚拟串口

运行虚拟串口软件，显示界面如图 7.4.2 所示。

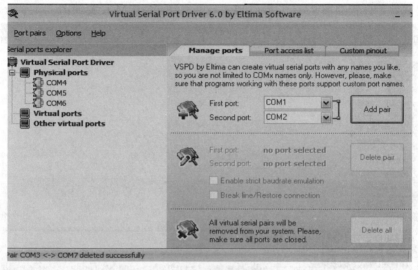

图 7.4.2　虚拟串口界面

可以看到，此时计算机中共有 3 个端口：3 个 Physical ports（物理端口）、0 个 Virtual ports（虚拟端口）和 0 个 other virtual port。在 proteus 仿真中不能使用 Physical ports，因此要建立一对虚拟串口。从 First port 和 second port 下拉列表框分别选择 COM1、COM2 后，单击 Add pair 按键添加虚拟串口，如图 7.4.3 所示。

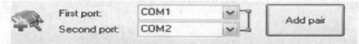

图 7.4.3　添加一对虚拟串口按键

成功添加一对虚拟串口后的虚拟串口界面显示如图 7.4.4 所示。

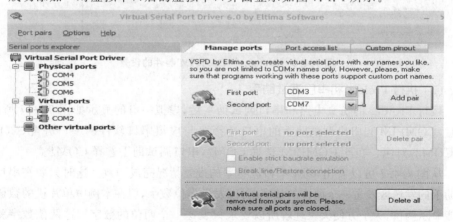

图 7.4.4　添加两个虚拟串口后

(2) 设置串口调试助手和 COMPIM

运行串口调试助手后,要对串口调试助手和 Proteus 中的 COMPIM 进行设置。串口调试助手设置如图 7.4.5 所示。Proteus 的 COMPIM 设置如图 7.4.6 所示。

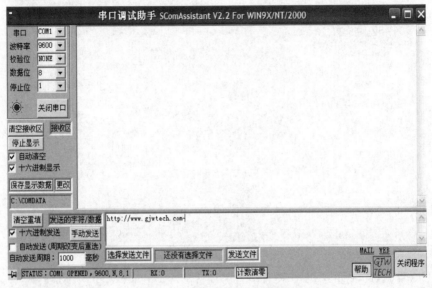

图 7.4.5　串口调试助手界面

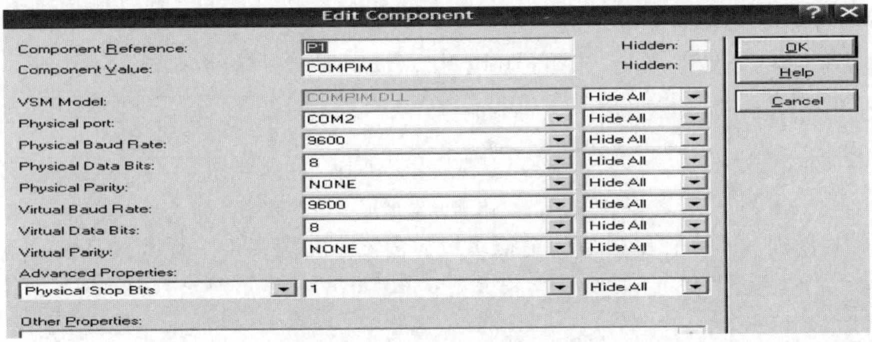

图 7.4.6　Proteus 中 COMPIM 器件的设置

(3) 执行 Proteus 和串口调试助手

运行 Proteus 的仿真电路和串口调试助手后,虚拟串口的显示如图 7.4.7 所示。注意,COMPIM 和串口调试助手的串口选择要与虚拟串口软件的串口分配(COM1 和 COM2)对应。在此 COMPIM 选择 COM2,串口调试助手选择 COM1。

从图 7.4.7 可以看出,两个串口波特率的设置情况完成一致。这时只要在串口调试助手的发送区发送一个两位的数字(可以发送多位数字,但在本例中单片机的数码管只能显示两位,为了方便大家理解所以要求只发送一个两位的数字),这两位数字就会在单片机的数码管显示出来,同时串口调试助手的接收区也会接收到这个数字。

例如,在串口调试助手的发送区输入"12",然后单击"手动发送",这时串口调试助手和单片机的数码管就会显示如图 7.4.8 所示界面。

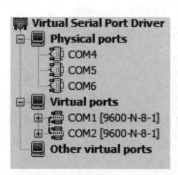

图 7.4.7 虚拟串口打开后

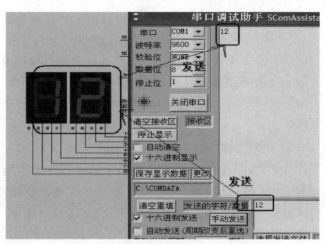

图 7.4.8 串口调试助手发送"12"结果

5. 电路图功能分析

串口调试助手通过 RS232 串口发送数据给单片机,单片机接收数据后将该数据也通过 RS232 串口返回给串口调试助手。

在这需要特别注意的是波特率的设置。由于单片机的晶振为 12 MHz 和 11.059 2 MHz 的波特率初值都是 TH1=0xFD、TL1=0xFD,但通过查表 7.2.4 可知晶振频率为 12 MHz 时存在误差,在传输过程中难免会发送错误。所以在给 Proteus 的 AT89C51 设置晶振时,应设置成 11.095 2 MHz。

6. 程序分析

在 Keil C 中 C51 的串行发送和接收数据命令书写格式如下:

接收数据:N= SBUF

意思是将串口缓冲器 SBUF 中接到外部发来的数据传给单片机的某个寄存器 N。这条命令即完成串行数据的接收功能。

发送数据:SBUF= N

意思是将单片机中某个寄存器 N 的数据传给串口缓冲器 SBUF,SBUF 接收到数据后自动将数据发送到外部串口接收器中。这条命令即完成串行数据的发送功能。

程序中:

```
P1= SBUF;            //指接收外部发来的数据,并将其赋给 P1
while(! RI);RI= 0;   //每接收(或发送)一次数据帧完成,都要将 RI(或 TI)用软件清 0,前面
                     //已有相关介绍,这就不再赘述,只要知道这个程序是将 RI 清 0 就可以了
```

7.5　MAX487 多机通信应用实例

1. 设计要求

用 C 语言编程,在主、从 3 个单片机中进行双机通信。若从机显示数字和主机的数字一致,则表示该从机在和主机通信中。按下主机按键切换当前通信对象。

要求:晶振 11.059 2 MHz,波特率为 9 600 bps,串行通信模式为多机串行工作模式。

2. 硬件设计

打开 Proteus ISIS,在编辑窗口中单击元件列表中的 P 按钮 P L DEVICES ,添加如表 7.5.1 所列的元件。然后,按图 7.5.1 连线绘制完电路图。选择 Proteus ISIS 编辑窗口中的 File→Save Design 菜单项,保存电路图。在 Proteus 仿真电路图中单片机的晶振和复位电路可不画出。

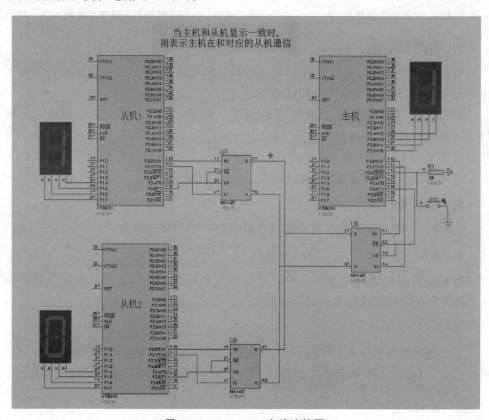

图 7.5.1　MAX487 电路连接图

表 7.5.1　元件清单

元件名称	所属类	所属子类
AT89C51	Microprocessor ICs	8051 Family
7SEG - BCD	Optoelectronics	7 - Segment Displays
MAX487	Microprocessor ICs	Peripherals
BUTTON	Switches & Relays	Switches
10WATT3R3	Resistors	10 Watt Wirewound

3. 软件设计

源程序清单:

```
/******************主机程序******************/
# include< reg51.h>
# include< absacc.h>
# include< intrins.h>
unsigned char cort= 0;           //用户自定义的标志主机通信对象
sbit P3_5= P3^5;                 //MAX487 片选位,低电平选中
/*************** 主机按键扫描子程序******************/
key_serial() interrupt 0 using 1
{
     ++ cort;
}
/***************** 主机发送数据子程序****************** /
void master(void)
/{
        if(cort== 1)             //发送给从机 1
        {
            SBUF= 0x01;          //发送数字"1"
            while(TI!= 1);        //等待发送完成
            TI= 0;
//将串行中断标志位置 0,防止错误判断下次中断的产生
            P3_5= 0;             //MAX487 片选位,低电平选中
            SM2= 0;
            while(RI!= 1);        //等待接收完成
            RI= 0;
//将串行中断标志位置 0,防止错误判断下次中断的产生
            P2= SBUF;            //将获取的数据在 P2 口显示
            SM2= 1;
            P3_5= 1;            //MAX487 片选位,低电平选中
        }
        if(cort== 2)             //发送给从机 2,原理同上
        {
            SBUF= 0x02;
            while(TI!= 1);TI= 0;
            P3_5= 0;
            SM2= 0;
            while(RI!= 1);RI= 0;
            P2= SBUF;
```

```
                SM2= 1;
                P3_5= 1;
            }
        if(cort== 3)cort= 1;
        SM2= 1;
}
```

/* * * * * * * * * * * * * * * * 主机主程序 * * * * * * * * * * * * * * * * * /
```
void main(void)
{
    P2= 0xff;                    //给 P2 口赋初值
    TMOD= 0x20;                  //定时器 1 的工作方式为 2
    TL1= 0xfd;
    TH1= 0xfd;                   //波特率为 9 600
    PCON= 0x00;                  //波特率不加倍
    TR1= 1;                      //启动定时器
    SCON= 0xf8;
//串口工作方式为 3,开启允许串行接收中断,多机通信位 SM2 置 1,TB8 置 1
    EA= 1;                       //开总中断
    EX0= 1;                      //开外部中断 0
    IT0= 1;                      //设置外部中断触发方式为下降沿触发
    P3_5= 1;                     //MAX487 片选位,低电平选中
    while(1)
    {
        master();                //发送数据
    }
}
```

/* * * * * * * * * * * * * * * * * * 从机 1 程序 * * * * * * * * * * * * * * * * * * * /
```
# include< reg51.h>
# include< absacc.h>
# include< intrins.h>
unsigned char serial_receiver;
sbit P3_5= P3^5;
```
/* * * * * * * * * * * * * * * * * * 从机 1 串行口中断子程序 * * * * * * * * * * * * * * * /
```
void serial (void) interrupt 4 using 1
{
        ES= 0;                   //禁止串行中断,防止在发送数据期间突然发生中断
        RI= 0;
        if(SBUF= 0x01)           //判断主机要进行通信的对象
        {
                P3_5= 1;
                SM2= 0;
                P1= 0x10;
                SBUF= 0x10;      //发送数据"1"(这里用的是 4 段数码管显示高位)
                while(TI!= 1);TI= 0;//等待发送完成
        }
    else P1= 0;
        SM2= 1;
        ES= 1;
        P3_5= 0;
}
```
/* * * * * * * * * * * * * * * * * * 从机 1 主程序 * * * * * * * * * * * * * * * * * * /
```
void main(void)
```

```
{
    P1= 0x00;
    TMOD= 0x20;                    //定时器1工作方式为2
    TL1= 0xfd;
    TH1= 0xfd;                     //波特率要和主机的对应9 600
    PCON= 0x00;                    //波特率不加倍
    TR1= 1;                        //开启定时器
    SCON= 0xf0;
//串口工作方式3,多机工作控制位 SM2= 1,允许接收控制位 REN= 1
    EA= 1;
    ES= 1;                         //允许串行中断
    P3_5= 0;
    while(1)
    {
        _nop_();               //延时函数
    }
}
/******************从机2程序******************/
# include< reg51.h>
# include< absacc.h>
# include< intrins.h>
unsigned char serial_receiver;
sbit P3_5= P3^5;
/****************** 从机2串行口中断子程序*************** /
void serial (void) interrupt 4 using 1   //串行口中断子程序,功能同从机1相似
{
    ES= 0;
    RI= 0;
    if(SBUF= = 0x02)
    {
        P3_5= 1;
        SM2= 0;
        P1= 0x20;
        SBUF= 0x20;
        while(TI!= 1);TI= 0;
    }
    else P1= 0;
    SM2= 1;
    ES= 1;
    P3_5= 0;
}
/******************* 从机2主程序****************** /
void main(void)
{
    P1= 0x00;
    TMOD= 0x20;
    TL1= 0xfd;
    TH1= 0xfd;
    PCON= 0x00;
    TR1= 1;
    SCON= 0xf0;
    EA= 1;
```

```
ES= 1;
P3_5= 0;
while(1)
{
        _nop_();                //延时函数
    }
}
```

4. 联合调试与运行

联合调试与运行过程可参见附录。

7.6　单片机小精灵设置调试

如单片机晶振为 12 MHz,则选择定时器 T0,定时方式为方式 1,则生成的 C 代码如图 7.6.1 所示。

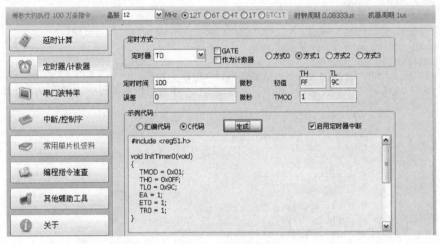

图 7.6.1　单片机小精灵生成定时器代码

7.7　小　结

本章主要介绍了 MCS-51 串口通信的 4 种工作方式和波特率的具体设置方法。串口通信相对来说比较难理解,所以本章的最后设计了一个串口通信应用实例和一个 MAX487 多机通信实例,让读者直观地感受单片机与 PC 机的串行通信过程。虽然 Proteus 的串口仿真给没有硬件的读者学习单片机串口通信提供了极大的方便,但需要注意的一点是:在 Proteus 中单片机与 PC 机的串口通信不需要进行转换电平,但在实际硬件电路设计中,单片机必须要接一个电平转换电路才能够实现单片机与 PC 机的通信;如果将 PC 机的串口直接接入单片机,则单片机可能会因为电压过高而烧毁。

习　题

7.1　MCS-51 使用的是哪种串口通信接口,有哪几种通信方式?

7.2　什么是异步传输,什么是同步传输,各有什么优缺点?

7.3　简述 PCON 和 SCON 与串口通信的关系。

7.4　简述多机通信与 SCON 寄存器 SM2 位的关系。

7.5　串口通信波特率发生器的时钟来源有哪些,T0 能不能作为串口通信波特率发生器的时钟来源?

7.6　判断下列说法是否正确:

A. 串口通信的第 9 数据位的功能可以由用户自定义。

B. 发送数据的第 9 数据位的内容在 SCON 寄存器的 TB8 位预先准备好。

C. 串行通信发送时,指令把 TB8 位的状态送入发送 SBUF。

D. 串行通信接收到的第 9 位数据送 SCON 寄存器的 RB8 中保存。

E. 串口方式 1 的波特率是可变的,通过定时/计数器 T1 的溢出设定。

7.7　MCS-51 单片机的串口工作方式有几种,它们的波特率怎么设定?

7.8　为什么定时/计数器用作串口通信波特率发生器时要采用方式 2? 若已知时钟频率、通信波特率,如何计算其初值?

7.9　简述串口接收和发送数据的过程。

7.10　RS232(DB9)的 RXD、TXD 和 GND 分别位于几号引脚?

7.11　RS232 串行接口能否直接与单片机相连,为什么?

7.12　画出 RS232 通信最简单的通信连接方式。

实战训练

根据图 1 连接好电路图,参考 8.4 节按要求编写程序,并加载到 Proteus 的 AT89C51 单片机中,观察显示结果。

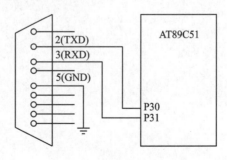

图 1　实战训练原理图

要求：

① 改变不同的波特率 1 200 bps、2 400 bps、4 800 bps、9 600 bps，观察传输结果。

② 设置单片机的晶振分别为：12 MHz 和 11.059 2 MHz，波特率设为 9 600 bps。观察两种晶振在波特率为 9 600 bps 下的传输误差。

③ 加奇偶校验位。

④ 自己到网上查找 MAX232 与 RS232 的标准连接方式。

第**8**章

键盘输入

　　键盘是最常见的计算机输入设备，广泛应用于微型计算机和各种终端设备上。在单片机应用方面也十分普遍，可以使用键盘向单片机输入各种指令、数据，从而指挥单片机的工作。操作者还可以很方便地利用键盘和显示器与单片机对话，对程序进行修改、编辑，控制和观察单片机的运行。

　　本章主要介绍键盘在单片机中的应用，其中矩阵式键盘按键识别方法和按键去抖为本章的主要内容。

8.1　按键在单片机中的应用

　　按照按键结构原理可分为两类，一类是触点式开关按键，如机械式开关、导电橡胶式开关等；另一类是无触点开关按键，如电气式按键、磁感应按键等。

　　在单片机应用系统中，通过按键实现控制功能和数据输入是非常普遍的。在所需按键数量不多时，系统常采用独立式按键。独立式按键是指每个按键单独占有一根 I/O 口线，且其工作状态不会影响其他 I/O 口线的工作状态。这种按键的电路配置灵活，软件结构简单。不过在实际应用中，由于不同的系统对按键的要求不同，因此，对按键程序的设计要考虑全面，以便更好地完成按键所设定的功能。

　　在按键数量较多时，为了减少 I/O 口的占用，通常将按键排列成矩阵形式，如图 8.1.1 所示。在矩阵式键盘中，每条水平线和垂直线在交叉处不直接连通，而是通过一个按键加以连接。这样一个端口（如 P1 口）就可以构成 $4 \times 4 = 16$ 个按键，比直接将端口线用于键盘多出了一倍，而且线数越多，区别越明显，比如再多加一条线就可以构成 20 键的键盘，而直接用端口线则只能多出 1 键（共 9 键）。由此可见，在需要的键数比较多时，采用矩阵法来做键盘是合理的。

　　矩阵式结构的键盘显然比直接法要复杂一些，识别也要复杂一些。图 8.1.1 中，列线与行线通过按键连接。假如将行线所接单片机的 I/O 口置高电平，作为输入端；将列线所接 I/O 口置低电平，作为输出端。当按键没有按下时，所有行线都是高电平，所有列线都是低电平。一旦有按键按下，则对应的行线输入端就会被拉低变成低电平，通过读入行线的状态就可得知是否有键按下了。

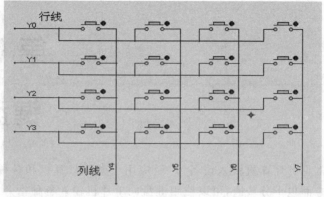

图 8.1.1　矩阵键盘原理图

8.2　矩阵式键盘的按键识别方法

　　键盘的识别方法很多,根据不同的按键接法又有不同的识别方法。这里笔者根据 8.1 节矩阵键盘的接法介绍一种普遍使用的键盘识别方法——行扫描法。

　　行扫描法又称为逐行(或列)扫描查询法,是一种最常用的按键识别方法。图 8.1.1 所示的键盘扫描过程如下:

　　① 判断键盘中有无键按下。将全部行线 Y0～Y3 置低电平,列线 Y4～Y7 置高电平,然后检测列线的状态。只要有一列的电平为低,则表示键盘该列有一个或多个按键被按下。若所有列线均为高电平,则键盘中无键按下。

　　② 判断闭合键所在的位置。在确认有键按下后即可进入确定具体闭合键的位置,方法是:将全部行线 Y0～Y3 置高电平,列线 Y4～Y7 置低电平,然后检测行线的状态,结合①、②两次检测到的 Y0～Y7 的电平变化便可以判断被按下按键的位置。

　　举例:如图 8.1.1 所示,假设左上角的第一个按键(连接 Y0 和 Y4 的按键)被按下。

　　ⓐ 将行线置低电平,列线置高电平,即 Y0～Y3＝0000,Y4～Y7＝1111。

　　ⓑ 读入列线状态为:Y4～Y7＝0111,Y0～Y7＝0000 0111。

　　ⓒ 将列线置低电平,行线置高电平,即 Y0～Y3＝1111,Y4～Y7＝0000。

　　ⓓ 读入行线状态为:Y0～Y3＝0111,Y0～Y7＝0111 0000。

　　ⓔ 通过ⓑ、ⓓ两步读入的状态便可以判断被按下按键的是连接 Y0 和 Y4 的按键。

　　③ 去抖动。为了保证按键每闭合一次 CPU 仅做一次处理,则必须去除按键按下和释放过程中的抖动影响。

8.3　按键去抖动

由于按键是利用机械触点的开、合作用进行工作的,因此,按键的按下与抬起一般都会有5~10 ms的抖动毛刺存在,其抖动过程如图8.3.1所示。为了获取稳定的按键信息必须去除抖动影响,这也就是按键处理的重要环节。去抖动的方法有硬件、软件两种。这里均采用软件去抖的方法,即在检测到有按键按下时,执行一个延时程序后再次进行确认该按键电平是否保持闭合状态电平。如果保持闭合状态电平,则可以确定为真正按键按下状态。虽然此法耗费时间,但对于那些对实时要求不是很高的系统,这不失为一种好的方法。

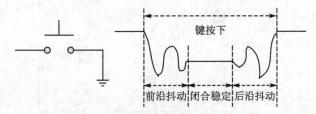

图 8.3.1　按键触点的机械抖动

8.4　独立式按键应用实例

1. 设计要求

采用 C 语言编程,设置 4 个开关分别控制 4 个发光二极管。它们之间的工作互不干扰,当一个开关闭合时,其对应的发光二极管点亮。

要求:使用 C51 扩展的变量类型 sbit 定义每个开关,使其能独立的控制每个发光二极管。

2. 硬件设计

打开 Proteus ISIS,在编辑窗口中单击元件列表中的 P 按钮 [P][L][　DEVICES　],添加如表 8.4.1 所列的元件。然后,按图 8.4.1 连线绘制完电路图。选择 Proteus ISIS 编辑窗口中的 File→Save Design 菜单项,保存电路图。在 Proteus 仿真电路图中单片机的晶振和复位电路可不画出。

表 8.4.1　元件清单

元件名称	所属类	所属子类
AT89C51	Microprocessor ICs	8051 Family
LED - YELLOW	Optoelectronics	LEDs
SWITCH	Switches & Relays	Switches
RES	Resistors	Generic

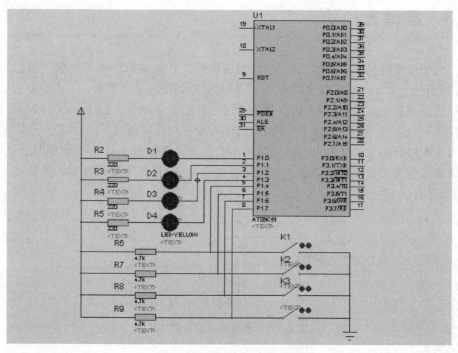

图 8.4.1　独立键盘电路连接图

3. 软件设计

源程序清单：

```
/******************* 必要变量定义 ******************* /
# include< reg51.h>
# define uint unsigned int
sbit led0= P1^0;      // led0 为 P1.0,以下 led1、led2、led3 均一样
sbit led1= P1^1;
sbit led2= P1^2;
sbit led3= P1^3;
sbit key0= P1^4;      //key0 为 P1.4,以下 key1、key2、key3 均一样
sbit key1= P1^5;
sbit key2= P1^6;
sbit key3= P1^7;
/******************* 主程序 ******************* /
void main()
  {
     while(1)                          //死循环
     {
        led0= key0;led1= key1;led2= key2;led3= key3;//将 key(n)的值赋给对应的 led(n)
     }
  }
```

4. 联合调试与运行

联合调试与运行过程可参见附录。

5. 电路图功能分析

如图 8.4.1 所示，单片机的 P1.0～P1.3 连接发光二极管的阴极，P1.4～P1.7 连接 4 个开关。单片机不停地扫描 4 个开关的状态，并实时将其状态传给对应的发光二极管。某个开关合上其状态变为低电平时，其对应的发光二极管便点亮。

6. 程序分析

电路图中每个开关最好都接个上拉电阻，使其在开关不闭合的状态下保持高电平。

sbit 定义寻址空间的单独一个位（可位寻址区：20H～2FH）。一旦用了类似 sbit xxx＝P1^0 的定义，这个 sbit 变量的地址就确定了。比如 led0＝ P1^0，则 led0 就是 P1.0。sbit 大部分用在寄存器中，方便对寄存器的某一位进行独立操作。

8.5　矩阵式键盘应用实例

1. 设计要求

设计一个 4×4 的矩阵键盘，其键值为 0～F。按下按键后，数码管显示相应的键值。要求：用行扫描法识别键盘，且键盘要有去除抖动功能。

2. 硬件设计

打开 Proteus ISIS，在编辑窗口中单击元件列表中的 P 按钮 P L DEVICES，添加如表 8.5.1 所列的元件。然后，按图 8.5.1 连线绘制完电路图。选择 Proteus ISIS 编辑窗口中的 File→Save Design 菜单项，保存电路图。在 Proteus 仿真电路图中单片机的晶振和复位电路可不画出。

3. 软件设计

源程序清单：

```
/********************* 必要的变量定义 ******************** /
# include< reg51.h>
# define uint unsigned int
# define uchar unsigned char
uchar code KEY_TABLE[]= { 0xee,0xde,0xbe,0x7e,
                          0xed,0xdd,0xbd,0x7d,
                          0xeb,0xdb,0xbb,0x7b,
                          0xe7,0xd7,0xb7,0x77};   //按键键值表
uchar code TABLE[]= { 0x3F,0x06,0x5B,0x4F,
                      0x66,0x6D,0x7D,0x07,
                      0x7F,0x6F,0x77,0x7c,
                      0x39,0x5e,0x79,0x71};       //共阴极数码管编码表
```

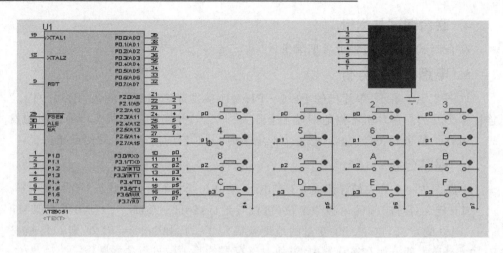

图 8.5.1　矩阵键盘电路连接图

```
/ * * * * * * * * * * * * * * 长延时子程序,作点亮数码管延时 * * * * * * * * * * * * * * /
void delayl()
{
uint n= 50000;while(n-- );
}
/ * * * * * * * * * * * * * 短延时子程序,作去除抖动功能 * * * * * * * * * * * * * * * /
void delays()
{
uint n= 10000;while(n-- );
}
/ * * * * * * * * * * * * * * * * * * * * 主程序 * * * * * * * * * * * * * * * * * * * * /
main()
{
uchar temp,key,num,i;
    while(1)
    {
    P3= 0xf0;                          //置行为 0,列为 1,读列值
        if(P3!= 0xf0)                  //判断有无键盘被按下
        {delays();                     //消振
            if(P3!= 0xf0)      //如果 if 语句仍真,这时可以确定有键盘被按下
            {
            temp= P3;                  //储存列读入的值
            P3= 0x0f;                  //置列为 0,行为 1,读行值
            key= temp|P3;              //将行、列值综合,赋给 key
                for(i= 0;i< 16;i++ )
                if(key== KEY_TABLE[i]) //读键值表,确定读入的按键值
                {num= i;break; }
            P2= TABLE[num];            //点亮数码管,显示按键值
            delayl();
```

```
                }
            }
        }
    }
```

4. 联合调试与运行

联合调试与运行过程可参见附录。

5. 电路图功能分析

单片机 P3.0～P3.3 连接按键的行，P3.4～P3.7 连接按键的列，P2 口连接数码管做显示用。基本步骤为：通过键盘扫描法扫描键盘按下键的位置，在"键值表"中查找被按下按键对应的键值，最后将其显示。

例如：假设 0 号按键按下。按键按下前，单片机的 P3.0～P3.3 口输出"1"，P3.4～P3.7 口输出"0"。按键按下后，P3 的值变为 0000 1110（此时 P3.0 和 P3.4 导通），将该值保存在 temp 中。然后，按键未释放前给 P3.0～P3.3 输出"0"，给 P3.4～P3.7 输出"1"，此时 P3 的值变为 1110 0000。将该值与 temp 进行"位或"运算（key＝temp|P3），得到的 key 值为 1110 1110＝0xEE。查找键值表便可以确定按下的键值是"0"号键。

6. 程序分析

首先给行输出"0"，列输出"1"，然后读入列的状态，通过检查其状态来判断是否有按键按下。若有按键按下，该按键相连的对应列变为"0"；否则，仍为"1"。本例具体步骤如下：

①读入列值：P3.0～P3.3 输出"0"，P3.4～P3.7 输出"1"，消抖后读入列的值。

②读入行值：P3.0～P3.3 输出"1"，P3.4～P3.7 输出"0"，然后读入行的值，此次不需再次消抖。

③查询键值：根据按键的排列，列出键值表 KEY_TABLE[]。将读入键值的行、列值存在一个 8 位的寄存器 key 里，然后逐个查询键值表，有符合值则输出该键值所在键值表 KEY_TABLE[]中的序列，最后用数码管显示输出键值表对应的按键值。

在电路图中，若按键器件引出导线的标志名称和 AT89C51 引脚引出的导线标志名称相同，则表示这两条线是连接在一起的。如按键的 P0 和 AT89C51 的 P0 是连接在一起的，而数码管的"1"和 AT89C51 的"1"是连在一起的。

8.6　单片机小精灵设置调试

如单片机晶振为 12 MHz，则选择定时器 T1，定时方式为方式 2，启用串口中断，要求串口通信波特率为 2 400 bps，则生成的 C 代码如图 8.6.1 所示。

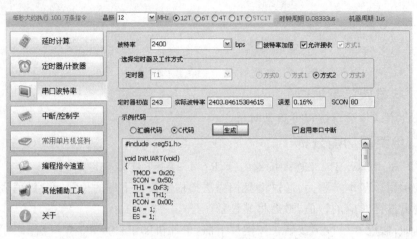

图 8.6.1　单片机小精灵生成串口通信代码

8.7　小　结

按键虽然是个构造十分简单的电子设备器件,但是它的作用远远超过它的价值,可以说是电子设计不可缺少的一部分。本章通过应用实例分析了矩阵键盘的按键识别方法和按键去抖作用。

习　题

8.1　简述按键的分类、特点及其在单片机应用系统中的应用。

8.2　什么是键盘逐行扫描法?简述其扫描过程。

8.3　为什么要消除按键的机械抖动?消除机械抖动的方法有哪几种?原理是什么?

8.4　一般按键的抖动时间为多少?

8.5　根据图 1 编写一个矩阵扫描子程序。

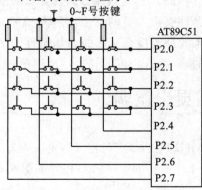

图 1　矩阵键盘原理图

实战训练

　　根据图 2 连接好电路图,仿照 9.5 节编写一个矩阵键盘识别程序,当有按键被按下时,则在数码管上显示相应的键号。

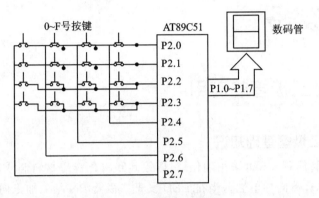

图 2　实战训练原理图

第**9**章

输出设备

9.1 发光二极管的应用

1. 发光二极管基础知识

发光二极管简称 LED,采用砷化镓、镓铝砷和磷化镓等材料制成,其内部结构为一个 PN 结,具有单向导电性。当在 LED 发光二极管 PN 结上加正向电压时,PN 结势垒降低,载流子的扩散运动大于漂移运动,使 P 区的空穴注入到 N 区,N 区的电子注入到 P 区。这样相互注入的空穴与电子相遇后会产生复合,复合时产生的能量大部分以光的形式出现,因此而发光。

在制作发光二极管时,使用的材料不同可以发出不同颜色的光。LED 发光二极管的发光颜色有红色光、黄色光、绿色光、红外光等。LED 发光二极管的外形有圆形、长方形、三角形、正方形、组合形、特殊形等。

常用的 LED 发光二极管应用电路有 4 种,即直流驱动电路、交流驱动电路、脉冲驱动电路、变色发光驱动电路。使用 LED 作指示电路时,应该串接限流电阻,该电阻的阻值大小应根据不同的使用电压和 LED 所需工作电流来选择。

LED 发光二极管的压降一般为 1.5～2.0 V,工作电流一般取 10～20 mA 为宜。LED 发光二极管外形如图 9.1.1 所示。

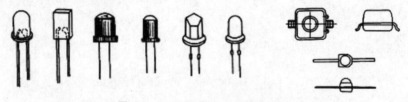

图 9.1.1 LED 发光二极管外形图

2. LED 参数的意义

允许功耗:允许加于 LED 两端的正向直流电压与流过它的电流之积的最大值。

最大正向直流电流:允许加的最大的正向直流电流。超过此值会损坏二极管。

最大反向电压:允许加的最大反向电压。超过此值,LED 发光二极管可能被击穿损坏。

工作环境:LED 发光二极管可正常工作的环境温度范围。低于或高于此温度范围,LED 发光二极管将不能正常工作,效率大大降低。

9.2　发光二极管应用实例

1. 设计要求

用一个开关控制 LED 灭亮。

2. 硬件设计

打开 Proteus ISIS,在编辑窗口中单击元件列表中的 P 按钮 PＬ DEVICES ,添加如表 9.2.1 所列的元件。然后,按图 9.2.1 连线绘制完电路图。选择 Proteus ISIS 编辑窗口中的 File→Save Design 菜单项,保存电路图。在 Proteus 仿真电路图中单片机的晶振和复位电路可不画出。

表 9.2.1　元件清单

元件名称	所属类	所属子类
AT89C51	Microprocessor ICs	8051 Family
RES	Resistors	Generic
SWITCH	Switches & Relays	Switches
LED-YELLOW	Optoelectronics	LEDs

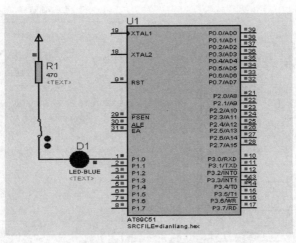

图 9.2.1　点亮 LED 电路图

3. 软件设计

源程序清单:

```
/********************** 主程序 **********************/
```

```
# include< reg51.h>
# define uint unsigned int
sbit LED= P1^0;                //LED 位 P1.0 口
void main()
{
  while(1)
  {
    LED= 0;                    //P1.0 引脚输出低电平
  }
  }
```

4. 联合调试与运行

联合调试与运行过程可参见附录。

9.3 流水灯应用实例

在做流水灯实例时,要考虑 LED 点亮的时间。亮的时间太长会影响整个过程的速度,但亮的时间过短我们眼睛观察不到。所以,点亮 LED 的延时时间是制作流水灯的关键。延时的方法主要有两种:程序延时和定时中断。很多情况下,定时/计数器经常用作其他用途,这时候就只能用程序延时。

1. 设计要求

如图 9.3.1 所示,P1 口上连接 8 个发光二极管。当 P1 口引脚输出低电平时,发光二极管点亮。

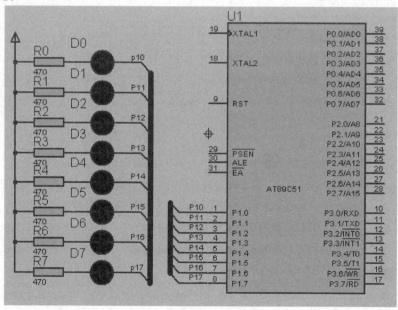

图 9.3.1　流水灯原理电路图

要求:循环移位点亮 8 位发光二极管,延时方式采用程序延时。

2. 硬件设计

打开 Proteus ISIS,在编辑窗口中单击元件列表中的 P 按钮 P L   DEVICES ,添加如表 9.3.1 所列的元件。然后,按图 9.3.1 连线绘制完电路图。选择 Proteus ISIS 编辑窗口中的 File→Save Design 菜单项,保存电路图。在 Proteus 仿真电路图中单片机的晶振和复位电路可不画出。

表 9.3.1 元件清单

元件名称	所属类	所属子类
AT89C51	Microprocessor ICs	8051 Family
LED – BLUE	Optoelectronics	LEDs
RES	Resistors	Generic

3. 软件设计

源程序清单:

```
/*****************必要变量定义*********************/
# include< reg51.h>
# define uint unsigned int
/********************延时子程序*******************/
void delay(uint k)
{
    uint i,j;
    for(i= 7;i< k;i++ )
        for(j= 0;j< 124;j++ );
}
/********************主程序*******************/
main()
{

    while(1)                //死循环
    {
    P1= 0xfe;delay(500);//P1.0= 0,点亮第一个发光二极管,延时
    P1= 0xfd;delay(500);//……点亮第二个发光二极管,延时
    P1= 0xfb;delay(500);//……点亮第三个发光二极管,延时
    P1= 0xf7;delay(500);//……点亮第四个发光二极管,延时
    P1= 0xef;delay(500);//……点亮第五个发光二极管,延时
    P1= 0xdf;delay(500);//……点亮第六个发光二极管,延时
    P1= 0xbf;delay(500);//……点亮第七个发光二极管,延时
    P1= 0x7f;delay(500);//……点亮第八个发光二极管,延时
    }
}
```

4. 联合调试与运行

联合调试与运行过程可参见附录。

5. 电路图功能分析

流水灯就是许多小灯有序地点亮,形成如流动水波形状的景象。本例是一排小灯依次轮流点亮的景象。

从电路图可知,只要 P1 口有一个引脚输出低电平,其对应的发光二极管便点亮。所以,若想只让第一个发光二极管点亮,则 P1 口输出 1111 1110;若想只让第二个发光二极管点亮,则 P1 口输出 1111 1101,依此类推便可实现流水灯。

9.4　数码管应用

数码管是单片机控制系统中最常见的外部元件,常用来指示系统采集值、系统存储值或运行的结果。数码管是一种半导体发光器件,其基本单元是发光二极管。

9.4.1　数码管概述

1. 数码管的结构

数码管按段数分为 7 段数码管和 8 段数码管,8 段数码管比 7 段数码管多一个发光二极管单元(多一个小数点显示);按能显示多少个"8"可分为 1 位、2 位、4 位等数码管;按发光二极管单元连接方式分为共阳极数码管和共阴极数码管。数码管中的 8 个发光管称为段,分别是 a 段、b 段、c 段、d 段、e 段、f 段、g 段、h 段,其中 h 段(也称 dp)是小数点。8 段共阴数码管外形、内部字段 LED 及引脚分布如图 9.4.1 所示。

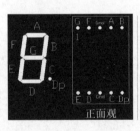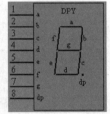

图 9.4.1　8 段共阴数码管外形、内部字段 LED 及引脚分布图

共阳数码管是指将所有发光二极管的阳极接到一起形成公共阳极(COM)的数码管。在应用共阳数码管时应将公共极 COM 接到+5 V,当某一字段发光二极管的阴极为低电平时,相应字段就点亮。当某一字段的阴极为高电平时,相应字段就不亮。共阴数码管是指将所有发光二极管的阴极接到一起形成公共阴极(COM)的数码管。在应用共阴数码管时应将公共极 COM 接到地线 GND 上,当某一字段发光二极管的阳极为高电平时,相应字段就点亮。当某一字段的阳极为低电平时,相应字段就不亮。共阳 8 段数码管内部电路如图 9.4.2 所示,共阴 8 段数码管内部电路如图 9.4.3 所示。

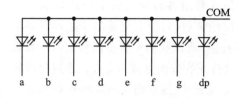

图 9.4.2 共阳 8 段数码管

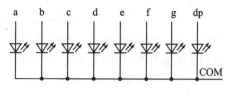

图 9.4.3 共阴 8 段数码管

2. 数码管的显示段码

7 段数码管加上一个小数点位,共计 8 段。因此,提供给数码管的段码位是一个字节。数码管的数码与显示段位对应关系如表 9.4.1 所列。7 段数码管与字节对应关系如表 9.4.2 所列。

表 9.4.1 数码管德数码与显示段位对应关系

数 值	显示的段位	数 值	显示的段位
0	a、b、c、d、e、f	5	a、c、d、f、g
1	b、c	6	a、c、d、e、f、g
2	a、b、d、e、g	7	a、b、c
3	a、b、c、d、g	8	a、b、c、d、e、f、g
4	b、c、f、g	9	a、b、c、f、g

表 9.4.2 7 段数码管与字节对应表

代码位	D7	D6	D5	D4	D3	D2	D1	D0
显示段	dp	g	f	e	d	c	b	a

9.4.2 数码管的驱动方式

数码管要正常显示就要用驱动电路来驱动数码管的各个段码,从而显示出待显的数字。因此,根据数码管的驱动方式不同,可以分为静态显示驱动和动态显示驱动两类。

静态显示驱动:静态驱动也称直流驱动,是指数码管的每一个段选线(a~dp)都由一个单片机的 I/O 端口进行驱动,或者使用译码锁存器进行驱动。静态驱动的优点是编程简单,显示亮度高;缺点是占用 I/O 端口多。

在介绍动态显示驱动之前先来了解一个概念——视觉暂留。人的眼睛有一个重要特性叫视觉惰性,即光象一旦在视网膜上形成,视觉会对这个光象的感觉维持一个有限的时间,这种生理现象叫做视觉暂留性。对于中等亮度的光刺激,视觉暂留时间在 0.05~0.2 s 之间。

动态显示驱动:数码管动态显示驱动是单片机应用中最为广泛的一种显示方式。动态驱动是将所有数码管的 8 个显示笔划(a~g、dp)的同名端连在一起,另外为每个数码管的公共极 COM 增加位选通控制电路,位选通由各自独立的 I/O 线控制。当单片机输出字形码时,所有数码管都接收到相同的字形码,但究竟是哪个数码管显示出字形,取决于单片机对位选通 COM 端电路的控制,所以我们只要将需要显示的数码管的位选通打开,则该位就显示出字形,位选通没打开的数码管就不会亮。通过分时轮流控制各个数码管的 COM 端,则使各个数码管轮流显示,这就是动态显示驱动原理。

在轮流显示过程中,每位数码管的点亮时间为 1～2 ms。由于人的视觉暂留现象及发光二极管的余辉效应,尽管实际上各位数码管并非同时点亮,但只要单片机扫描的速度足够快,给人的印象就是一组稳定的显示数据,不会有闪烁感。动态显示的效果和静态显示是一样的,能够节省大量的 I/O 端口,而且功耗更低。

9.5 数码管静态显示应用实例

1. 设计要求

如图 9.5.1 所示,用一个共阳数码管循环显示数值 0～F,显示变换时间为 1 s,由 P1 口输出要显示的数值。

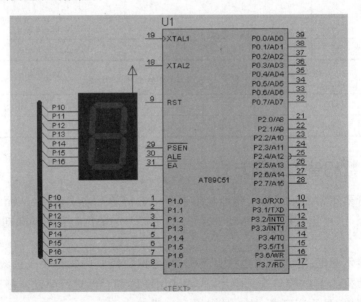

图 9.5.1 数码管显示电路图

2. 硬件设计

打开 Proteus ISIS,在编辑窗口中单击元件列表中的 P 按钮 P L DEVICES,添加如表 9.5.1 所列的元件。然后,按图 9.5.1 连线绘制完电路图。选择 Proteus ISIS 编辑窗口中的 File→Save Design 菜单项,保存电路图。在 Proteus 仿真电路图中单片机的晶振和复位电路可不画出。

表 9.5.1　元件清单

元件名称	所属类	所属子类
AT89C51	Microprocessor ICs	8051 Family
7SEG – COM – AN – GRN	Optoelectronics	7 – Segment Displays
RESPACK – 8	Resistors	Resistors Packs

3. 软件设计

源程序清单：

```
/******************* 必要的变量定义****************** /
# include< reg51.h>
# define uint unsigned int
# define uchar unsigned char
void delay(uint);                    //延时子程序声明
uchar code table[]=
{0xc0,0xf9,0xa4,0xb0,0x99,0x92,0x82,0xf8,0x80,0x90,0x88,0x83,0xc6,0xa1,
0x86,0x8e};
//共阳数码管编码表
/******************** 主程序***************** /
void main()
{
uchar m= 0;                          //显示从"0"开始
    while(1)
    {
    if(m== 16) m= 0;                 //如当 m==16 时,回到 0,重新开始
    P1= table[m++ ];                 //输出显示数字,每循环一次,m+1
    delay(1000);                     //延时显示数码管
    }
}
/****************** 延时子程序***************** /
void delay(uint k)                   //延时 k 毫秒误差 0 μs
{
    unsigned char a,b;
    for(;k>0;k-- )
        for(b = 142;b>0;b-- )
            for(a = 2;a>0;a-- );
}
```

4. 联合调试与运行

联合调试与运行过程可参见附录。

151

5. 程序分析

由于 0～F 中共有 16 个数,因此 m 的取值不能大于 16。所以当 m＝16 时,要跳回到 0,即程序"if(m＝＝16)　m＝0;"。

> delay(uint k)的延时时间是 k 毫秒,误差为 0 μs(晶振 12 MHz)。以后的单片机应用中可以调用此程序。

9.6　数码管动态显示应用实例

1. 设计要求

用 C 编程,在一个 8 位 8 段数码管上动态显示 76543210、P2 口用于数码管的位选通控制,P1 口用于段码输出。

要求:人眼观察到的每位数码管都为静态形式,不能出现闪烁现象。

2. 硬件设计

打开 Proteus ISIS,在编辑窗口中单击元件列表中的 P 按钮 `P L DEVICES` ,添加如表 9.6.1 所列的元件。然后,按图 9.6.1 连线绘制完电路图。

表 9.6.1　元件清单

元件名称	所属类	所属子类
7SEG – MPX8 – CC – BLUE	Optoelectronics	7 – Segment Displays
AT89C51	Microprocessor ICs	8051 Family

3. 软件设计

源程序清单:

```
/****************** 必要的变量定义 ****************** /
# include< reg51.h>
# define uint unsigned int
# define uchar unsigned char
uchar code table[]=
{0xfc,0x60,0xda,0xf2,0x66,0xb6,0xbe,0xe0,0xfe,0xf6,0xee,0x3e,0x9c,0x7a,
0x9e,0x8e};
//共阴数码管编码表
uchar code address[]= {0xfe,0xfd,0xfb,0xf7,0xef,0xdf,0xbf,0x7f};//数码管位选
                                              //择编码表
void delay(uint);                             //延时子程序声明
/******************* 主程序 ****************** /
void main()
{
```

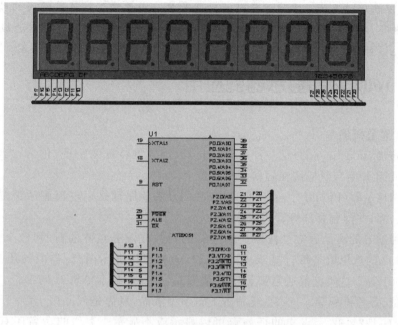

153

图 9.6.1　共阴数码管动态显示电路图

```
uchar m= 0;
while(1)
{
 if(m== 8) m= 0;                    //当 m 循环到 8 时,则跳回 0
 P2= address[m];                    //P2 口输出数码管位选中信号,选中对应的数码管
 P1= table[m++ ];                   //P1 口输出要输出的数字
 delay(500);                        //延时
 }
}
/* * * * * * * * * * * * * * * * * * * * 延时子程序 * * * * * * * * * * * * * * * * * /
void delay(uint m)
{
    while(m-- );
}
```

4. 联合调试与运行

联合调试与运行过程可参见附录。

5. 程序分析

8 位数码管的数据输入只有 8 位,由 8 个数码管公用。每次显示数字时都要选中相应的数码管,才能在相应的位置显示想要显示的数字。因此,定义了一个数码管位选择编码表"uchar code address[ ]"。

注意:动态显示的一个重要原理就是视觉暂留。视觉暂留时间在 $0.05 \sim 0.2$ s

之间,所以在延时显示时要注意延时的时间长度。由于这里对延时时间的精确度要求不是很高,所以在此用了延时子程序"void delay(uint m)";读者可以通过改变 m 的值来观察数码管显示的变化,从而进一步了解动态显示的视觉暂留原理。

9.7 1602 液晶显示器的应用

(1) 液晶概述

液晶(Liquid Crystal)是一种高分子材料,因为其特殊的物理、化学、光学特性,20 世纪中叶开始广泛应用在轻薄型显示器上。

液晶显示器(Liquid Crystal Display,LCD)主要原理是以电流刺激液晶分子产生点、线、面,并配合背部灯管构成画面。

各种型号的液晶通常是按照显示字符的行数或液晶点阵的行、列数来命名的。例如,1602 的意思就是每行显示 16 个字符,一共可以显示两行;类似的还有 0801、0802、1601 等。这类液晶通常都是字符型液晶,即只能显示 ASCII 码字符,如数字、大小字母、各种符号等。12232 液晶属于图形型液晶,意思是液晶由 122 列、32 行组成,即共有 122×32 个点中的任一点可以显示或不显示。类似的命名还有 12864、19264、192128、320240 等。

液晶的体积小、功耗低、显示操作简单,但是它有一个致命的弱点,其使用的温度范围很窄,通常液晶的工作范围为 0~+55℃,存储温度范围为 −22~+60℃。因此,设计产品时要考虑周全,选择合适的液晶。

这里主要介绍两种具有代表性的常用液晶:字符式液晶显示 SMC1602(后面简称 1602)和汉字式液晶显示 SMG12864(后面简称 12864),同时详细讲解其使用方法。市场上使用的 1602 液晶以并行操作方式居多,但也有并、串同时具有的,用户可以选择用并口或串口操作。并口的 1602 液晶的实物图如图 9.7.1 和图 9.7.2 所示。

图 9.7.1 1602 液晶的正面

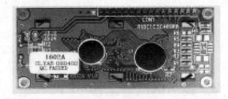

图 9.7.2 1602 液晶的背面

(2) SMC1602

1602 液晶为 5 V 电压驱动,带背光,可两行显示,每行 16 个字符,不能显示汉字,内置含 128 个字符的 ASCII 字符集字库。其有两种显示形式,一是在液晶的任意位置显示字符;另一个是滚动显示一串字符。

（3）接口信号说明

1602 的引脚信号说明如表 9.7.1 所列。

表 9.7.1　1602 的引脚信号说明

编　号	符　号	引脚说明	编　号	符　号	引脚说明
1	V_{SS}	电源地	9	D2	数据口 I/O
2	V_{DD}	电源正极	10	D3	数据口 I/O
3	V_L	液晶显示对比度调节端	11	D4	数据口 I/O
4	RS	数据/命令选择端（H/L）	12	D5	数据口 I/O
5	R/$\overline{W}$	读写选择端（H/L）	13	D6	数据口 I/O
6	E	使能信号	14	D7	数据口 I/O
7	D0	数据口 I/O	15	BLA	背光电源正极
8	D1	数据口 I/O	16	BLLK	背光电源负极

（4）基本操作时序

读状态　输入：RS=L，R/$\overline{W}$=H，E=H　　　　　　　　　输出：D0～D7=状态字

读数据　输入：RS=H，R/$\overline{W}$=H，E=H　　　　　　　　　输出：D0～D7=数据

写指令　输入：RS=L，R/$\overline{W}$=L，E=H，D0～D7=指令码　　　　输出：无

写数据　输入：RS=H，R/$\overline{W}$=L，E=H，D0～D7=数据　　　　输出：无

（5）RAM 地址映射图

控制器内部带有 80 字节的 RAM 缓冲区，对应关系如图 9.7.3 所列。

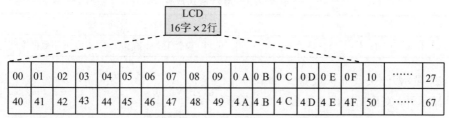

图 9.7.3　对应关系

向图 9.7.3 中的 00H～0FH、40H～4FH 地址中的任意处写显示数据时，液晶都可以立即显示出来；但写入到 10H～27H 或 50H～67H 地址处时，必须通过移屏指令将他们移入可显示区域才能正常显示。

（6）状态字说明

状态字说明如表 9.7.2 所列。

表 9.7.2　状态字说明

位顺序	D7	D6	D5	D4	D3	D2	D1	D0
位　名	STA7	STA6	STA5	STA4	STA3	STA2	STA1	STA0

注：STA0～STA6：当前地址指针的数值；STA7：读/写使能，STA=1 表示禁止，STA=0 表示允许。

注意:原则上每次对控制器进行读/写操作之前都必须进行读/写检测,以确保STA7 为 0。实际上,由于单片机的操作速度慢于液晶控制的反应速度,因此可以不进行读/写检测或只进行简短的延时即可。

(7) 数据指针设置

控制器内部设有一个数据地址指针,用户可以通过它们访问内部的全部 80 字节 RAM,如表 9.7.3 所列。

表 9.7.3 数据地址指针设置

指令码	功能
80H＋地址码 (0～27H,40～67H)	设置数据地址指针

(8) 其他设置

其他设置如表 9.7.4 所列。

表 9.7.4 其他设置

指令码	功能
01H	显示清屏:1、数据指针清 0;2、所有显示清 0
02H	显示回车:数据指针清 0

(9) 初始化设置

1)显示模式设置

显示模式设置如表 9.7.5 所列。

表 9.7.5 显示模式设置

指令码								功能
0	0	1	1	1	0	0	0	设置 16×2 显示,5×7 点阵,8 位数据接口

2)显示开/关及光标设置

显示开/关及光标设置如表 9.7.6 所列。

表 9.7.6 显示开/关及光标设置

指令码								功能
0	0	0	0	1	D	C	B	D=1 开显示;D=0 关显示 C=1 显示光标;C=0 不显示光标 B=1 光标闪烁;B=0 光标不闪烁
0	0	0	0	0	1	N	S	N=1 当读或写完一个字符后地址指针加 1,且光标加 1; N=0 当读或写完一个字符后地址指针减 1,且光标减 1; S=1 当写一个字符时,整屏显示左移(N=1)或右移(N=0),以得到光标不移动而屏幕移动的效果; S=0 当写一个字符时,整屏显示不移动
0	0	0	1	0	0	0	0	光标左移
0	0	0	1	0	1	0	0	光标右移

指令码								功　能
0	0	0	1	1	0	0	0	整屏左移,同时光标跟随移动
0	0	0	1	1	1	0	0	整屏右移,同时光标跟随移动

(10) 读和写操作时序

1602 液晶的读/写操作时序如图 9.7.4 和图 9.7.5 所示。

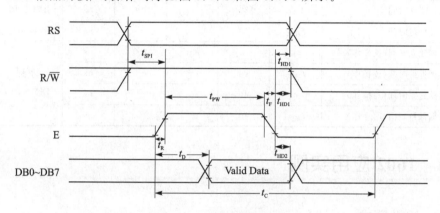

图 9.7.4　1602 读操作时序

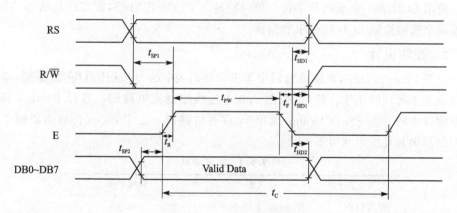

图 9.7.5　1602 写操作时序

通过 RS 确定是写数据还是写命令。写命令包括使液晶的光标显示/不显示、光标闪烁/不闪烁、需/不需要移屏、在液晶的什么位置显示等。

读/写控制端设置为写模式,即低电平。

将数据或命令送达数据线上。

给 E 一个高脉冲将数据送入液晶控制器,完成写操作。

操作时间参数如表 9.7.7 所列。

表 9.7.7　操作时间参数

时序参数	符　号	极限值			单　位	测试条件
		最小值	典型值	最大值		
E 信号周期	t_C	400	—	—	ns	引脚 E
E 脉冲宽度	t_{PW}	150	—	—	ns	
E 上升沿/下降沿时间	t_R、t_F	—	—	25	ns	
地址建立时间	t_{SP1}	30	—	—	ns	引脚 E、RS、
地址保持时间	t_{HD1}	10	—	—	ns	R/$\overline{W}$
数据建立时间（读操作）	t_D	—	—	100	ns	
数据保持时间（读操作）	t_{HD2}	20	—	—	ns	引脚
数据建立时间（写操作）	t_{SP2}	40	—	—	ns	DB0～DB7
数据保持时间（写操作）	t_{HD2}	10	—	—	ns	

9.8　1602 应用实例

1. 设计要求

使用 LCD1602 显示两行字符。第一行显示 I LOVE MCS,第二行显示 NEUQ,设置两个按键控制 LCD 的显示和清屏。

2. 硬件设计

打开 Proteus ISIS,在编辑窗口中单击元件列表中的 P 按钮 P L DEVICES ,添加如表 9.8.1 所列的元件。然后,按图 9.8.1 连线绘制完电路图。选择 Proteus ISIS编辑窗口中的 File→Save Design 菜单项,保存电路图。在 Proteus 仿真电路图中单片机的晶振和复位电路可不画出。

表 9.8.1　元件清单

元件名称	所属类	所属子类
BUTTON	Switches & Relays	Switches
LM016L	Optoelectronics	Alphanumeric LCDs
AT89C51	Microprocessor ICs	8051 Family

3. 软件设计

源程序清单:

```
/******************** 必要的变量定义 ******************** /
# include< reg52.h>
# define uchar unsigned char
# define uint unsigned int
```

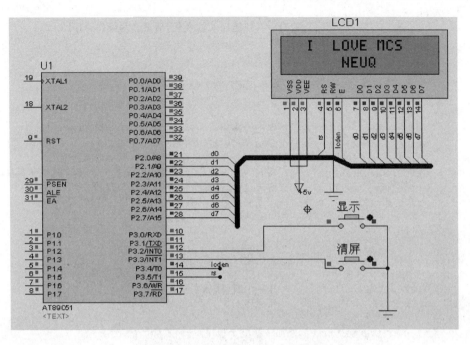

图 9.8.1　LCD1602 显示连接电路

```
uchar code table[]= " I  LOVE MCS   "; //要显示的第一行字符
uchar code table1[]= "       NEUQ";     //要显示第二行字符
sbit lcden= P3^4;                        //LCD 使能端 E
sbit lcdrs= P3^5;                        //LCD 数据/命令选择端 RS
uchar num;
/* * * * * * * * * * * * * * * * * * * 延时子程序 * * * * * * * * * * * * * * * * * /
void delay(uint z)
{
    uint x,y;
    for(x= z;x> 0;x-- )
        for(y= 110;y> 0;y-- );
}
/* * * * * * * * * * * * * * * * * * 写命令子程序 * * * * * * * * * * * * * * * * * /
void write_com(uchar com)
{
    lcdrs= 0;              // RS= 0 写命令
    P2= com;              //com 为输入的命令码,通过 P2 送给 LCD
    delay(5);
    lcden= 1;            //LCD 的使能端 E 置高电平,请参考写操作时序图
    delay(5);
    lcden= 0;            //LCD 的使能端置低电平
}
/* * * * * * * * * * * * * * * * * * 写数据子程序 * * * * * * * * * * * * * * * * * /
void write_data(uchar date)
{
    lcdrs= 1;             //RS= 1 写数据
    P2= date;            //写入数据
```

```
    delay(5);
    lcden= 1;              //LCD 使能端 E 的变化,请参考写操作时序图
    delay(5);
    lcden= 0;
}
/* * * * * * * * * * * * * * * * * * 初始化子程序 * * * * * * * * * * * * * * * * /
void init()
{
    lcden= 0;              //根据时序图可知开始时使能端 E 为低电平
    write_com(0x38);       //显示模式设置,参"显示模式设置"表
    write_com(0x0e);       //光标打开,不闪烁参"显示开/关及光标设置"表
    write_com(0x06);       //写入一个字符后指针地址加 1,写一个字符时整屏不移动
    write_com(0x01);       //清屏显示,数据指针清 0,所以显示清 0
    write_com(0x80+ 0x1);  //设置字符显示的首地址,参考"数据指针设置"表
}
void main()
{
    init();                //初始化
delay(100);                //延时
EA= 1;EX0= 1;EX1= 1;       //开总中断、外部中断 0 和 1
    while(1);              //死循环
}
/* * * * * * * * * * * * * * * * * 外部中断 0 子程序 * * * * * * * * * * * * * * * * /
void int0() interrupt 0
{
for(num= 0;num< 14;num++ )//显示"I  LOVE MCS"
    {
        write_data(table[num]);
        delay(20);
    }
    write_com(2);          //显示回车换行,在第二行显示下面内容
    write_com(0x80+ 0x40);
    for(num= 0;num< 16;num++ )  //显示"NEUQ"
    {
        write_data(table1[num]);
        delay(20);
    }
}
/* * * * * * * * * * * * * * * * * 外部中断 1 子程序 * * * * * * * * * * * * * * * * /
void int1() interrupt 2
{
    write_com(1);          //清屏
}
```

4. 联合调试与运行

联合调试与运行过程可参见附录。

5. 电路图功能分析

由于本例的电路图比较简单,在这就不做分析了。但要注意一点,本例中用到了 Proteus 的总线,前面章节也有介绍了,读者只要知道电路图中单片机和 LCD 的断线

中,只要标注名称一样就表示这两条线是连接在一起的(即短路)。

6. 程序分析

本例的程序结构比较繁琐,但内容简单,只要认真参考前面讲过的 1602 的读/写时序图便可轻松理解程序的含义。在此要提醒一点:本例通过外部中断 0 显示字符,外部中断 1 清屏。在外部中断 0 子程序中的字符显示命令为:

```
for(num= 0;num< 14;num++ )              //显示"I  LOVE MCS"
{
    write_data(table[num]);
    delay(20);
}
write_com(2);                           //显示回车换行,在第二行显示下面内容
write_com(0x80+ 0x40);
for(num= 0;num< 16;num++ )              //显示"NEUQ"
{
    write_data(table1[num]);
    delay(20);
}
```

由于 1602 每次每行只能显示 16 个字符,所以程序中 num 的值要和数组 table 的元素个数相对应。如果 table 的元素个数小于 16,则应把 num 的值改成 table 元素个数值。如果 table 的元素个数大于 16,则显示完 16 个字符后应该用移屏命令显示剩下的字符。

9.9　12864 液晶显示器的应用

12864 是一种图形点阵液晶显示器,可完成图形显示,也可以显示 8×4 个(16×16 点阵)汉字。

1. 12864 的外部引脚及其功能

12864 的外部引脚及其功能如表 9.9.1 所列。

表 9.9.1　12864 液晶的外部引脚及其功能

引脚号	引脚名称	电　平	引脚功能描述
1	V_{SS}	0 V	电源地
2	V_{CC}	+5 V	电源正
3	V_0	—	对比度(亮度)调整
4	RS(CS)	H/L	RS="H",表示 DB7~DB0 为显示数据; RS="L",表示 DB7~DB0 为显示指令数据
5	R/$\overline{W}$	H/L	R/W="H",E="H",数据被读到 DB7~DB0; R/W="L",E="H→L",DB7~DB0 的数据被写到 IR 或 DR

引脚号	引脚名称	电　平	引脚功能描述
6	E	H/L	R/W＝"L"，E＝"H"，表示信号下降沿锁存 DB7～DB0； R/W＝"H"，E＝"H"，表示 DDRAM 数据读到 DB7～DB0
7	DB0	H/L	三态数据线
8	DB1	H/L	三态数据线
9	DB2	H/L	三态数据线
10	DB3	H/L	三态数据线
11	DB4	H/L	三态数据线
12	DB5	H/L	三态数据线
13	DB6	H/L	三态数据线
14	DB7	H/L	三态数据线
15	CS1	H/L	H：选择芯片 IC1（右半屏）
16	CS2	H/L	H：选择芯片 IC2（左半屏）
17	$\overline{\text{RST}}$	H/L	复位端，低电平有效
18	$-V_{\text{out}}$	-10 V	LCD 驱动负电压输出
19	BLA	$+4.2$ V	LED 背光板正端
20	BLK	—	LED 背光板负端

2. 12864 内部结构及工作原理

12864 的内部结构如图 9.9.1 所示，主要由行驱动器/列驱动器及 128×64 全点阵液晶显示器组成。

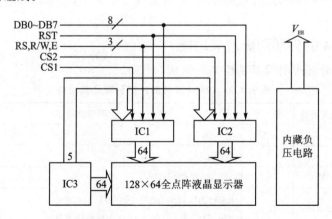

图 9.9.1 SMG12864 的内部结构框

图 9.9.1 中的 IC3 为行驱动器。IC1、IC2 为列驱动器。IC1、IC2、IC3 含有以下主要功能器件。

① 指令寄存器(IR)。IR 用于寄存指令码,与数据寄存器数据相对应。当 RS＝0 时,在 E 信号下降沿的作用下指令码写入 IR。

② 数据寄存器(DR)。DR 用于寄存数据,与指令寄存器寄存指令相对应。当 RS＝1 时,在下降沿作用下图形显示数据写入 DR,或在 E 信号高电平作用下由 DR 读到 DB7～DB0 数据总线。DR 和 DDRAM 之间的数据传输是模块内部自动执行的。

③ 忙标志(BF)。BF 提供内部工作情况。BF＝1 表示模块在内部操作,此时模块不接收外部指令和数据。BF＝0 时,模块为准备状态,随时可接收外部指令和数据。

利用 STATUS READ(读状态)指令可以将 BF 读到 DB7 总线,以检验模块工作状态。

④ 显示控制触发器(DFF)。此触发器用于模块屏幕显示开和关的控制。DFF＝1 为开显示(DISPLAY ON),DDRAM 的内容显示在屏幕上;DFF＝0 为关显示(DISPLAY OFF)。

DFF 的状态由指令 DISPLAY ON/OFF 和 RST 信号控制。

⑤ XY 地址计数器。XY 地址计数器是一个 9 位计数器。高 3 位是 X 地址计数器,低 6 位是 Y 地址计数器,XY 地址计数器实际上是作为 DDRAM 的地址指针,X 地址计数器为 DDRAM 的页指针,Y 地址计数器为 DDRAM 的 Y 地址指针。

X 地址计数器没有计数功能,只能用指令设置。

Y 地址计数器具有循环计数功能,各显示数据写入后,Y 地址自动加 1,Y 地址指针从 0～63。

⑥ 显示数据 RAM(DDRAM)。DDRAM 用于存储图形显示数据。数据为 1 表示显示选择,数据为 0 表示显示非选择。DDRAM 与地址、显示位置的关系如图 9.9.2 所示。

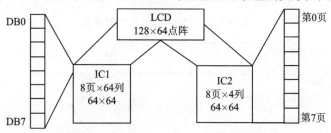

图 9.9.2 DDRAM 与地址,显示位置的关系

⑦ Z 地址计数器。Z 地址计数器是一个 6 位计数器。此计数器具备循环计数功能,用于显示行扫描同步。完成一行扫描后,Z 地址计数器自动加 1,指向下一行扫描数据;RST 复位后,Z 地址计数器为 0。

Z 地址计数器可以用指令 DISPLAY START LINE 预置。因此,显示屏幕的起始行就由此指令控制,即 DDRAM 的数据从哪一行开始显示在屏幕的第一行。此模块的 DDRAM 共 64 行,屏幕可以循环滚动显示 64 行。

3. 12864 的基本操作时序

12864 的基本操作时序如表 9.9.2 所列。12864 的读时序如图 9.9.3 所示。

163

12864 的写时序如图 9.9.4 所示。

表 9.9.2　12864 的操作时序

操作命令	输入信号	输出信号
读状态	RS＝L,R/$\overline{W}$＝H,CS1 或 CS2＝H,E＝H	DB0～DB7＝状态字
写指令	RS＝L,R/$\overline{W}$＝L,DB0～DB7＝指令码,CS1 或 CS2＝H,E＝高脉冲	无输出
读数据	RS＝H,R/$\overline{W}$＝H,CS1 或 CS2＝H,E＝H	DB0～DB7＝数据
写数据	RS＝H,R/$\overline{W}$＝H,DB0～DB7＝数据,CS1 或 CS2＝H,E＝高脉冲	无输出

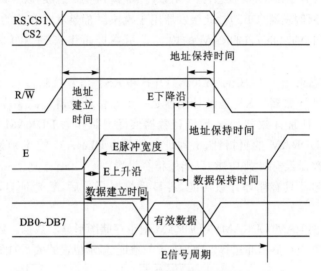

图 9.9.3　12864 的读操作时序图

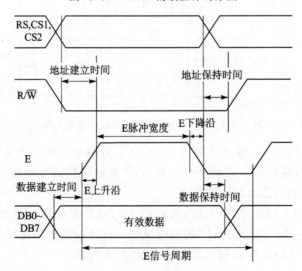

图 9.9.4　12864 的写操作时序图

4. 指令操作

12864 的指令如表 9.9.3 所列,包括显示开关控制、设置显示起始行、设置 X 地址、设置 Y 地址、读状态、写显示数据、读显示数据等操作。

表 9.9.3 12864 的指令

指 令	指令码										功 能
	R/$\overline{W}$	D/I	D7	D6	D5	D4	D3	D2	D1	D0	
显示 ON /OFF	0	0	0	0	1	1	1	1	1	1/0	控制显示器的开关,不影响 DDRAM 中的数据和内部状态
设置显示起始行	0	0	1	1	显示起始行 (0~63)						指定显示屏从 DDRAM 中哪一行开始显示数据
设置 X 地址	0	0	1	0	1	1	1	X:0~7			设置 DDRAM 中的页地址(X 地址)
设置 Y 地址	0	0	0	1	Y 地址(0~63)						设置 Y 地址
读状态	1	0	BUSY	0	ON/ OFF	RST	0	0	0	0	读取状态,RST＝1:复位,RST＝0:正常 ON/OFF＝1:显示开 ON/OFF＝0:显示关 BUSY＝0:准备,BUSY＝1:操作
写显示数据	0	1	显示数据								将数据线上的数据 DB7~DB0 写入 DDRAM 中
读显示数据	1	1	显示数据								将 DDRAM 上的数据读入数据线 DB7~DB0

下面详细讲述各个操作指令的使用方法。

① 显示开关控制(DISPLAY ON/OFF)如表 9.9.4 所列。

表 9.9.4 12864 显示开关

代 码	R/$\overline{W}$	RS	DB7	DB6	DB5	DB4	DB3	DB2	DB1	DB0
形 式	0	0	0	0	1	1	1	1	1	D

D＝1:开显示,表示显示器可以进行各种显示操作。

D＝0:关显示,表示不能对显示器进行各种显示操作。

② 设置显示起始行(SET DISPLAY START)如表 9.9.5 所列。

表 9.9.5　设置显示起始行

代　码	R/$\overline{\text{W}}$	RS	DB7	DB6	DB5	DB4	DB3	DB2	DB1	DB0
形　式	0	0	1	1	A5	A4	A3	A2	A1	A0

显示起始行是由 Z 地址计数器控制的，A5～A0 的 6 位地址自动送入 Z 地址计数器，起始行的地址可以是 0～63 的任意一行。例如，选择 A5～A0 是 62，则起始行与 DDRAM 行的对应关系如下：

DDRAM 行：62 63 0 1 2 3 ………………………28 29

屏幕显示行：1 2 3 4 5 6 7 ………………………31 32

③ 设置 X 地址（页地址，SET PAGE ADDRESS）如表 9.9.6 所列。

表 9.9.6　设置 X 地址

代　码	R/$\overline{\text{W}}$	RS	DB7	DB6	DB5	DB4	DB3	DB2	DB1	DB0
形　式	0	0	1	0	1	1	1	A2	A1	A0

页地址就是 DDRAM 的行地址。8 行为 1 页，模块共 64 行即 8 页，A2～A0 表示 0～7 页。读/写数据对地址没有影响，页地址由本指令或 RST 信号改变复位后，页地址为 0。页地址与 DDRAM 的对应关系如表 9.9.7 所列。

表 9.9.7　页地址与 DDRAM 的对应关系

	CS1					CS2					
Y=	0	1	……	62	63	0	1	……	62	63	行号
	DB0	DB0	DB0	DB0	DB0	DB0	DB0	DB0	DB0	DB0	0
	↓	↓	↓	↓	↓	↓	↓	↓	↓	↓	
X=0	DB7	DB7	DB7	DB7	DB7	DB7	DB7	DB7	DB7	DB7	7
	DB0	DB0	DB0	DB0	DB0	DB0	DB0	DB0	DB0	DB0	8
↓	↓	↓	↓	↓	↓	↓	↓	↓	↓	↓	
	DB7	DB7	DB7	DB7	DB7	DB7	DB7	DB7	DB7	DB7	55
X=7	DB0	DB0	DB0	DB0	DB0	DB0	DB0	DB0	DB0	DB0	56
	↓	↓	↓	↓	↓	↓	↓	↓	↓	↓	
	DB7	DB7	DB7	DB7	DB7	DB7	DB7	DB7	DB7	DB7	63

④ 设置 Y 地址（SET Y ADDRESS）如表 9.9.8 所列。

表 9.9.8　设置 Y 地址

代　码	R/$\overline{\text{W}}$	RS	DB7	DB6	DB5	DB4	DB3	DB2	DB1	DB0
形　式	0	0	0	1	A5	A4	A3	A2	A1	A0

此指令的作用是将 A5～A0 送入 Y 地址计数器，作为 DDRAM 的 Y 地址指针。在对 DDRAM 进行读/写操作后，Y 地址指针自动加 1，指向下一个 DDRAM 单元。

⑤ 读状态（STATUS READ）如表 9.9.9 所列。

表 9.9.9　读状态

代　码	R/$\overline{\text{W}}$	RS	DB7	DB6	DB5	DB4	DB3	DB2	DB1	DB0
形　式	0	1	BUSY	0	ON/OFF	RET	0	0	0	0

当 R/$\overline{\text{W}}$=1、RS=0 时,在 E 信号为"H"的作用下,状态分别输出到数据总线(DB7~DB0)的相应位。RST=1 表示内部正在初始化,此时组件不接收任何指令和数据。

⑥ 写显示数据(WRITE DISPLAY DATE)如表 9.9.10 所列。

表 9.9.10　写显示数据

代　码	R/$\overline{\text{W}}$	RS	DB7	DB6	DB5	DB4	DB3	DB2	DB1	DB0
形　式	0	1	D7	D6	D5	D4	D3	D2	D1	D0

D7~D0 为显示数据,此指令把 D7~D0 写入相应的 DDRAM 单元,Y 地址指针自动加 1。

⑦ 读显示数据(READ DISPLAY DATE)如表 9.9.11 所列。

表 9.9.11　读显示数据

代　码	R/$\overline{\text{W}}$	RS	DB7	DB6	DB5	DB4	DB3	DB2	DB1	DB0
形　式	1	1	D7	D6	D5	D4	D3	D2	D1	D0

此指令把 DDRAM 的内容 D7~D0 读到数据总线 DB7~DB0,Y 地址指针自动加 1。

9.10　12864 应用实例

1. 设计要求

用 12864 滚动显示一行文字"东秦电子创新基地"。

2. 硬件设计

打开 Proteus ISIS,在编辑窗口中单击元件列表中的 P 按钮 P L DEVICES ,添加如表 9.10.1 所列的元件。然后,按图 9.10.1 连线绘制完电路图。选择 Proteus I-SIS 编辑窗口中的 File→Save Design 菜单项,保存电路图。在 Proteus 仿真电路图中单片机的晶振和复位电路可不画出。

表 9.10.1　元件清单

元件名称	所属类	所属子类
AT89C51	Microprocessor ICs	8051 Family
POT-LIN	Resistors	Variable
AMPIRE 128x64	Optoelectronics	Alphanumeric LCDs
RESPACK-8	Resistors	Resistors Packs

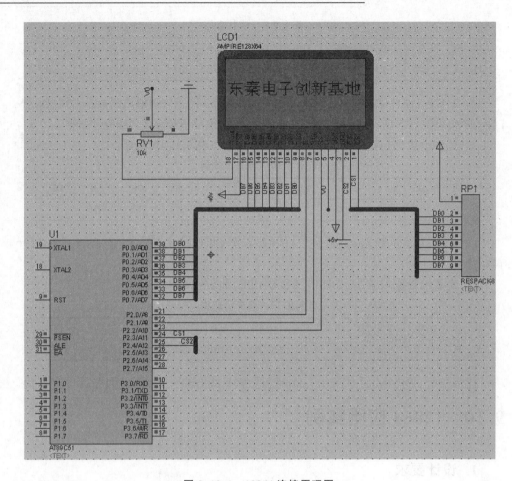

图 9.10.1　12864 连接原理图

3. 软件设计

```
/ * * * * * * * * * * * * * * * * * 必要变量的定义 * * * * * * * * * * * * * * * * * * /
# include < reg51.h>
# include < intrins.h>
# define uint unsigned int
# define uchar unsigned char
# define DATA P0                        //LCD12864 数据线
sbit RS= P2^2;                          //数据\指令  选择
sbit RW= P2^1;                          //读\写  选择
sbit EN= P2^0;                          //读\写使能
sbit cs1= P2^4;                         //片选 1
sbit cs2= P2^3;                         //片选 2
/ * * * * * * * * * * * * * 定义中文字库 * * * * * * * * * * * * * /
/ * * * * * * * * * * * * 字体取模时的选项设置为:点阵格式为阴码,取模方式为列行式,取模
走向为逆向,文字大小为宽×高= 16×16 * * * * * * * * * * * * * /
```

```
uchar code Hzk[]= {
0x00,0x04,0x04,0xC4,0xB4,0x8C,0x87,0x84,0xF4,0x84,0x84,0x84,0x84,0x04,0x00,0x00,
0x00,0x00,0x20,0x18,0x0E,0x04,0x20,0x40,0xFF,0x00,0x02,0x04,0x18,0x30,0x00,0x00,
/* "东",0* /
0x20,0x20,0x2A,0x2A,0xAA,0x6A,0x3E,0x2B,0xAA,0xAA,0xEA,0xAA,0x2A,0x22,0x20,0x00,
0x82,0x82,0x45,0x45,0x25,0x15,0x0D,0xFF,0x04,0x0C,0x14,0x24,0x65,0xC2,0x42,0x00,
/* "秦",1* /
0x00,0x00,0xF8,0x48,0x48,0x48,0x48,0xFF,0x48,0x48,0x48,0x48,0xF8,0x00,0x00,0x00,
0x00,0x00,0x0F,0x04,0x04,0x04,0x04,0x3F,0x44,0x44,0x44,0x44,0x4F,0x40,0x70,0x00,
/* "电",0* /
0x00,0x00,0x02,0x02,0x02,0x02,0x02,0xE2,0x12,0x0A,0x06,0x02,0x00,0x80,0x00,0x00,
0x01,0x01,0x01,0x01,0x41,0x81,0x7F,0x01,0x01,0x01,0x01,0x01,0x01,0x01,0x00,
/* "子",1* /
0x40,0x20,0xD0,0x4C,0x43,0x44,0x48,0xD8,0x30,0x10,0x00,0xFC,0x00,0x00,0xFF,0x00,
0x00,0x00,0x3F,0x40,0x40,0x42,0x44,0x43,0x78,0x00,0x00,0x07,0x20,0x40,0x3F,0x00,
/* "创",2* /
0x20,0x24,0x2C,0x35,0xE6,0x34,0x2C,0x24,0x00,0xFC,0x24,0x24,0xE2,0x22,0x22,0x00,
0x21,0x11,0x4D,0x81,0x7F,0x05,0x59,0x21,0x18,0x07,0x00,0x00,0xFF,0x00,0x00,0x00,
/* "新",3* /
0x00,0x04,0x04,0x04,0xFF,0x54,0x54,0x54,0x54,0x54,0xFF,0x04,0x04,0x04,0x00,0x00,
0x11,0x51,0x49,0x4D,0x4B,0x49,0x49,0x7D,0x49,0x49,0x4B,0x45,0x4D,0x59,0x09,0x00,
/* "基",4* /
0x10,0x10,0x10,0xFE,0x10,0x50,0x40,0xFE,0x20,0x20,0xFF,0x10,0x10,0xF8,0x10,0x00,
0x20,0x20,0x10,0x1F,0x08,0x08,0x00,0x3F,0x40,0x40,0x4F,0x42,0x44,0x43,0x70,0x00,
/* "地",5* /
};
/****************** 状态检查,LCD是否忙 ***************** /
void CheckState()
{
    uchar dat;          //状态信息(判断是否忙)
    RS= 0;              //数据\指令选择,D/I(RS)= "L",表示 DB7∽DB0 为显示指令数据
    RW= 1;              //R/W= "H",E= "H"数据被读到 DB7∽DB0
    do{
       DATA= 0x00;
       EN= 1;           //EN 下降沿
      _nop_();          //一个短延时
      dat= DATA;
       EN= 0;
       dat= 0x80 & dat;    //仅当第 7 位为 0 时才可操作(判别 busy 信号)
       }while(!(dat== 0x00));
}
/*************** 写命令到 LCD 中 ***************** /
SendCommandToLCD(uchar com)
{
    CheckState();       //状态检查,LCD是否忙
    RS= 0;              //向 LCD 发送命令。RS= 0 写指令,RS= 1 写数据
    RW= 0;              //R/W= "L",E= "H→L"数据被写到 IR 或 DR
```

```
    DATA= com;              //com :命令
    EN= 1;
    _nop_();
    _nop_();
    EN= 0;                  //EN 下降沿
}
/* * * * * * * * * * * * * * * * * 设置页 0xb8 是页的首地址* * * * * * * * * * * * * * * /
void SetLine(uchar page)
{
  page= 0xb8|page;    //1011 1xxx 0< = page< = 7 设定页地址-- X 0- 7,8 行为一页
                      //64/8= 8,共 8 页
  SendCommandToLCD(page);
}
/* * * * * * * * * * * * * * * 设定显示开始行,0xc0 是行的首地址* * * * * * * * * * * * * /
void SetStartLine(uchar startline)
{
  startline= 0xc0|startline;    //1100 0000
  SendCommandToLCD(startline); //设置从哪行开始:0- - 63,一般从 0 行开始显示
}
/* * * * * * * * * * * * * * 设定列地址-- Y 0- 63,0x40 是列的首地址* * * * * * * * * * /
void SetColumn(uchar column)
{
  column= column &0x3f;          //column 最大值为 64,越出 0= < column< = 63
  column= 0x40|column;           //01xx xxxx
  SendCommandToLCD(column);
}
  /* * * * * * * * * * * * * * 开关显示,0x3f 是开显示,0x3e 是关显示* * * * * * * * * * /
void SetOnOff(uchar onoff)
{
    onoff= 0x3e|onoff;           //0011 111x, onoff 只能为 0 或者 1
    SendCommandToLCD(onoff);
}
/* * * * * * * * * * * * * * * * * 写显示数据* * * * * * * * * * * * * * * * * * * * /
void WriteByte(uchar dat)
{
    CheckState();       //状态检查,LCD 是否忙
    RS= 1;              //RS= 0 写指令,RS= 1 写数据
    RW= 0;              // R/W= "L",E= "H→L"数据被写到 IR 或 DR
    DATA= dat;          //dat:显示数据
    EN= 1;
    _nop_();
    _nop_();
    EN= 0;              //EN 下降源
}
/* * * * * * * * * * * 选择屏幕 screen: 0- 全屏,1- 左屏,2- 右屏* * * * * * * * * * * * /
void SelectScreen(uchar screen)
{
```

```
    switch(screen)
    { case 0: cs1= 0;  //全屏显示
              _nop_(); _nop_(); _nop_();
              cs2= 0;
              _nop_(); _nop_(); _nop_();
              break;
      case 1: cs1= 0;  //左显示屏
              _nop_(); _nop_(); _nop_();
              cs2= 1;
              _nop_(); _nop_(); _nop_();
              break;
      case 2: cs1= 1;  //右显示屏
              _nop_(); _nop_(); _nop_();
              cs2= 0;
              _nop_(); _nop_(); _nop_();
              break;
    }
}
/************* 清屏 screen: 0- 全屏,1- 左屏,2- 右************* /
void ClearScreen(uchar screen)
{
    uchar i,j;
    SelectScreen(screen);
     for(i= 0;i< 16;i+ + )              //控制页数 0～7,共 8页
     {
          SetLine(i);
          SetColumn(0);
            for(j= 0;j< 64;j++ )         //控制列数 0～63,共 64 列
            {
                 WriteByte(0x00);         //写点内容,列地址自动加 1
            }
     }
}
/***************** 延时程序********************* /
void    delay(uint z)
{
    uint i,j;
    for(i= 0; i< z; i++ )
        for(j = 0; j < 110; j++ );
}
/* 初始化 LCD* /
void InitLCD()
{
    CheckState();
    SelectScreen(0);
    SetOnOff(0);                        //关显示
    SelectScreen(0);
```

```
        SetOnOff(1);                        //开显示
        SelectScreen(0);
        ClearScreen(0);                     //清屏
        SetStartLine(0);                    //开始行:0
}
/* 显示全角汉字* /
void Display(uchar ss,uchar page,uchar column,uchar number)
{
    int i;
    //选屏参数,pagr 选页参数,column 选列参数,number 选第几汉字输出
    SelectScreen(ss);
    column= column&0x3f;
    SetLine(page);                          //写上半页
    SetColumn(column);                      //控制列
    for(i= 0;i< 16;i+ + )                    //控制 16 列的数据输出
    {
    WriteByte(Hzk[i+ 32* number]);     //i+ 32* number 汉字的前 16 个数据输出
    }
    SetLine(page+ 1);                       //写下半页
    SetColumn(column);                      //控制列
    for(i= 0;i< 16;i++ )                     //控制 16 列的数据输出
    {
    WriteByte(Hzk[i+ 32* number+ 16]);  //i+ 32* number+ 16 汉字的后 16 个数据输出
    }
}
/* * * * * * * * * * * * * * * * * * 主函数* * * * * * * * * * * * * * * * * * * * /
void main()
{
    uint i;
        InitLCD();                          //初始 12864
        ClearScreen(0);                     //清屏
        while(1)
        {
          for(i= 0;i< 128;i++ )
          //12864 有 128 列,显示开始行从 0～128 切换,因此可以实现循环显示
           {
                SetStartLine(i);            //显示开始行
                Display(2,0,0* 16,0);       //显示第一个字
                Display(2,0,1* 16,1);       //显示第二个字
                Display(2,0,2* 16,2);       //显示第三个字
                Display(2,0,3* 16,3);       //显示第四个字
                Display(1,0,4* 16,4);       //显示第五个字
                Display(1,0,5* 16,5);       //显示第六个字
                Display(1,0,6* 16,6);       //显示第七个字
                Display(1,0,7* 16,7);       //显示第八个字
                SelectScreen(0);            //选择全屏显示
                delay(50);                  //延时
           }
        }
}
```

4. 联合调试与运行

联合调试与运行过程可参见附录。

9.11　直流电机控制

1. 直流电机的优点

➢ 调速范围广，且容易平滑调节。

➢ 过载、启动、制动转矩大。

➢ 易于控制，可靠性强。

➢ 调速时的能量损耗小。

所以，调速要求高的场所，如轧钢机、轮船推进器、电车、电气铁道索引、高炉送料、造纸、纺织、吊车、挖掘机等方面，直流电机均得到广泛的应用。

2. 直流电机的构造

直流电机分为两部分为定子与转子。其中，定子包括主磁极、机座、换向极、电刷装置等。转子包括电枢铁芯、电枢绕组、换向器、轴和风扇等。

3. 直流电机的工作原理

直流电机的工作原理大致应用了"通电导体在磁场中受力的作用"的原理，励磁线圈两个端线通有相反方向的电流，使整个线圈产生绕轴的扭力从而转动。要使电枢受到一个方向不变的电磁转矩，关键在于当线圈边在不同极性的磁极下时，如何将流过线圈的电流方向及时变换，即进行所谓"换向"。直流电机的工作原理如图 9.11.1 所示。

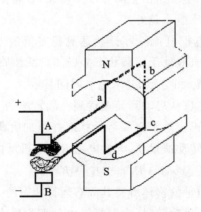

图 9.11.1　直流电机工作原理图

当电刷 A、B 接在电压为 U 的直流电压源上时，若电刷 A 是正电位、B 是负电位，在 N 极范围内的导体 ab 中的电流是从 a 流向 b，在 S 极范围内的导体 cd 中的电流是从 c 流向 d。载流导体在磁场中要受到电磁力的作用,因此,ab 和 cd 两个导体都受到电磁力的作用。根据磁场方向和导体中的电流方向,利用的左手定则判断,ab边受力的方向是向左的,而 cd 边则是向右的。由于磁场是均匀的,导体中流过的又是相同的电流,所以 ab 边和 cd 边所受到电磁力的大小相等。这样,线圈上就受到了电磁力的作用而按逆时针方向转动。当线圈转到磁极的中性面上时,线圈中的电流等于零,电磁力的作用等于零。但是由于惯性作用,线圈继续转动。线圈转过半周之后,虽然 ab 与 cd 的位置调换,ab 边转到了 S 极范围,cd 边转到了 N 极范围,但是由于换相片和电刷的作用,转到了 N 极下的 cd 边中的电流方向改变了,是从 d 流向 c,在 S 极下的 ab 边中的电流则是从 b 流向 a。因此,电磁力中的电流方向仍不变,线圈仍受力按逆时针方向转动。可见,分别处在 N、S 极范围内的导体中的电流方向总是不变的,因此线圈两边的受力方向也不变,这样线圈就可以按照受力方向不停地转动了。

4. 直流电机的参数

转矩——电机得以旋转的力矩,单位为 kg·m 或 N·m。

转矩系数——电机所产生转矩的比例系数,一般表示每安培电枢电路所产生的转矩大小。

摩擦转矩——电刷、转轴、换向单元等因为摩擦而引起的转矩损失。

启动转矩——电机启动时所产生的旋转力矩。

转速——电机旋转的速度,工程单位为 r/min(转每分)。在国际单位制中为rad/s(弧度每秒)。

电枢电阻——电枢内部的电阻。在有刷电机里一般包括电刷与换向器之间的接触电阻,由于电阻中电流流过时会发热,因此总希望电枢电阻尽量小。

电枢电感——由于电枢绕组由金属导线圈构成,必然存在电感,从改善电机运动性能的角度来说,电枢电感越小越好。

电气时间常数——电枢电流从零开始达到稳定值的 63.2% 时所经历的时间。测定电气时间常数时,电机应处于堵载状态并施加阶跃性质的驱动电压。工程上,常常利用电枢绕组的电阻 R_a 和电感 L_a 求电气时间常数。

机械时间常数——电机从启动到转速达到空载转速的 63.2% 时所经历的时间。测定机械时间常数时,电机应处于空载运行状态并施加阶跃性质的阶跃电压。工程上,常常利用电机转子的转动惯量 J、电枢电阻 R_a、电机反电动势系数 K_e 和转矩系数 K_t 求机械时间常数:$T_m = (J \cdot R_a) \div (K_e \cdot K_t)$。

转动惯量——具有质量的物体维持其固有运行状态的一种性质。

反电动势系数——电机旋转时,电枢绕组内部切割磁力线所感应的电动势相对于转速的比例系数,也称为发电系数或感应电动势系数。

功率密度——电机每单位质量所能获得的输出功率值。功率密度越大,电机的有效材料的利用率就越高。

5. 电机的 3 种调速方法

➢ 改变磁通;

➢ 改变电压;

➢ 改变转子绕组回路电阻。

使用直流电机时,通常希望能够控制直流电机的转速,并且按照设计者的意愿进行转速调节。使用直流电机时需要在电机的两端上加载电压,电压的高低直接影响电机的转速,其两者的关系如下:

$$n = (U - IR)/(C_e \cdot \Phi)$$

式中,U 为加载在直流电机两端的电压;I 为直流电机的工作电流;R 为直流电机线圈的等效电阻;$C_e = pN/(60a)$,其中,p 为电极的极对数,N 为电枢绕组总导体数,a 为支路对数,通常表示为 $2a$,即电刷间的并联支路数,这参数与电机绕组的具体结构有关;C_e 是一个常数与电机本身的结构参数有关;Φ 为每极总磁通。由于买到的微型直流电机的界限结构已经固定,励磁部分为永久磁铁,所以式中的 R、C_e、Φ 已经固定,我们改变的只有加载在电机上的电压 U。

所以,常见的直流电机转速控制方法就是调节电机两端的电压。

9.12　直流电机控制实例

1. 设计要求

如图 9.12.1 所示,使用 DAC0832 将单片机输出的数据转换成模拟电压,通过调节单片机 P2 口输出的数值来改变加在直流电动机两端的电压,以此来控制直流电动机的转速。电压表实时显示直流电动机两端当前的电压。

要求:使用 DAC0832 的直通方式进行数/模转换便可,且至少用一个按键来控制输出电压的大小(用中断方式来完成电压的改变)。

2. 硬件设计

打开 Proteus ISIS,在编辑窗口中单击元件列表中的 P 按钮 P L　　DEVICES ,添加如表 9.12.1 所列的元件。然后,按图 9.12.1 连线绘制完电路图。选择 Proteus I-SIS 编辑窗口中的 File→Save Design 菜单项,保存电路图。在 Proteus 仿真电路图中单片机的晶振和复位电路可不画出。

表 9.12.1　元件清单

元件名称	所属类	所属子类
AT89C51	Microprocessor ICs	8051 Family
BUTTON	Switches & Relays	Switches
DAC0832	Data Converters	D/A Converters
OPAMP	Operational Amplifiers	Ideal
MOTOR - DC	Electromechanical	无子类

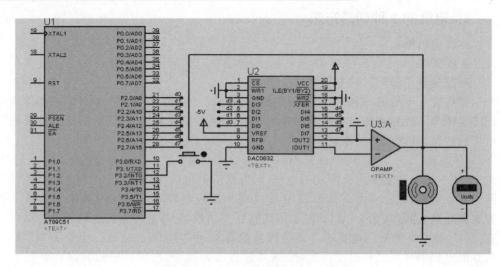

图 9.12.1　直流电动机连接电路图

3. 软件设计

源程序清单：

```
/* * * * * * * * * * * * * * * * * 必要的变量定义 * * * * * * * * * * * * * * * * /
# include< reg51.h>
unsigned char speed= 0;      //定义速度的电压变量
/* * * * * * * * * * * * * * * * * 主程序 * * * * * * * * * * * * * * * * /
main()
{
    EA= 1;                   //开总中断
    EX0= 1;                  //开外部中断 0
    IT0= 1;                  //设置外部中断 0 为下降沿触发方式
    while(1)
    {
        P2= speed;           //将速度变量从 P2 口输出,让 DAC0832 转换成模拟电压
    }
}
/* * * * * * * * * * * * * * * * 外部中 0 断子程序 * * * * * * * * * * * * * * * /
void int0() interrupt 0
{
if(speed== 255);            //将 speed 控制在最大值 255
else speed= speed+ 5;       //每次中断以 5 为步长递增
}
```

4. 联合调试与运行

联合调试与运行过程可参见附录。

5. 电路图功能分析

图 9.12.1 中的按键是一个输出电压增加键,每按下一次,单片机产生一次中断,则中断程序"void interrupt ( ) 0"中的 speed 的值加 5(当 speed＜255 时)。由于 P2＝speed,P2 口接在数/模转换器 DAC0832 的 D10～D17 上,P2 的输出值增大,则

DAC0832 的模拟电压输出就增大，以此来改变电压的输出量。

6. 程序分析

本例的数据是通过 P2 口输出的 8 位变量，即最大值为 255，所以 speed 应该控制在 255 以内，不能超过 255，否则会出错。

由于模/数转换电路的连接方法各异，在电路图连接时，注意连接方法及相应的编程方式。读者应熟悉 DAC 和 ADC 的电路连接方法和相应的编程方法，因为这块知识在单片机应用中非常普遍。

此例子中我们只用一个按键来控制数模的输出量变化，非常不实用，读者可以试着给电路添加一个递减按键和一个开关按键，使电路对电机的速度控制可以增、可以减，可以开、可以停。

9.13　步进电机控制

步进电机是将电脉冲信号转变为角位移或线位移的开环控制元件。在非超载的情况下，电机的转速、停止的位置只取决于脉冲信号的频率和脉冲数，而不受负载变化的影响，即给电机加一个脉冲信号，则电机转过一个步距角。由于这一线性关系的存在，加上步进电机只有周期性的误差而无累积误差等特点，使得在速度、位置等控制领域用步进电机来控制变得非常简单。

步进电机按其励磁方式分类，可分为反应式、感应子式和永磁式。其中，反应式比较普遍，结构也比较简单，所以在工程上应用较多。步进电机的结构及实物如图 9.13.1 所示。

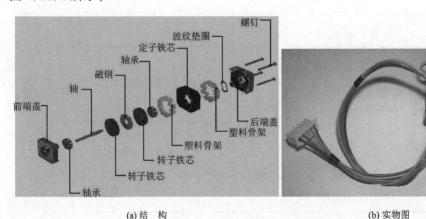

(a) 结　构　　　　　　　　　　(b) 实物图

图 9.13.1　步进电机的结构及实物图

1. 步进电机的控制原理

三相反应式步进电机工作原理，如图 9.13.2 所示。

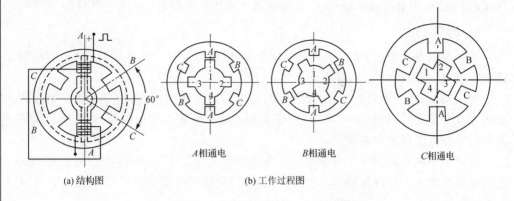

(a) 结构图　　　　　　(b) 工作过程图

图 9.13.2　三相反应式步进电机工作原理图

A 相通电,B、C 相不通电时,由于磁场作用,齿 1 与 A 对齐(转子不受任何力以下均同)。

B 相通电,A、C 相不通电时,齿 2 应与 B 对齐,此时转子向顺时针方向移过 $1/6\pi$,齿 3 与 C 偏移为 $1/6\pi$,齿 4 与 A 偏移 $2/3\pi$。

如果不断地按 A、B、C、A……通电,则电机就每步(每脉冲)$1/3\pi$ 向顺时针方向旋转。如按 A、C、B、A……通电,则电机就向逆时针方向旋转。

步进机的定子绕组每改变一次通电状态,就叫一"拍";定子绕组的通电状态循环改变一次所包含的状态数称"拍数(N)",上例为 $N=3$。转子的齿数用 Z_r 表示;转子的齿与齿之间的角度称为"齿距角(θ_t)";转子每"一步"转过的角度称为"步距角(θ_b)"。所以:

$$\theta_t = 360° \div Z_r ; \theta_b = 360° \div (Z_r \cdot N)$$

三相步进机的通电方式有 3 种,如图 9.13.3 所示。

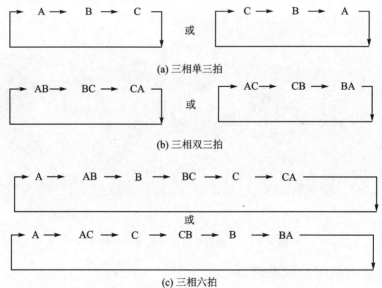

(a) 三相单三拍

(b) 三相双三拍

(c) 三相六拍

图 9.13.3　三相步进机通电方式图

由此可见,电机的位置和速度由导电次数(脉冲数)和频率成一一对应关系。而方向由导电顺序决定。

2. 转速问题

步进机的转速与供电电压关系不大,只与各相绕组的通电和断电的频率有关,这里频率 f 的大小就是在 1 s 内驱动步进机所使用的拍数,各相绕组上的频率记为相频,用 $f_{相}$ 表示,所以 $f = N \times f_{相}$。

由此,可以计算出步进电机的转速 n,单位为(r/min):

$$n = (60 \times f)/(Z_r \cdot N)$$

步进机一旦出厂,Z_r 的值(即转子的齿数)就已经固定了。如果在相同的通电方式下(即 N 值固定),则步进机的转速 n 与脉冲频率 f 成正比,即 f 越高,则 n 越高。但是,实际应用过程中,步进机却不会按照设计者的想法不断提高转速。对于这个问题,先来看看步进机绕组上的电流变化情况。

图 9.13.4 为 f 比较低时 A 相绕组上的电流变化情况。

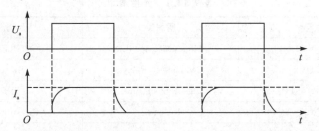

图 9.13.4　步进电机 A 相绕组换相时的电压和电流变化

随着 f 的不断提高,电流的变化波形将趋于三角波,同时电流的平均值会大大地降低,如图 9.13.5 所示。

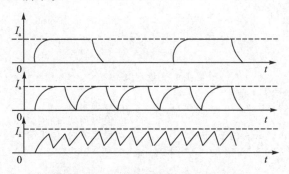

图 9.13.5　不同频率时 A 相上的波形

频率 f 越高,绕组中的平均电流越小,步进电机产生的平均转矩也会大大降低,负载能力也就大大下降,甚至在步进机空载时也会出现停转现象。所以,如果需要提高步进机的转速,在提高频率 f 的同时,也要相应提高供电电压,切忌频率 f 不可无止境的提高。

9.14　步进电机控制实例

1. 设计要求

采用定时中断方式来控制步进机的转速,定时单位时长为 1 ms。

要求:把步进机的速度设置在 1、2、3、4 这 4 个挡位内,1 挡速度最快,依次递减。要求能够控制步进电机的停、转和方向,并同时显示步进机的当前挡位。

2. 硬件设计

打开 Proteus ISIS,在编辑窗口中单击元件列表中的 P 按钮 `P L DEVICES`,添加如表 9.14.1 所列的元件。然后,按图 9.14.1 连线绘制完电路图。选择 Proteus ISIS 编辑窗口中的 File→Save Design 菜单项,保存电路图。在 Proteus 仿真电路图中单片机的晶振和复位电路可不画出。

表 9.14.1　元件清单

元件名称	所属类	所属子类
AT89C51	Microprocessor ICs	8051 Family
BUTTON	Switches & Relays	Switches
MOTOR – STEPPER	Electromechanical	无子类
RESPACK – 8	Resistors	Resistors Packs
7SEG – COM – ANODE	Optoelectronics	7 – Segment Displays
ULN2003A	Analog ICs	Miscellaneous
7447	TTL 74 series	Decoders

3. 软件设计

源程序清单:

```
/****************** 必要的变量定义***************** /
# include< reg51.h>
unsigned char index= 0;                    //步进索引
int n= 0,n0= 211;                          //设置周期、档位
unsigned char flag= 0,step= 0;             //设置方向、停止键
/******************* 主程序***************** /
main()
{
P3= 0xff;            //由于 P3 做数据输出端,所以最好在读入数据之前设置为高电平
EA= 1;                                     //开总中断
EX0= 1;EX1= 1;                             //打开外部中断 0、1
ET0= 1;                                    //开定时中断 0
IT0= 1;IT1= 1;
//为了控制精确,所以采用下降沿触发方式来触发中断
TMOD= 0x01;                                //设置定时器为定时模式 1
```

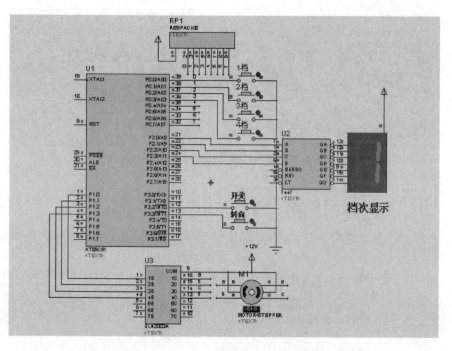

图 9.14.1　四相步进电机连接电路图

```
TR0= 1;                              //开启定时器 0
TH0= - 1000/256;
TL0= - 1000% 256;                    //每 1 ms 中断一次
while(1)
{
    if(P0==0xfe){n0= 70;P2= 1;}      //显示 1 挡
    if(P0==0xfd){n0= 90;P2= 2;}      //显示 2 挡
    if(P0==0xfb){n0= 110;P2= 3;}     //显示 3 挡
    if(P0==0xf7){n0= 150;P2= 4;}     //显示 4 挡
}
}
/* * * * * * * * * * * * * * * * * * 外部中断 0 子程序* * * * * * * * * * * * * * * /
void int0() interrupt 0            //停止键子程序
{
    step++ ;
    if(step> = 2)step= 0;
                //开和关只有两种状态,所以 step 控制在 0(停)和 1(转)
}
/* * * * * * * * * * * * * * * 外部中断 1 子程序* * * * * * * * * * * * * * * * * * * /
void int1() interrupt 2            //方向键子程序
{
    flag++ ;
    if(flag== 2)flag= 0;
                //正转和反转只有两种状态,所以 flag 控制在 0(正)和 1(反)
}
/* * * * * * * * * * * * * * * 定时中断 0 子程序* * * * * * * * * * * * * * * * * * * /
```

```
void time() interrupt 1                    //旋转子程序
{
THO= - 1000/256;
TLO= - 1000% 256;                          //重新给定时器赋初值
if(step== 1)                               //开关控制键
{
    if(n> = n0)                            //输出脉冲周期为:n0x1 ms
{
        if(flag== 0)                       //正转
        {switch(index)
        //按顺序依次将步进机相临的两条线置高电平(如 AB、BC、CD、DA)
        {
            case 0:P1= 0x03;break;
            case 1:P1= 0x06;break;
            case 2:P1= 0x0c;break;
            case 3:P1= 0x09;break;
        }
        index++ ;
        if(index== 4)index= 0;             //转一圈 index 回到 0,下一次重新开始
        n= 0;
        }
        if(flag== 1)                       //反转
        {
        switch(index)
        {
            case 0:P1= 0x09;break;
            case 1:P1= 0x0c;break;
            case 2:P1= 0x06;break;
            case 3:P1= 0x03;break;
        }index++ ;
        if(index== 4)    index= 0; //转一圈 index 回到 0,下一次重新开始
        n= 0;
        }
        else n= 0;                         //防止 n 跑飞
    }
n++ ;                                      //每次中断 n+ 1
}
else n= 0;                                 //防止 n 跑飞
}
```

4. 联合调试与运行

联合调试与运行过程可参见附录。

5. 电路图功能分析

74LS47 是一个 7 段数码管译码器;ULN2003A 则是步进电机的驱动器,提供步进电机驱动电压。

P0 口作 I/O 使用时,是一个漏极开路电路,所以必须给其接上拉电阻。

1、2、3、4 挡控制步进机的转速(实际上就是控制单片机 P10～P13 口的输出脉冲频率),"开关"控制步进机的转和停;"转向"控制步进机的转动方向(实际上是控制单

片机的 P10～P13 口输出脉冲的顺序）。

6. 程序分析

四相步进机和三相步进机的工作原理一样,本例采用脉冲控制三相步进机转速的原理来控制四相步进机,单片机的输出脉冲的频率越高,则步进机的转速越快;反之,则相反。为了准确地控制单片机的输出脉冲,笔者选用了定时中断方式来产生脉冲,这是由于延时的方法不易控制。

每发生一次定时中断,则中断的次数变量 n 加 1;当 n 增加到预定值时,步进电机旋转一拍。通过控制 n 值的大小,便可以控制步进电机的转速。当 n 增大,转速减小;当 n 减小,则转速增大。

在程序判断 if(step==1),if(flag==1)中,后面加上了 else n=0 语句,这是为了防止 n 过大。

9.15　频率测量控制实例

单片机应用系统中,经常要对一个连续的脉冲波频率进行测量。在实际应用中,对于转速、位移、速度、流量等物理量的测量,一般也是由传感器转换成脉冲电信号,采用测量频率的手段实现。

使用单片机测量频率或周期,通常是利用单片机的定时计数器来完成的,测量的基本方法和原理主要有:

➢测频法:在限定的时间内(如 1 s)检测脉冲的个数。

➢测周法:测量采样 N 个脉冲所用的时间。

这两种方法尽管原理是相同的,但在实际使用时,需要根据待测频率的范围、系统的时钟周期、计数器的长度以及所要求的测量精度等因素进行全面和具体的考虑,寻找和设计出适合具体要求的测量方法。

1. 设计要求

用测频法设计一个频率测量仪。

要求:将单片机的 T0、T1 分别作计数器、定时器使用。

2. 硬件设计

打开 Proteus ISIS,在编辑窗口中单击元件列表中的 P 按钮 PL DEVICES,添加如表 9.15.1 所列的元件。然后,按图 9.15.1 连线绘制完电路图。选择 Proteus ISIS 编辑窗口中的 File→Save Design 菜单项,保存电路图。在 Proteus 仿真电路图中单片机的晶振和复位电路可不画出。

表 9.15.1　元件清单

元件名称	所属类	所属子类
AT89C51	Microprocessor ICs	8051 Family
7SEG – MPX8 – CC – BLUE	Optoelectronics	7 – Segment Displays
RESPACK – 8	Resistors	Resistors Packs

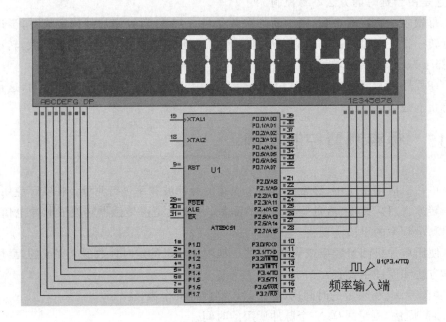

图 9.15.1　频率测量仪原理图

3. 软件设计

源程序清单：

```
/******************* 必要的变量定义 ******************* /
# include < reg51.h>
# define uchar unsigned char
# define uint unsigned int
uchar code number[]=
{0xfc,0x60,0xda,0xf2,0x66,0xb6,0xbe,0xe0,0xfe,0xf6,0xee,0x3e,0x9c,0x7a,
0x9e,0x8e};
//共阴数码管编码表
uchar code address[]=
{0xfe,0xfd,0xfb,0xf7,0xef,0xdf,0xbf,0x7f};    //8 位数码管位选择位编码表
uchar i,time;
uint count= 0;
uint temp;
bit flag;                        //定时溢出标志位
/******************* 延时子程序 ******************* /
```

```
void delay(uint m)
{
    while(m-- );
}
/* * * * * * * * * * * * * * * * * * * * 主程序 * * * * * * * * * * * * * * * * * * /
void main(void)
{
    EA= 1;                              //开总中断
    ET0= 1;                             //开定时器 0 中断
    ET1= 1;                             //开定时器 1 中断
    TMOD= 0x16;                         //设置 T1 为定时器工作方式为 1;T0 为计数器,工作
                                        //方式为 2
    TH0= 0xff;
    TL0= 0xff;                          //给计数器 0 赋初值,计数值为 1,即每来次中断信
                                        //号,T0 中断一次
    TR0= 1;                             //启动计数器 0
    TH1= (65536- 50000)/256;
    TL1= (65536- 50000)% 256;           //给定时器 1 赋初值,时间为 50 ms(晶振 12 MHz)
    TR1= 1;                             //启动定时器 1
while(1)                                //死循环
  {
    if(flag== 1)                        //定时达满标志
     {
      temp= count;                      //储存计数器 0 的计数值
      for(i= 0;i< 5;i++ )               //将计数值各个位取出,并从 P1 口输出
       {
        P2= address[i];
        P1= number[temp% 10];
        temp= temp/10;
        delay(500);                     //数码管为动态显示,注意延时时间
       }
     }
   }
 }
/* * * * * * * * * * * * * * * * 定时中断 0 子程序 * * * * * * * * * * * * * * * * * /
void time0(void) interrupt 1
{
  count++ ;                             //每中断一次 count 加 1
}
/* * * * * * * * * * * * * * * * 定时中断 1 子程序 * * * * * * * * * * * * * * * * * /
void time1(void) interrupt 3
{
  TH1= (65536- 50000)/256;
  TL1= (65536- 50000)% 256;             //重新给定时器赋初值
  time++ ;                              //总定时时长:20×50 ms= 1 s
  if(time== 20)
   {
  EA= 0;                                //关闭总中断
  flag= 1;                              //定时达满标志置 1
```

```
    }
}
```

4. 联合调试与运行

联合调试与运行过程可参见附录。

5. 电路图功能分析

"频率输出端"是 Proteus 提供的信号输入源,前面章节已经介绍过了,单片机正是通过 P3.4 口测量"频率输入端"的输出频率。

双击"频率输入端",在弹出的对话框中就可以设置其输出频率。如果单片机的数码管上显示的数值和设置的"频率输入端"的频率一致或接近,则表示频率测量仪的测量是准确的。

6. 程序分析

设置 T0 为计数器,T1 为定时器,T0 的初值为最大值(即 TH0＝0xff,TL0＝0xff),外部每来一个脉冲时,T0 寄存器溢出产生中断;同时 count＋＋。当定时器 T1 定时"满"溢出产生中断时,程序关闭总中断 EA＝0,T0 禁止产生中断,这时 count 的值便是在定时时间内测得的"频率输入端"的输出脉冲数量。脉冲数量除以时间等于频率。

设置 T1 的计数个数为 5 000(即 TH1＝(65 536－50 000)/256;TL1＝(65 536－50 000)%256)。当单片机内部给 T1 提供 50 000 个脉冲(等于 50 ms)时,T1 寄存器溢出产生中断,中断一次 time＋＋(当 time＜20 时),直到 time＝20,此时从定时器启动定时到总中断关闭 EA＝0,耗时 1 s。

9.16　PWM 调制控制

脉冲宽度调制(PWM)是英文 Pulse Width Modulation 的缩写,简称脉宽调制。它是利用微处理器的数字输出来对模拟电路进行控制的一种非常有效的技术,最初是在无线电技术中用于信号的调制,后来在电机调速中得到了很好的应用,形成了独特的 PWM 控制技术。PWM 技术广泛应用于测量、通信、功率控制与变换等许多领域。脉冲宽度调制是一种对模拟信号电平进行数字编码的方法。

1. PWM 原理

脉冲宽度调制波通常由一列占空比不同的矩形脉冲构成,其占空比与信号的瞬时采样值成比例。图 9.16.1 为脉冲宽度调制系统的原理框图。

图 9.16.2 为调制波形图。该系统由一个比较器和一个周期为 T 的锯齿波发生器组成。

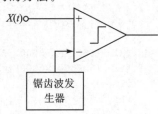

图 9.16.1　PWM 调制原理图

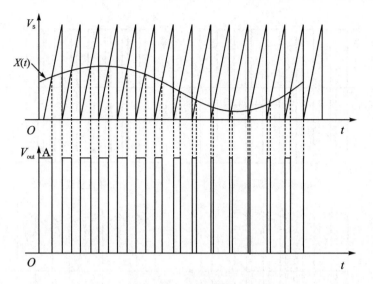

图 9.16.2 调制波形

在图 9.16.2 中,当语音信号 $X(t)$ 大于锯齿波信号时,比较器输出正常数 A;否则,输出 0。因此,从图 9.16.1 和图 9.16.2 中可以看出,比较器输出一系列下降沿调制的脉冲宽度调制波。

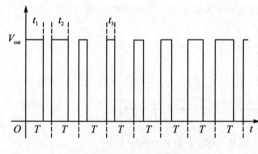

图 9.16.3 PWM 示意图

通过图 9.16.2 的分析可以看出,生成的矩形脉冲的宽度取决于脉冲下降沿时刻 t 时刻的语音信号 $X(t)$ 的幅度值,因而,采样值之间的时间间隔是非均匀的。从图 9.16.3 可知,PWM 中每个周期是相同的,都是 T,不同的是每个周期的高电平的宽带。

占空比是指在一个周期内,高电平的时间与周期的比值,即 $q_1=t_1/T$、$q_2=t_2/T$、$q_3=t_3/T$。高电平的不同导致了占空比不同,q 越大,在负载上获得的电能的时间越长。根据负载的特性不同,在负载两端获得的电压也不同,如图 9.16.4 所示,是两种不同特性的负载和 PWM 不同占空比时的波形。

还有一种常用的 PWM,其周期并不固定,但是高电平的时间固定,所以通过调节 PWM 周期的长短,进而获得不同的占空比 q,如图 9.16.5 所示。

有些时候,PWM 的应用可以取代 D/A 转换器的应用,而最常使用的是 PWM 定周期的调制方式。这种方式比较简单,软件的编程比较方便,在实验室或参加比赛时可以节省大量的时间。

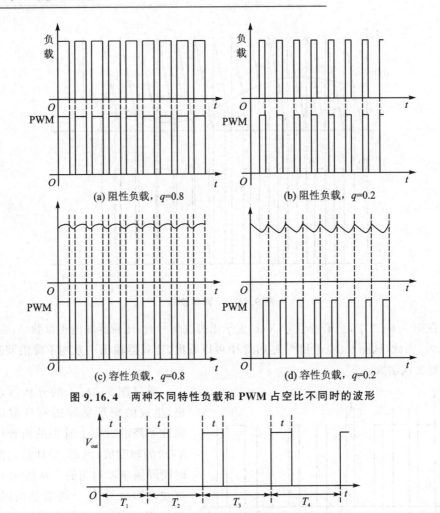

图 9.16.4　两种不同特性负载和 PWM 占空比不同时的波形

图 9.16.5　占空比相同,周期不同的 PWM

　　由于 PWM 输出的是近似于方波的信号,如果要得到模拟信号,则必须经过平滑滤波器处理。所以输出的模拟信号变化速度比较慢,只能用来控制低速对象,或者直接用方波信号控制一些本身具有容性或感性的负载(如直流电机等)。

2. PWM 的生成方法

　　PWM 的生成方法很多,目前大部分单片机中都包含了 PWM 控制器,但在学习单片机课程和进行一些实验时,常用到的单片机是 AT89 系列的单片机,这一系列的单片机中没有 PWM 控制器,如果要输出 PWM 信号,就要麻烦一些。我们可以用一些能产生脉冲的芯片来产生 PWM 信号,如 555 定时器;也可以用单片机的延时原理或定时器来产生 PWM。下面就给大家演示一个用 AT89 系列单片机的延时程序产生 PWM 信号的方法。

9.17　PWM 控制电机应用实例

1. 设计要求

设系统晶振为 12 MHz,产生脉冲频率为 1 Hz,占空比可调范围:0～100%,以 10%步进。

要求:允许延时有误差,但误差不能过大。

2. 硬件设计

打开 Proteus ISIS,在编辑窗口中单击元件列表中的 P 按钮 P L DEVICES ,添加如表 9.17.1 所列的元件。然后,按图 9.17.1 连线绘制完电路图。选择 Proteus ISIS 编辑窗口中的 File→Save Design 菜单项,保存电路图。在 Proteus 仿真电路图中单片机的晶振和复位电路可不画出。

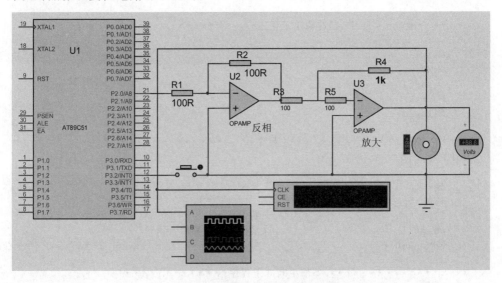

图 9.17.1　PWM 电路连接原理图

表 9.17.1　元件清单

元件名称	所属类	所属子类
BUTTON	Switches & Relays	Switches
AT89C51	Microprocessor ICs	8051 Family
MOTOR	Electromechanical	无子类
OPAMP	Operational Amplifiers	Ideal
RES	Resistors	Generic

3. 软件设计

源程序清单：

```
/****************** 必要的变量定义****************** /
# include< reg51.h>
# define uchar unsigned char
# define uint unsigned int
sbit PWM= P2^0;
uchar n= 0;                      //脉冲的占空比 n= 1,则占空比为 10%
/****************** 延时子程序****************** /
void delay(uchar m)             //延时子程序,延时误差约为 0
{
    unsigned char a,b,c;
    while(m-- )
        for(c= 19;c> 0;c-- )
            for(b= 20;b> 0;b-- )
                for(a= 130;a> 0;a-- );
}
/************** 脉冲输出子程序****************** /
void PWMout(uchar q)
{
    PWM= 0;
    delay(10- q);
    PWM= 1;
    delay(q);
}
/****************** 主程序****************** /
void main()
{
    EA= 1;
    EX0= 1;
    IT0= 1;                     //中断设置
    while(1)                    //反复循环脉冲输出
    PWMout(n);
}
/************** 外部中断 0 子程序****************** /
void INT() interrupt 0
{
    if(n== 0)n= 10;            //控制 n 的值,0= < n< = 10
    else n= n+ 1;
}
```

4. 联合调试与运行

联合调试与运行过程可参见附录。

运行结果如图 9.17.2 所示,频率如图中的频率计显示为 1 Hz;占空比如 9.17.2 图中的示波器显示。

5. 电路图功能分析

图 9.17.1 中第一个放大器的作用是反相,将单片机 P2.0 口输出的电压反相,得到

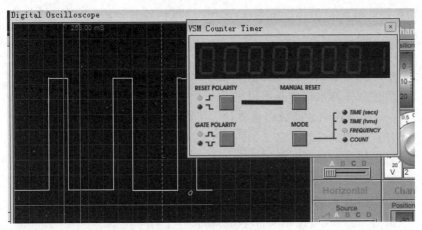

图 9.17.2　运行结果

一个负电压,其绝对值和 P2.0 口的电压相等;第二个放大器的作用是放大电压,并再次将输出电压反相,得到了正的放大后的电压,放大的倍数由 R4 和 R5 的比值决定。

在图 9.17.1 中,电阻 R1、R2、R3、R4、R5 的阻值分别为 100、100、100、1k、100,不要弄乱了;否则,加载在直流电机的电压值不确定,严重时会烧毁电机或电压达不到电机的额定电压。

COUNTER TIMER(频率计)的 CLK 端接在直流电机的正端,如图 9.17.1 所示。双击 COUNTER TIME,在弹出的对话框中设置 Operating Mode 项为 Frequency(频率),其余项不变;示波器 OSCILLOSCOPE 的 A 端和 COUNTER TIMER 的 CLK 连接在同一端上。运行 Proteus 后示波器显示的是 PWM 信号的占空比情况,COUNTER TIMER 则显示 PWM 信号的频率(1 Hz)。

6. 程序分析

脉冲输出子程序 PWMout( )的功能为:首先,置 PWM 信号为低电平,延时 10−q(ms)。然后,置 PWM 信号为高电平,再延时 q(ms),这样反复的将 PWM 信号在高低电平间变换就得到了一个占空比为 10q% 的脉冲信号。

外部中断 0 子程序控制占空比 n 的值,中断一次则 n+1(当 n<10 时)。

本例中最重要的是延时子程序 delay(),如果延时的时间不准确,则 PWM 输出的脉冲占空比控制不正确。

9.18　小　结

本章内容虽然比较多,但是知识点都比较简单,易于掌握。重点内容是数码管动态显示、LCD1602 字符串显示和电机的控制。这些输出设备都是在以后的单片机电路设计中经常使用的,掌握了这些输出设备的使用方法在以后电路设计中会起到很大作用。

习 题

9.1 单片机 I/O 口一般输出什么电平驱动发光二极管,为什么?

9.2 简述制作流水灯的基本原理。

9.3 7 段数码管和 8 段数码管有什么区别?数码管编译方式有哪几种?

9.4 什么是数码管静态显示,什么是数码管动态显示,它们的优缺点是什么?

9.5 数码管动态显示的原理是什么?

9.6 写出 LCD1602、12864 的基本操作时序。

9.7 LCD1602 能否显示中文字符,12864 呢?

9.8 编写一个程序,控制 LCD1602 显示一行字符串"12345678"。

9.9 直流电机的调速方法有哪些?

9.10 简述步进电机的控制原理。

9.11 步进电机的通电方式有哪几种?

9.12 编写一个程序控制四相电机转动,速度不做要求,但要能控制转动方向。

9.13 输出给步进电机的脉冲频率是否越高步进电机的转速就越快,为什么?

9.14 使用单片机测量频率的基本方法有哪几种?它们的原理是什么?

9.15 编写一段程序,测量在 1 s 内 T0 口接收到的脉冲的个数。

9.16 简述 PWM 的工作原理。

9.17 编写一个程序,控制 P1.0 输出一个矩形脉冲,脉冲占空比为 5∶1。

实战训练

① 用 LCD1602 显示两行字符串,分别为"I LOVE NEUQ !""QHD"。

② 用 PWM 调制法控制直流电机的转速。要求使用两个按键 S1 和 S2,控制单片机的脉冲输出占空比,占空比以 5% 变化。S1 控制输出脉冲占空比的增大,S2 控制输出脉冲占空比的减小。

③ 参照本章的"频率测量控制实例",使用测周法设计一个简易频率测量仪。

第 **10** 章

单片机系统扩展

在很多复杂的应用情况下,单片机内的 RAM、ROM 和 I/O 接口数量有限,不够使用,这种情况下就需要进行扩展,以满足应用系统的需要。因此,单片机的系统扩展主要是指外接数据存储器扩展、程序存储器扩展或 I/O 接口扩展等。

本章主要介绍 I/O 扩展和存储器扩展两部分内容,I/O 口的扩展以可编程芯片 8255A 扩展为主,存储器扩展分为程序存储器扩展和数据存储器扩展。

10.1 系统扩展概述

单片机应用系统由硬件和软件组成,软件的载体就是硬件中的程序存储器。对于 MCS-51 系列 8 位单片机,片内程序存储器的类型及容量如表 10.1.1 所列。

对于没有内部 ROM 的单片机或者当程序较长、片内 ROM 容量不够时,用户必须在单片机外部扩展程序存储器。MCS-51 单片机片外有 16 条地址线,即 P0 口和 P2 口,因此最大寻址范围为 64 KB(0000H～FFFFH)。

表 10.1.1 MCS-51 系列单片机片内程序存储器一览表

单片机型号	片内程序存储器	
	类 型	容量/KB
8031	无	—
8051	ROM	4
8751	EPROM	4
8951	Flash	4

注意:MCS-51 单片机有一个引脚 $\overline{EA}$ 跟程序存储器的扩展有关。如果 $\overline{EA}$ 接高电平,那么片内存储器地址范围是 0000H～0FFFH(4 KB),片外程序存储器地址范围是 1000H～FFFFH(60 KB)。如果 $\overline{EA}$ 接低电平,不使用片内程序存储器,片外程序存储器地址范围为 0000H～FFFFH(64 KB)。

10.2 8255A 可编程接口芯片

8255A 是常用的可编程并行接口芯片,广泛应用于单片机的并行扩展。8255A 有 24 条 I/O 线,分别为 A、B、C 共 3 个端口来使用;8 条数据线,用于数据和控制命令传输;2 条地址线,读/写时用于选择片内的控制寄存器 A、B、C 对应的 3 个端口寄存器 PA、PB、PC;读/写信号控制线各一根;还有复位信号、片选信号、电源等引脚。8255A 的外形封装如图 10.2.1 所示。

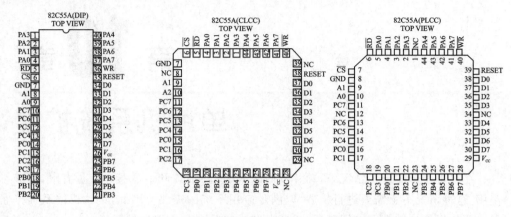

图 10.2.1　8255A 芯片 DIP、CLCC、PLCC 封装引脚图

8255A 的 24 条 I/O 线通过可编程分为两组,有 3 种工作方式,其中,方式 0 是最为简单和常用的一种,该方式下端口 A、B、C 仅作简单的输入/输出使用。8255A 的工作方式由其片内的控制寄存器来选择。

1. 8255A 的内部结构

8255A 内部由 PA、PB、PC 这 3 个 8 位可编程双向 I/O 口,A 组控制器和 B 组控制器,数据缓冲及读/写控制逻辑 4 部分组成,其结构如图 10.2.2 所示。

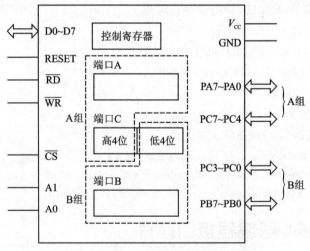

图 10.2.2　8255A 结构图

PA、PB、PC 口:PA、PB、PC 口均为 8 位 I/O 数据口,可做输入、输出,但结构上略有差别。

① A 口由一个 8 位数据输出缓冲/锁存器和一个 8 位数据输入缓冲/锁存器组成,B 口和 C 口各由一个 8 位数据输出缓冲/锁存器和一个 8 位数据输入缓冲器(无输入数据锁存器,故 B 口不能在模式 2 下工作)组成。

② A 组控制器和 B 组控制器:A、B 组控制器对应的控制字寄存器接收 CPU 送来的控制字,用来决定 8255A 的工作方式。A 组控制器控制 A 口和 C 口上半部(PC4~PC7),B 组控制器控制 B 口和 C 口下半部(PC0~PC3)。

③ 数据总线缓冲器:这是一个 8 位双向三态驱动器,用于 8255A 和单片机的数据总线相连,以实现 8255A 与单片机的数据传送。

④ 读/写控制逻辑:接收 CPU 送来的读/写信号和选口地址,用于控制对 8255A 的读/写。

2. 8255A 的引脚功能

8255A 有 40 条引脚,采用双列直插式封装。其引脚功能如表 10.2.1 所列。

表 10.2.1　8255A 引脚功能

引　脚	功　能	连接去向	引　脚	功　能	连接去向
D0~D7	数据总线(双向)	CPU	A0、A1	端口地址	CPU
RESET	复位输入	CPU	PA0~PA7	端口 A	外设
$\overline{CS}$	片选信号	译码电路	PB0~PB7	端口 B	外设
$\overline{RD}$	读信号	CPU	PC0~PC7	端口 C	外设
$\overline{WR}$	写信号	CPU	V_{cc}	电源(+5 V)	—
			GND	接地端	—

① 数据总线(8 条):D0~D7,用于传送 CPU 和 8255A 间的数据、命令和状态字。

② 控制总线 6 条:

RESET:复位线,高电平有效。

$\overline{CS}$:片选线,低电平有效。若 $\overline{CS}$ 为高电平,则 8255A 不被选中;若 $\overline{CS}$ 为低电平,则 8255A 选中。

$\overline{RD}$、$\overline{WR}$:$\overline{RD}$ 为读命令线,$\overline{WR}$ 为写命令线,皆为低电平有效。若 $\overline{RD}$ 为低电平($\overline{WR}$ 必为高电平),则所选 8255A 处于读状态;若 $\overline{WR}$ 为低电平($\overline{RD}$ 必为高电平),则所选 8255A 处于写状态。

A0、A1:地址输出线,用于选择 PA、PB、PC 口和控制寄存器中的哪一个工作。

上述控制线的功能如表 10.2.2 所列。

表 10.2.2　8255A 控制线功能

A1	A0	$\overline{RD}$	$\overline{WR}$	$\overline{CS}$	功　能
0	0	0	1	0	读端口 A 数据
0	1	0	1	0	读端口 B 数据
1	0	0	1	0	读端口 C 数据
0	0	1	0	0	写数据到端口 A

A1	A0	$\overline{RD}$	$\overline{WR}$	$\overline{CS}$	功　能
0	1	1	0	0	写数据到端口 B
1	0	1	0	0	写数据到端口 C
1	1	1	0	0	写命令到控制寄存器
—	—	—	—	1	数据总线呈高阻状态
1	1	0	1	0	非法条件
—	—	1	1	0	数据总线呈高阻状态

③ 并行 I/O 总线(24 条):这些总线用于和外设相连,共分 3 组。

PA7～PA0:双向 I/O 总线。PA7 为最高位,PA0 为最低位,用于传输 I/O 数据,可以设定为输入或输出方式,也可以设定为输入/输出双向方式。

PB7～PB0:双向 I/O 口总线。PB7 为最高位,PB0 为最低位,用于传输 I/O 数据,可以设定为输入或输出方式。

PC7～PC0:双向数据/控制总线。PC7 为最高位,PC0 为最低位,用于传输 I/O 数据或控制/状态信息,可以设定为输入或输出方式,也可以设定为控制/状态方式。

④ 电源线(2 条):V_{CC} 为 +5 V 电源线,GND 为地线。

3. 8255A 的工作方式选择

8255A 有 3 种工作方式:方式 0,方式 1 和方式 2。

方式 0:基本输入/输出方式。这种方式中 3 个端口被设置成输入或输出口,但不能既作为输入又作为输出。PC 口分成两部分:上半口(PC4～PC7)、下半口(PC0～PC3),两部分可分别设置传送方向。各个端口均可用于无条件数据传送,也可以通过人为指定 PC 口的某些位作为 PA 口、PB 口的状态信号,进行查询方式传送。

方式 1:选通输入/输出方式。这种方式下 PA 和 PB 口通过编程设定为输入口或输出口;而 PC 口则分成两部分,分别作用 PA 口和 PB 口的控制和同步信号,以便 8255A 和 CPU 之间传送信息和中断请求。这种联络信号由 8255A 内部规定,不是由使用者指定的。PC 口的高 4 位服务于 A 口,称 A 组。PC 口的低 4 位服务于 B 口,称 B 组。

方式 2:双向总线方式。只有 PA 口可工作于此方式,这时 PA 口既可作输入又可作输出,PC 口的 PC3～PC7 作输入/输出的同步控制信号。此时,PB 口可以工作于方式 0,但不能工作于方式 1。

4. 8255A 控制字

8255A 的控制字分为两种类型的控制字:方式控制字和 C 口置位/复位控制字。用户通过程序可以把方式控制字写入 8255 的控制寄存器,以设定 8255A 的工作方式和 C 口各个位状态。

(1) 方式控制字

方式控制字用于设定 8255A 的 3 个端口工作于什么方式,是输入还是输出方式,格式如表 10.2.3 所列。

表 10.2.3　方式选择控制字格式

	A 组				B 组		
D7	D6	D5	D4	D3	D2	D1	D0
	方式选择		A 口	C 口高 4 位	方式选择	B 口	C 口低 4 位
方式标志位: 1(有效)	00:方式 0 01:方式 1 1x:方式 2		0:输出 1:输入	0:输出 1:输入	0:方式 0 1:方式 1	0:输出 1:输入	0:输出 1:输入

D7 位控制字标志位。D7=1,则控制字为方式控制字;若 D7=0,则控制字为 C 口置位/复位控制字。

D3~D6 为 A 组控制位。其中,D6 和 D5 为 A 组方式选择位,若 D6D5=00,则 A 组设定为方式 0;若 D6D5=01,则 A 组设定为方式 1;若 D6D5=1x(x 表任意值),则 A 组设定为方式 2。

D4 为 A 口输入/输出控制。若 D4=0,则 PA0~PA7 用于输出数据;若 D4=1,则 PA0~PA7 用于输入数据。

D3 为 C 口高 4 位输入/输出控制位。若 D3=0,则 PC4~PC7 为输出数据方式;若 D3=1,则 PC4~PC7 用于输入数据。

D2~D0 为 B 组控制位,其作用和 D3~D6 类似。其中,D2 为方式选择位,若 D2=0,则 B 组设定为模式 0;若 D2=1,则 B 组设定为模式 1。D1 为 B 口输入/输出控制位,若 D1=0,则 PB0~PB7 用于输出数据;若 D1=1,则 PB0~PB7 用于输入数据。D0 为 C 口低 4 位输入/输出控制位,若 D0=0,则 PC0~PC3 用于输出数据;若 D0=1,则 PC0~PC3 用于输入数据。

(2) C 口置位/复位控制字

该控制字可以使 C 口的各位单独置位或复位,以实现某些控制功能。控制字格式如表 10.2.4 所列。其中,D7=0 是本控制字特征位,D1~D3 用于控制 PC0~PC7 中哪一位置位和复位,D0 用于设置是置位还是复位控制位。

表 10.2.4　C 口控制字格式

0	X	X	X	D3	D2	D1	D0
特征位				000:PC0　001:PC1	010:PC2　011:PC3		0:复位
				100:PC4　101:PC5	110:PC6　111:PC7		1:置位

5. 8255A 的初始化编程

8255A 是一种可编程的 I/O 接口芯片,使用时首先要由单片机对 8522A 写入控制字。8255A 的各种方式都要由控制字来设定,这个设置过程称为"初始化"。若写入控制字的最高位 D7＝1,则是方式控制字;若写入的控制字 D7＝0,则是 C 口的按位置位/复位按制字。

10.3　8255A 应用实例

1. 设计要求

应用 8255A 扩展单片机的 I/O 口,将 8255A 的 A 口设置为输出方式,B 口设置为输入方式,实现通过 B 口的开关控制 A 口的发光二极管亮/灭的功能。

2. 硬件设计

打开 Proteus ISIS,在编辑窗口中单击元件列表中的 P 按钮 P L　DEVICES ,添加如表 10.3.1 所列的元件。然后,按图 10.3.1 连线绘制完电路图。选择 Proteus ISIS 编辑窗口中的 File→Save Design 菜单项,保存电路图。在 Proteus 仿真电路图中单片机的晶振和复位电路可不画出。

表 10.3.1　元件清单

元件名称	所属类	所属子类
8255A	Microprocessor ICs	Peripherals
LED – BARGRAPH – GRN	Optoelectronics	Bargraph Displays
RESPACK – 8	Resistors	Resistors Packs
SWITCH	Switchers & Relays	Switches
AT89C51	Microprocessor ICs	8051 Family

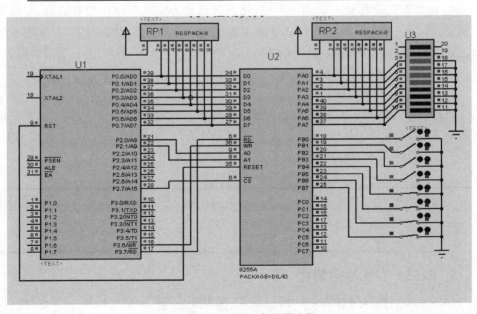

图 10.3.1　8255A 应用原理图

3. 软件设计

源程序清单：

```
/* * * * * * * * * * * * * * * * * 必要的变量定义 * * * * * * * * * * * * * * * * /
# include< reg51.h>
# include< absacc.h>
# define add XBYTE[0x0000]     //定义片外首地址
/* * * * * * * * * * * * * * * * * * * * * * * * * * * * * * * *
A 口地址:7CFFH A
B 口:7DFFH
控制字地址:7FFFH
* * * * * * * * * * * * * * * * * * * * * * * * * * * * * * * * * * /
/* * * * * * * * * * * * * * * * * * 主程序 * * * * * * * * * * * * * * * * * /
main()
{
unsigned char PORT_DATA;
unsigned char xdata  * pt;       //宏定义片外指针
pt= &add;                        //pt 取片外首地址
* (pt+ 0x7fff)= 0x82;            //写控制字,设置 A 为输出方式,B 口为输入方式
while(1)
{
PORT_DATA= * (pt+ 0x7dff);       //将 B 口的数据输入给 PORT_DATA
* (pt+ 0x7cff)= PORT_DATA;       //将数据 PORT_DATA 输出到 A 口
}
}
```

4. 联合调试与运行

联合调试与运行过程可参见附录。

5. 电路图功能分析

单片机与 8255A 连接框图如图 10.3.2 所示。

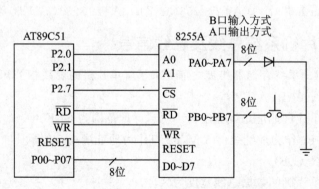

图 10.3.2　单片机与 8255A 连接框图

由图可知,A 口的地址为 7CFFH,B 口地址为 7DFFH,控制字地址为 7FFFH。电路图的功能为通过 PB0～PB7 控制 PA0～PA7 的发光二极管。所以,PA 口应设置为输出方式,PB 设置为输入方式。

6. 程序分析

程序中 ♯define add XBYTE[0x0000]为宏定义片外首地址。在 Keil C 中,有两种地址:片内地址和片外地址。片内地址即单片机内部的 RAM 和 ROM 地址,片外地址为单片机外部的外围器件的地址。用指针访问外部地址时,不能简单地定义为 unsigned char ＊ pt,这种形式指针访问的是单片机内部的地址,而 unsigned char xdata ＊ pt 则指明该指针为外部地址指针。在本例中要访问的是外部地址,所以定义指针为外部指针格式为 unsigned char xdata ＊ pt;访问的地址为外部地址为 ♯define add XBYTE[0x0000]。

10.4　系统存储器扩展

单片机系统存储器的扩展主要包括:程序存储器和数据存储器的扩展。

程序存储器扩展比较方便,一般都是扩展一片并行接口的 EPROM(27 系列芯片)、EEPROM(28 系列芯片)或 Flash(29 系列芯片),如常用的 EPROM 芯片有 27C64(8 KB)、27C256(32 KB)和 27C512(64 KB)。数据存储器的扩展按芯片采用的接口技术不同,可分为并行接口的芯片和串行接口的芯片扩展。串行接口芯片引脚少、集成度高、功耗低,这些特点是数据存储器扩展的发展方向。

并行接口的外部 RAM 按照芯片采用的技术不同又可分为 SRAM、EEPROM 和 Flash 这 3 种。不论哪种芯片,它们和单片机的接口电路都是相同的,对它们的读操作也是相同的,但对 EEPROM 或 Flash 的写操作比 SRAM 要慢很多。单片机系统中最常用的 SRAM 有 6264(8 KB)、62256(32 KB)和 628128(128 KB),其中 62256 的 DIP 封装有两种尺寸;当要求存放的数据在停电情况下不允许丢失时,应该扩展 EEPROM 或 Flash 芯片,如 AT28C256(32 KB)、AT29C256(32 KB)等。

10.4.1　单片机系统总线及总线信号

学习单片机的系统存储器扩展之前先来了解单片机的总线相关知识。

1) 地址总线 (AB)

MCS-51 单片机地址总线宽度为 16 位,寻址范围为 64 KB(0000H～FFFFH)。

地址信号:P0 作为地址线低 8 位,P2 口作为地址线高 8 位。

2) 数据总线 (DB)

MCS-51 单片机的数据总线宽度为 8 位。

数据信号:P0 口作为 8 位数据口,P0 口在系统进行外部扩展时与低 8 位地址总线分时复用。

3) 控制总线 (CB)

主要的控制信号有 $\overline{\text{WR}}$、$\overline{\text{RD}}$、ALE、$\overline{\text{PSEN}}$、$\overline{\text{EA}}$ 等;根据不同的扩展情况使用

$\overline{WR}$、$\overline{RD}$、ALE、$\overline{PSEN}$、$\overline{EA}$ 等作为控制总线。

由于 P0 分时传送地址/数据信息,在接口电路中,通常配置地址锁存器,由 ALE 信号锁存低 8 位地址 A0～A7,以分离地址和数据信息。

当 $\overline{EA}=0$ 时,内部的 4 KB ROM 禁止不用,程序空间完全由外部程序存储器组成,外部程序存储器的地址范围为 0000H～FFFFH。

当 $\overline{EA}=1$ 时,内部 4 KB ROM 被使能,其地址范围为 0000H～FFFH,外部扩展程序存储空间的地址范围为 1000H～FFFFH。

4)系统扩展的连线原则

系统的扩展归结为三总线的连接,连接的方法很简单,连线时应遵守下列原则:

① 连接的双方数据线连数据线,地址线连地址线,控制线连控制线。要特别注意的是:程序存储器接 $\overline{PSEN}$,数据存储器接 $\overline{RD}$ 和 $\overline{WR}$。

② 控制线相同的地址线不能相同,地址线相同的控制线不能相同。

③ 片选信号有效时芯片才选中工作,当一类芯片仅一片时片选端可接地,当同类芯片多片时片选端可通过线译码、部分译码、全译码接地址线(通常是高位地址线),在单片机中多采用线选法。

5)常用芯片

74LS138:3-8 译码器。

74LS373:74LS373 是带三态缓冲输出的 8D 锁存器。74LS373 的锁存控制端 G 直接与单片机的锁存控制信号 ALE 相连,在 ALE 的下降沿锁存低 8 位地址。

ROM 芯片:(27-EEPROM)2716(2 KB×8)、2732(4 KB×8)、2764(8 KB×8)、27128(16 KB×8)、27256(32 KB×8)、27512(64 KB×8)、(28-EEPROM):2816(2 KB×8)、2864(8 KB×8)。

RAM 芯片:6116(2 KB×8 位)、6264(8 KB×8 位)、62256(32 KB×8 位)。

10.4.2　扩展存储器编址技术

地址译码的两种常用方法:

(1)线选法

用地址线直接作为存储器芯片的片选信号的片选译码方法,称为线选法。该方法的优点是连线简单;缺点是地址资源浪费严重,地址映像不唯一,当系统的地址资源比较紧张时不宜采用。单片程序存储器扩展电路如图 10.4.1 所示。

片选择信号的产生:线选法。

映射地址:8000H～87FFH。

(2)译码法

通过对系统的高 8 位地址线译码产生系统扩展芯片片选信号的译码方法,称为译码法。译码法又可以分为部分译码和全译码。

多片存储器扩展连接图,如图 10.4.2 所示。

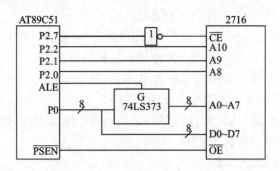

图 10.4.1　单片程序存储器扩展举例

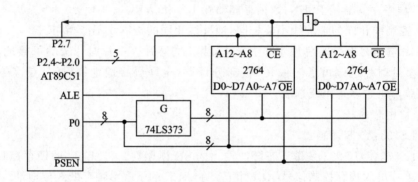

图 10.4.2　多片存储器扩展连接图

片选信号译码方法:部分译码。

地址映像:第一片:8000～9FFFH;第二片:0000H～1FFFH。

(3) 存储器的综合扩展

在同一个系统中同时扩展程序存储器和数据存储器,如图 10.4.3 所示。

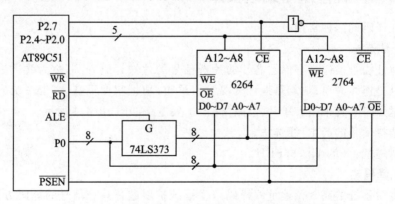

图 10.4.3　同时扩展程序存储器和数据存储器原理图

控制信号的连接：$\overline{WR} \rightarrow \overline{WE}$，$\overline{RD} \rightarrow \overline{OE}$，$\overline{PSEN} \rightarrow \overline{OE}$。

地址映像：6264：0000H～1FFFH；2764：8000H～9FFFH。

10.5　RAM62256 扩展应用实例

1．设计要求

将 20 个数字分别存入 RAM62256 中，然后从 RAM62256 中读出刚才存入的数字，并将其全部相加求和，在单片机的数码管上显示所求得的和。

2．硬件设计

打开 Proteus ISIS，在编辑窗口中单击元件列表中的 P 按钮$\boxed{P|L\ \ \ \text{DEVICES}}$，添加如表 10.5.1 所列的元件。然后，按图 10.5.1 连线绘制完电路图。选择 Proteus ISIS 编辑窗口中的 File→Save Design 菜单项，保存电路图。在 Proteus 仿真电路图中单片机的晶振和复位电路可不画出。

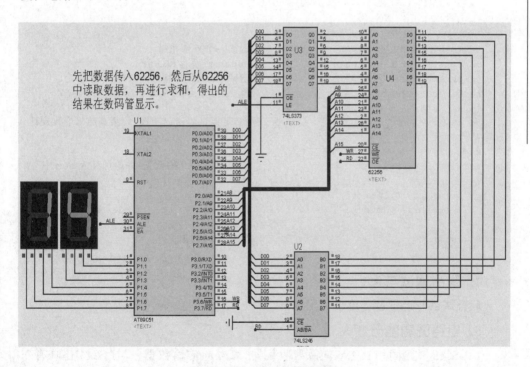

图 10.5.1　RAM 扩展原理图

表 10.5.1　元件清单

元件名称	所属类	所属子类
7SEG – BCD – GRN	Optoelectronics	7 – Segment Displays
74LS373	TTL 74Ls series	Flip – Flops & Latches
62256	Memory ICs	Static RAM
AT89C51	Microprocessor ICs	8051 Family
74LS245	TTL 74LS series	Transceivers

3. 软件设计

源程序清单：

```
/****************** 必要的变量定义 ****************** /
# include< reg51.h>
# include< absacc.h>
# define ramaddress XBYTE[0x0000]    //ramaddress 的地址为片外地址 0000H
unsigned char sum;                    //sum 存储和的值
/****************** 主程序****************** /
main()
{
unsigned char xdata  * pt;           //定义一个外部指针
unsigned char i, sumtemp;            //suntemp 暂存和的值
pt= &ramaddress;                     //指针 pt 取片外地址 0000H 为首地址
for(i= 0;i< 20;i++ )                 //将 20 个 1 存入 RAM 中,和为 20D= 14H
{
    * (pt+ i)= 1;                    //"1"可以试着自己更改,观察其结果变化规律
}
sum= 0;
for(i= 0;i< 20;i++ )                 //取出存入 RAM 的数据,并叠加存入 sum 中
{
    sumtemp= * (pt+ i);
    sum= sum+ sumtemp;
}
P1= sum;                             //显示 sum 的值
}
```

4. 联合调试与运行

联合调试与运行过程可参见附录。

5. 电路图功能分析

74LS245:8 路同相三态双向总线收发器,可双向传输数据。74LS245 还具有双向三态功能,既可以输出数据,也可以输入数据。

RAM62256:A0～A14 为地址线;D0～D7 为数据线;$\overline{CE}$ 为片选信号输入端,低电平有效;$\overline{OE}$ 为读选通信号端,低电平有效;$\overline{WE}$ 为写选通信号端,低电平有效。

单片机的 ALE:访问外部存储器时,输出脉冲的下降沿用于锁存 16 位地址的低 8 位,常和 74LS373 的 LE 端连接,作为锁存地址。

当单片机发出"写"命令时，74LS373 将低 8 位地址锁存，数据从 74LS245 输入
62256；当单片机发"读"命令时，数据从 62256 经 74LS245 被读入单片机中，详细过
程请参考本例的"程序分析"。

6. 程序分析

在 Keil C 中按指针读取的数据位置不同，指针指向的地址可分为两种：片外地
址和片内地址。AT89C51 读/写外部存储器的命令需用指针变量（在这为 * pt），但是
指针指向的地址必须定义为片外地址类型（XBYTE[ ]）；如果没定义为片外地址类
型，则指针指向的地址默认为单片机的片内地址。

AT89C51 在发出读/写外部存储器命令的过程中，$\overline{WR}$、$\overline{RD}$ 以及 ALE 端口的电
平都会发生相应的改变，并且配合外部锁存器（74LS373、74LS245）一起工作，才能对
外部存储器进行读/写操作。而在 AT89C51 发出读/写片内存储器命令的过程中，
单片机的 $\overline{WR}$、$\overline{RD}$ 以及 ALE 端口是不会有相应的电平变化，这也是指针读取片外、
片内数据的不同之处。各种地址类型可以浏览头文件 absacc. h。

浏览 absacc. h 文件的方法：

① 在 Keil C 窗口中将鼠标光标停在 #include<absacc. h>处。

② 右击，在弹出的对话框中选中 Open document<absacc. h>，则弹出一个文
件，这个文件便是 absacc. h。

本例的读/写过程如下。

① 写数据：

命令"pt=&ramaddress;"使 pt 取片外地址（XBYTE[0000H]）。

命令" * (pt+i)=1;"将数据"1"送到外部存储器地址为 pt+i 的寄存器中，该命
令为写命令。

首先，在单片机 P0 口和 P2 口输出地址，这时 ALE 口有个从低到高然后又从高
到低的电平跳变，将 P0 口输出的地址锁存在 74LS373 的 Q0～Q7 端（ALE 和
74LS373 的 LE 连接）。

然后，AT89C51 的 $\overline{WR}$ 口输出个低电平，使 62256 的 $\overline{WE}$ 端有效，即写命令有
效，这时 AT89C51 才将要写入外部存储器的数据从 P0 口输出给外部存储器 62256。

② 读命令 sumtemp= * (pt+i)的过程和写命令的过程大致一样，在这就不再分析了。

10.6　小　结

本章的重点内容是可编程芯片 8255A 的扩展和 Keil C 中读取外部数据的方法。
熟练应用 8255A 可以解决单片机 I/O 口不够用的问题，在以后的单片机电路设计中
会带来很大方便。在 Keil C 中读取外部数据的方法也十分重要，笔者读过很多单片
机相关的书籍，但真正介绍到在 Keil C 中怎么用指针读取外部数据的书却是少之又少，
大部分只介绍怎么用指针读取片内数据的方法。单片机初学者可能感受不到用指针读

取外部数据的方便,但当学习上了一个层次之后,你就会慢慢发现它的实用性。

习 题

10.1 单片机为什么要进行系统扩展?

10.2 8255A 有几种工作方式?它们分别是什么?

10.3 8255A 有几种类型的方式控制字?它们的特征为是什么?

10.4 8255A 的方式控制字和 C 口按位置位/复位控制字都可以写入 8255A 的同一控制寄存器,8255A 是如何区分这两个控制字的?

10.5 编写程序,采用 8255A 的 C 口按位置位/复位控制字,将 PC7 置 0、PC4 置 1(已知 8255A 各个端口的地址为 7FFCH~7FFFH)。

10.6 MCS-51 单片机系统总线有哪些?它们分别作什么用?

10.7 控制总线中的 $\overline{EA}$、ALE、$\overline{WR}$、$\overline{RD}$ 和 $\overline{PSEN}$ 有何功能,在系统扩展中它们是怎么工作的?

10.8 $\overline{EA}$ 等于 0 和等于 1 时,单片机的片内片外程序存储器地址分别是什么?

10.9 系统总线的扩展原则是什么?

10.10 简述地址译码的两种方法。

10.11 以 AT89C51 为核心的单片机应用系统扩展存储器至 16 KB,如图 1 所示,写出各器件的地址。

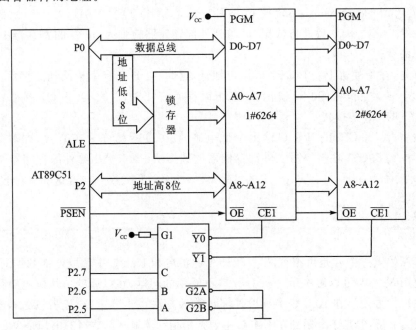

图 1 6264 程序存储器扩展原理图

实战训练

按图 2 所示的电路图连接电路,并自己动手连接复位和晶振电路。按要求编写程序,将程序下载到 Proteus 的单片机中,观察显示结果。

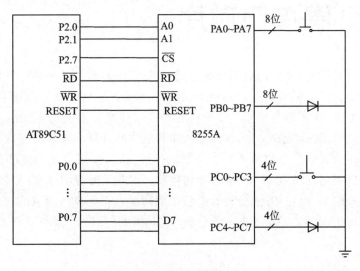

图 2 实战训练原理图

要求:

① 编辑程序,使 PA 口的 8 位按键控制 PB 口的 8 位发光二极管的亮灭,即当 PA 口有按键按下时,PB 口对应位的发光二极管点亮。

② 编程程序,使 PC0～PC3 口的 4 位按键控制 PC4～PC7 口的 4 位发光二极管的亮灭,即当 PC0～PC3 有按键按下,PC4～PC7 对应位的发光二极管点亮。

第 **11** 章

常用外围接口芯片

对于单片机而言,单片机只能对数字信号进行处理,处理的结果还是数字量。而用于生产过程自动控制时要处理的变量往往是连续变化的物理量,如温度、压力、速度等都是模拟量,这些非电信号的模拟量先要经过传感器变成电压或电流等电信号的模拟量,然后再转换为数字量,才能送入单片机进行处理。单片机处理后得到的数字量必须再转换成电的模拟量才能去控制执行设备,以实现自动控制的目的。要完成上述功能就要用到 A/D 和 D/A 两种转换器。本章主要介绍 A/D 和 D/A 转换器的工作原理及应用,通过描述、分析和举例说明两款具有代表性的 A/D、D/A 转换芯片 ADC0809、DAC0832,从而进一步分析 A/D 和 D/A 转换器的工作原理和操作步骤。

11.1　D/A 转换

11.1.1　D/A 转换器简介

一种将二进制数字量形式的离散信号转换成以标准量(或参考量)为基准的模拟量的转换器,简称 DAC 或 D/A 转换器。最常见的数/模转换器是将并行二进制的数字量转换为直流电压或直流电流,常用作过程控制计算机系统的输出通道,与执行器相连,实现对生产过程的自动控制。在全国大学生电子设计竞赛中,使用 D/A 转换器的题目几乎每一届中都有,一般是用作波形发生器(如 2001 年的 A 题——波形发生器)。

11.1.2　D/A 转换器的基本原理

D/A 转换器按照其转换原理来分大体可以分为两种转换方式:并行 D/A 转换和串行 D/A 转换,本章以并行 D/A 为例讲解。并行 D/A 转换器原理如图 11.1.1 所示。

在图 11.1.1 中虚线内的电阻称为"权电阻"。所谓"权"是指二进制的每一位代表的数值,以图 11.1.1 为例,当 $R = 1$ kΩ 时,由右至左的电阻依次为 1 kΩ、2 kΩ、4 kΩ、8 kΩ。电阻值越大,在"权电阻"上电流的"权电流"越小,经过运算放大器后得到的 V_o 电压值越小。4 个数码开关的不同组合,将在 V_o 产生 16 个不同的电压值,

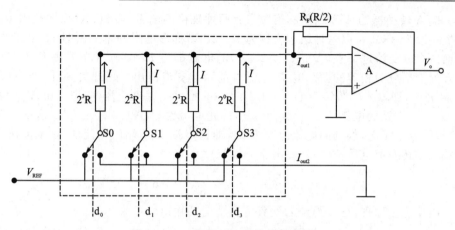

图 11.1.1 并行 D/A 转换器原理图

"权电阻"的数量越多，V_o 端输出的电压值越多，并且电压之间的差值越小。这就是 D/A 转换器的基本原理。

11.1.3 D/A 转换器的分类

按解码网络结构的不同 D/A，可分为 T 型电阻网络 D/A 转换器、倒 T 型电阻网络 D/A 转换器、权电阻网络 D/A 转换器、权电流 D/A 转换器、权电容型 D/A 转换器、开关树型 D/A 转换器等，速度比较快的是 ECL 电流开关型 D/A 转换器。

11.1.4 T 型电阻网络 D/A 转换器

T 型电阻网络 D/A 转换器的原理图如图 11.1.2 所示。

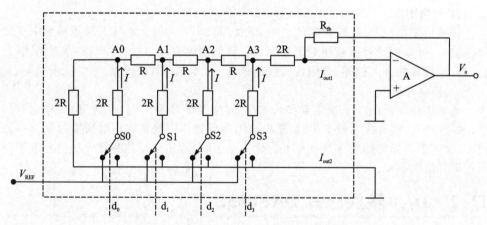

图 11.1.2 T 型电阻网络 D/A 转换器原理图

图 11.1.2 中的虚线框内为 D/A 转换器的内部结构，由于是电流输出型，而通常情况下要的是电压值，所以在 D/A 转换器的输出端连接一个运算放大器，将电流转换成电压信号。

　　D/A 转换器的 T 型电阻网络中只有两种规格的电阻:R 和 2R(反馈电阻 R_{fb} 的取值一般为 3R),所以这种结构又称为 R - 2R 型梯形电阻网络。由图 11.1.2 可知,任何一个分支流进节点(A_0、A_1、A_2、A_3)的电流都为 $I = V_{REF}/(3R)$,并且 I 在每个节点处被平分为相等的两个电流,经另外的两个支流流出。当开关 S_0 闭合,S_1、S_2、S_3 断开时,即输入的数字量 $D = d_3 d_2 d_1 d_0 = 0001B$ 时,基准电压(参考电压)V_{REF} 经开关 S_0 流入支路的电流为 $I = V_{REF}/(3R)$。此电流经过 A_0、A_1、A_2、A_3 这 4 个节点后,被平分了 4 次,得到的电流值为 $I/16$,即输出端 I_{out1} 端的电流值;该电流流入运算放大器转换成电压信号,则此电压信号 V_o 为:

$$V_o = -\frac{I}{16} \times 3R = -\frac{1}{16} \times \frac{V_{REF}}{3R} \times 3R = -\frac{1}{2^4} V_{REF}$$

　　根据叠加原理,可以得到 D 为任意数值时的输出电压为:

$$V_o = -\frac{V_{REF}}{2^4}(2^3 \times d_3 + 2^2 \times d_2 + 2^1 \times d_1 + 2^0 \times d_0) = -\frac{V_{REF}}{2^4} \times D$$

　　当 V_{REF} 为正时,D/A 转换器经过运算放大器后的输出电压值 V_o 为负;反之,V_o 为正。如果将 V_{REF} 与 I_{out1} 的位置互换,同时将反馈电阻 R_{fb} 连接到 I_{out2} 上,即得到倒 T 型电阻网络 D/A 转换器,其转换原理与 T 型电阻网络 D/A 转换器相同,这里不再赘述。

11.1.5　D/A 转换器的重要指标

　　1) 分辨率

　　分辨率是指 D/A 转换器的输入单位数字量变化引起的模拟量输出的变化,是对输入量变化灵敏度的描述。n 位的 D/A 转换器的分辨率可表示为 $\frac{1}{2^n - 1}$。

　　2) 转换精度

　　转换精度指在 D/A 转换器的整个工作区间,实际的输出电压与理想输出电压之间的偏差,可以用绝对值或相对值来表示。转换精度有时以综合误差的方式描述;有时以分项误差的方式描述;分项误差包括比例系数误差、漂移误差、非线性误差等。

　　3) 转换时间

　　通常用建立时间 T_{set} 来定量描述 D/A 转换器的转换时间(即速度)。建立时间 T_{set} 的定义为:输入数字量变化时,输出电压变化到相应稳定电压值所需时间。一般用 D/A 转换器输入的数字量从全 0 变化为全 1 时,输出电压达到规定的误差范围时所需要的时间表示。

11.2　D/A 转换芯片 DAC0832

11.2.1　DAC0832 的结构原理

(1) DAC0832 的特性

　　美国国家半导体公司的 DAC0832 芯片具有两级输入数据寄存器的 8 位单片

D/A 转换器,能直接与 AT89C51 单片机相连接,主要特性如下:

DAC0832 采用二次缓冲方式,可以在输出的同时采集下一个数据,从而提高转换速度:

> 能够在多个转换器同时工作时,实现多通道 D/A 的同步转换输出。

> 分辨率为 8 位。

> 电流输出,稳定时间为 1 μs。

> 可双缓冲、单缓冲或直接数字输入。

> 只需在满量程下调整其线性度。

> 单一电源供电(+5~+15 V)。

> 低功耗,20 mW。

> 逻辑电平输入与 TTL 兼容。

（2）DAC0832 的引脚及逻辑结构

DAC0832 的引脚如图 11.2.1 所示;逻辑结构如图 11.2.2 所示,由 8 位锁存器、8 位 DAC 寄存器和 8 位 D/A 转换器构成。

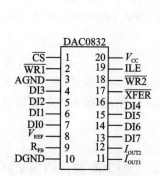

图 11.2.1　DAC0832 芯片的引脚

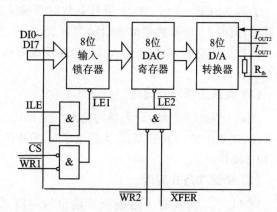

图 11.2.2　DAC0832 的逻辑结构框图

DAC0832 各引脚的功能说明如下:

DI0~DI7:转换数据输入线;

ILE:数据允许锁存信号,高电平有效;

$\overline{CS}$:输入寄存器选择信号,低电平有效;

$\overline{WR1}$:输入寄存器写选通信号,低电平有效。

输入寄存器的锁存信号 $\overline{LE1}$ 由 ILE、$\overline{CS}$、$\overline{WR1}$ 的逻辑组合产生。当 ILE 为高电平,$\overline{CS}$ 为低电平,$\overline{WR1}$ 输入负脉冲时,$\overline{LE1}$ 产生正脉冲。$\overline{LE1}$ 为高电平时,输入锁存器的状态随数据输入线的状态变化;$\overline{LE1}$ 的负跳变将输入数据线上的信息存入输入锁存器。

$\overline{XFER}$:数据传送信号,低电平有效。

$\overline{WR2}$:DAC 寄存器的写选通信号。

DAC 寄存器的锁存信号 $\overline{LE2}$ 由 $\overline{XFER}$、$\overline{WR2}$ 的逻辑组合产生。当 $\overline{XFER}$ 为低电平，$\overline{WR2}$ 输入负脉冲时，则在 $\overline{LE2}$ 产生正脉冲；$\overline{LE2}$ 为高电平时，DAC 寄存器的输出和输入锁存器的状态一致，$\overline{LE2}$ 的负跳变将输入寄存器的内容存入 DAC 寄存器。

V_{REF}：基准电源输入引脚。

R_{fb}：反馈信号输入引脚，反馈电阻在芯片内部。

I_{out1}、I_{out2}：电流输出引脚。电流 I_{out1} 和 I_{out2} 的和为常数，I_{out1}、I_{out2} 随 DAC 寄存器的内容线性变化。

V_{CC}：电源输入引脚；AGND：模拟信号地；DGND：数字信号地。

DAC0832 是电流输出型，而在单片机应用系统中通常需要电压信号，电流信号到电压信号的转换由运算放大器实现。

11.2.2　D/A 转换器与单片机接口

由图 11.2.2 中 DAC0832 的逻辑框图中可以总结出 DAC0832 控制信号的逻辑关系：
① 当 $\overline{CS}=0$，ILE$=1$ 时，$\overline{WR1}$ 信号有效时将数据总线上的信号写入 8 位输入锁存器；
② 当 $\overline{XFER}=0$ 时，$\overline{WR2}$ 信号有效时将输入寄存器的数据转移到 8 位 DAC 寄存器中，此时 D/A 转换器的输出随之改变。

根据上述功能，可以将 DAC0832 连接成直通工作方式、单缓冲工作方式和双缓冲工作方式。

(1) 直通工作方式应用

当某一根地线或地址译码器的输出线使 DAC0832 的 $\overline{CS}$ 脚有效(低电平)，ILE 脚高电平，同时 $\overline{WR1}$、$\overline{XFER}$ 和 $\overline{WR2}$ 为低电平时，单片机数据线上的数据字节直通 D/A 转换器，被转换并输出。

(2) 单缓冲方式应用

图 11.2.3 为具有一路模拟量输出的应用系统。图中 ILE 脚接高电平，$\overline{CS}$ 和 $\overline{XFER}$ 脚连在一起都接到地址线 P2.7 脚，输入寄存器和 DAC 寄存器地址都是 7FFFH；$\overline{WR1}$ 和 $\overline{WR2}$ 连到一起且和单片机的写信号 $\overline{WR}$ 相连。单片机对 DAC0832 执行一次写操作，则把一个字节数据直接写入 DAC 寄存器中，DAC0832 输出的模拟量随之变化。

(3) 双缓冲方式应用

多路 D/A 转换接口要求同步进行 D/A 转换输出时，则必须采用双缓冲方式。DAC0832 数字量输入锁存和 D/A 转换输出是分两步完成的，即 CPU 的数据总线分时输出数字量并锁存在各 D/A 转换器的输入寄存器中；然后 CPU 对所有 D/A 转换器发出控制信号，使各输入寄存器中的数据打入相应的 DAC 寄存器，实现同步转换输出。

在图 11.2.4 中每一路模拟量输出需一片 DAC0832。DAC0832(1)输入锁存器地址为 0DFFFH，DAC0832(2)输入锁存器的地址为 0BFFFH，DAC0832(1) 和 DAC0832(2)的第二级寄存器地址同为 7FFFH。

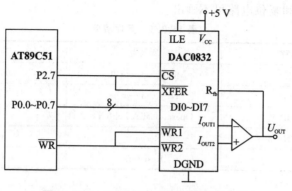

图 11.2.3　DAC0832 单缓冲器方式应用

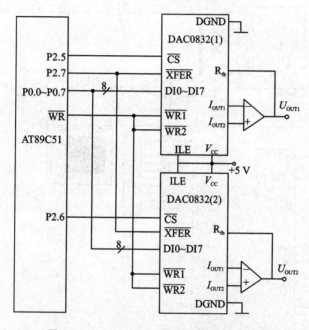

图 11.2.4　DAC0832 双缓冲方式接口电路

11.3　基于 DAC0832 的三角波发生器

1. 设计要求

用 DAC0832 芯片,制作一个信号发生器,输出一个三角波信号。

2. 硬件设计

打开 Proteus ISIS,在编辑窗口中单击元件列表中的 P 按钮 P L　DEVICES ,添加如表 11.3.1 所列的元件。然后,按图 11.3.1 连线绘制完电路图。选择 Proteus ISIS 编辑窗口中的 File→Save Design 菜单项,保存电路图。在 Proteus 仿真电路图中单片机的晶振和复位电路可不画出。

表 11.3.1　元件清单

元件名称	所属类	所属子类
AT89C51	Microprocessor ICs	8051 Family
DAC0832	Data Converters	D/A Converters
OPAMP	Operational Amplifiers	Ideal
RESPACK – 8	Resistor	Resistor Packs
RES	Resistors	Generic

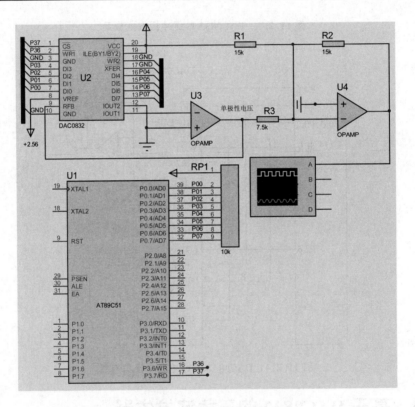

图 11.3.1　DAC0832 连接电路图

3. 软件设计

源程序清单：

```
/******************** 必要的变量定义 ******************** /
# include< reg51.h>
# define uchar unsigned char
# define uint unsigned int
sbit cs= P3^7;                    //片选控制端
sbit wr= P3^6;                    //输入寄存器写选通信号
```

```
/******************* 延时子程序*************** /
void delay(uint m)
{
    while(m-- );
}
/******************* 主程序*************** /
void main()
{
  uchar k= 0;                      //定义一个输出的值
  cs= 0;
  wr= 0;
  while(1)                         //主循环
  {
      while(1)                     //将 k 值从 0～255 通过 P0 口输出到 DAC0832
      {
       P0= k++ ;
       delay(100);
       if(k== 0xff)    break;
      }
      while(1)                     //将 k 值从 255～0通过 P0 口输出到 DAC0832
      {
       P0= k-- ;
       delay(100);
       if(k== 0)    break;
      }
  }
}
```

4. 联合调试与运行

联合调试与运行过程可参见附录。运行结果如图 11.3.2 所示。

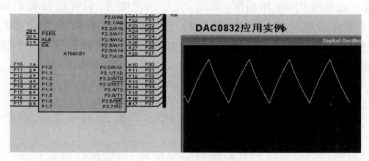

图 11.3.2　运行结果

5. 电路图功能分析

电路图的原理图如图 11.3.3 所示,参考电压 $V_{REF} = +2.5$ V。

　在程序的入口处,一开始就将 DAC0832 的 $\overline{CS}$ 和 $\overline{WR1}$ 端的电平置低,做好开始写数据的准备。这时只要 P0 口有数据输出,DAC0832 便会将其转换成模拟信号。

　程序中:

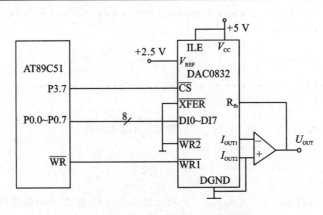

图 11.3.3　三角波发生器原理图

```
while(1)                          //将 k 值从 0～255 通过 P0 口输出到 DAC0832
 {
  P0= k++ ;
  delay(100);                     //提供 DAC0832 进行数/模转换的时间
  if(k== 0xff)  break;            //P0 为 8 位的寄存器,所以其最大值为 255
 }
```

11.4　A/D 转换

1. A/D 转换器介绍

单片机本身处理的是数字量,然而在单片机的测控系统中,常检测到的是连续变化的模拟量。这些模拟量(如温度、压力、流量和速度等)只有转换成离散的数字量后,才能输入到单片机中进行处理,然后再将处理结果的数字量经反变换变成模拟量,实现对被控对象(过程、仪表、机电设备、装置)的控制,这时就需要解决单片机与A/D 转换器的接口问题。

2. A/D 转换器的基本原理

目前,A/D、D/A 都已经集成化,具有体积小、功能强、可靠性高、误差小、功耗低等特点,并且与单片机连接简单方便。

A/D 转换器用以实现模拟量向数字量的转换,按转换原理可分为计数型、双积分型、逐次逼近型以及并行型 A/D 转换器。逐次逼近型 A/D 转换器是一种转换速度较快,精度较高,价格适中的转换器;其转换时间大约在几微秒到几百微秒之间。

8 位逐次逼近型 A/D 转换器的逻辑电路原理图如图 11.4.1 所示,这是一个输出为 8 位二进制数的逐次逼近型 A/D 转换器。图中,C 为电压比较器;当 $V_1 \geqslant V_o$ 时,比较器的输出为 1;N 位寄存器的对应位保持 1。相反,如果 $V_1 \leqslant V_o$ 则比较器输出 0,N 位寄存器对应位清 0。随后,START 控制逻辑移至下一位,并将该位设置为高电平,进行下一次比较。这个过程从最高有效位(MSB)一直持续到最低有效位

（LSB）。上述操作结束后，也就完成了转换，N 位转换结果储存在寄存器内。

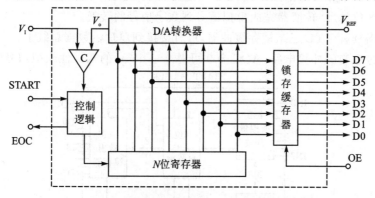

图 11.4.1　逐次逼近型 ADC 的转换原理

逐次逼近型 A/D 转换器完成一次转换所需的时间与其位数、时钟脉冲频率 START 有关，位数越少且时钟频率越高，则转换的时间越短。

集成逐次比较型 A/D 转换器有 ADC0804/0808/0809 系列（8 位）、AD575（10 位）、AD574A（12 位）等。

3. A/D 转换器的主要技术指标

（1）分辨率

分辨率是指 A/D 转换器能够分辨的输入模拟电压的最小变化量，反映了 A/D 转换器对输入模拟信号的最小变化的分辨能力。由下式计算：

$$\Delta = \frac{满量程输入电压}{2^n - 1}$$

其中，n 为 A/D 转换器的位数。

（2）量化误差

量化误差是指由 A/D 转换器有限的分辨率而引起的误差。量化误差有两种表示方法：一种是绝对量化误差，另一种是相对量化误差。

$$绝对量化误差：\varepsilon = \frac{\Delta}{2} \qquad 相对量化误差：\varepsilon = \frac{1}{2^{n+1}}$$

11.5　A/D 转换芯片 ADC0809

11.5.1　ADC0809 的结构原理

ADC0809 是美国国家半导体公司生产的 8 位 A/D 转换器，采用逐次逼近的方法完成 A/D 转换功能。ADC0809 的内部结构框图如图 11.5.1 所示，特点如下：

➢ 由单一＋5 V 电源供电，片内带有锁存功能的 8 路模拟多路开关，可对 8 路

0～5 V 的输入模拟电压信号分时进行转换,完成一次转换约需 100 μs。

➤ 由 8 位 A/D 转换器完成模拟信号到数字信号的转换。

➤ 输出具有 TTL 三态锁存缓冲器,可直接接到单片机数据总线上。

➤ 通过适当的外接电路,ADC0809 可对 0～±5 V 的双极性模拟信号进行转换。

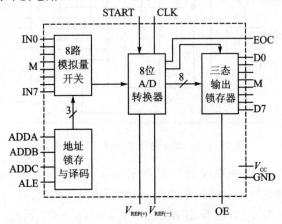

图 11.5.1　ADC0809 原理图

ADC0809 的工作过程为:首先输入 3 位地址,并使 ALE=1,将地址存入地址锁存器中。此地址经译码选通 8 路模拟输入(IN0～IN7)之一到比较器。START 上升沿将逐次逼近寄存器复位,下降沿启动 A/D 转换,之后 EOC 输出信号变低电平,表示转换正在进行。直到 A/D 转换完成,EOC 变为高电平,表示 A/D 转换结束,结果数据已存入锁存器,这个信号可用作中断申请。当 OE 输入高电平时,输出三态门打开,转换结果的数字量输出到数据总线上。

11.5.2　ADC0809 的引脚及功能

ADC0809 是 28 脚双列直插式封装,引脚图如图 11.5.2 所示。

各引脚功能说明如下:

2^{-1}～2^{-8}:8 位数字量输出引脚。2^{-1} 为最高有效位,2^{-8} 为最低有效位。

IN0～IN7:8 路模拟量输入引脚。

$V_{REF(+)}$:参考电压正端。

$V_{REF(-)}$:参考电压负端。

START:A/D 转换启动信号输入端。在此端口应该加一个完整的正脉冲信号,脉冲的上升沿将复位 A/D 转换器中的逐次逼近寄存器,脉冲的下降沿将启动 A/D 开始转换。

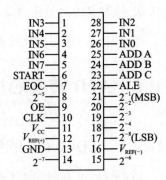

图 11.5.2　ADC0809 引脚图

ALE:地址锁存允许信号接入端。ALE 高电平允许改变 CBA 的值,低电平不允

许改变 CBA 的值，防止在进行 A/D 转换的过程中切换通道。

EOC：转换结束信号输出引脚。开始转换时为低电平，转换结束后为高电平。

OE：输出允许控制端，用以打开三态数据输出锁存器。当 OE＝1 时，D0～D7 引脚上为转换后的数据；当 OE＝0 时，D0～D7 为对外呈现高阻状态。

CLK：时钟信号输入端。

A、B、C：地址输入线。经译码后可选通 IN0～IN7，8 个通道中的一个通道进行转换。A、B、C 的输入与被选通的通道的关系如表 11.5.1 所列。

表 11.5.1　ADC0809 的输入与被选通的通道的关系

被选通的通道	C B A	被选通的通道	C B A
IN0	0 0 0	IN4	1 0 0
IN1	0 0 1	IN5	1 0 1
IN2	0 1 0	IN6	1 1 0
IN3	0 1 1	IN7	1 1 1

11.5.3　ADC0809 与 AT89C51 接口

(1) 查询方式

由于 ADC0809 片内无时钟，可利用 AT89C51 提供的地址锁存允许信号 ALE 经 D 触发器二分频获得。ALE 脚的频率是 AT89C51 时钟频率的 1/6，但要注意的是，每当访问外部数据存储器时，将丢失一个 ALE 脉冲。如果单片机的时钟频率采用 6 MHz，则 ALE 脚的输出频率为 1 MHz，再分频后为 500 kHz，恰好符合 ADC0809 对时钟频率的要求。

图 11.5.3 为 ADC0809 与 AT89C51 单片机的接口电路。由于 ADC0809 具有输出三态锁存器，数据输出引脚 D7～D0 可直接与数据总线相连，地址译码引脚 A、B、C 分别与地址总线 A0、A1、A2（即 P0.0～P0.2）相连，以选通 IN0～IN7 中的一个通道。将 P2.7 作为片选信号，在启动 A/D 转换时，由单片机的写信号 $\overline{WR}$ 和 P2.7 控制 ADC 的地址锁存和转换启动。由于 ADC0809 的 ALE 和 START 连在一起，因此 ADC0809 在锁存通道地址的同时，启动并进行转换。在读取转换结果时，用低电平的读信号 $\overline{RD}$ 和 P2.7 脚经"或非"门后，产生的正脉冲作为 OE 信号，用以打开三态输出锁存器。由图 11.5.3 可知，ADC0809 的 ALE、START、OE 信号的逻辑关系为

$$ALE = START = \overline{\overline{WR} + P2.7} \qquad OE = \overline{\overline{RD} + P2.7}$$

可见，P2.7 应设置为低电平。

由上述分析可知，在软件编写时，应令 P2.7＝0，A0、A1、A2 给出被选择模拟通道的地址。执行一条输出指令，可启动 A/D 转换；执行一条输入指令，可读取转换结果。

转换结束信号 EOC 连接到 AT89C51 的 P3.3 引脚，通过查询 P3.3 的状态判断

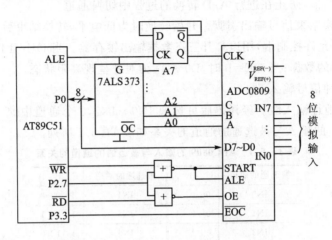

图 11.5.3　ADC0809 与 AT89C51 的接口

A/D 转换是否结束。

(2) 中断方式

ADC0809 与 AT89C51 的中断方式接口电路只需要将图 11.5.3 中 ADC0809 的 EOC 脚经过一个"非门"再接到 AT89C51 的 INT1 脚即可。采用中断方式可大大节省 CPU 的时间。当转换结束时,EOC 发出一个正脉冲,经"非门"后向单片机提出中断申请,单片机响应中断请求,由外部中断 1 的中断服务程序读 A/D 转换结果,并启动 ADC0809 的下一次转换。外中断 1 采用边沿触发方式。

ADC0809 是采样频率为 8 位的、以逐次逼近原理进行模/数转换的器件,内部有一个 8 通道多路开关;它可以根据地址码锁存译码后的信号,只选通 8 路模拟输入信号中的一个进行 A/D 转换。

11.6　数字电压表实例

1. 设计要求

本例用 ADC0808 代替了 ADC0809,ADC08080 和 ADC0809 的使用接法相同,只是 ADC0809 的转换误差为 ±1 位,ADC0808 的误差为 ±5 位而已。掌握了 ADC0808 的使用方法后,自然也懂得怎么使用 ADC0809。

要求:设计一个电压表;作用:检测外部模拟电压,并用数字量将其电压值表示出来。

2. 硬件设计

打开 Proteus ISIS,在编辑窗口中单击元件列表中的 P 按钮 `P L DEVICES` ,添加如表 11.6.1 所列的元件。然后,按图 11.6.1 连线绘制完电路图。

表 11.6.1　元件清单

元件名称	所属类	所属子类
7SEG – MPX8 – CC – BLUE	Optoelectronics	7 – Segment Displays
ADC0808	Data Converters	A/D Converters
AT89C51	Microprocessor ICs	8051 Family
RESPACK – 8	Resistors	Resistors Packs
POT – LIN	Resistors	Variable

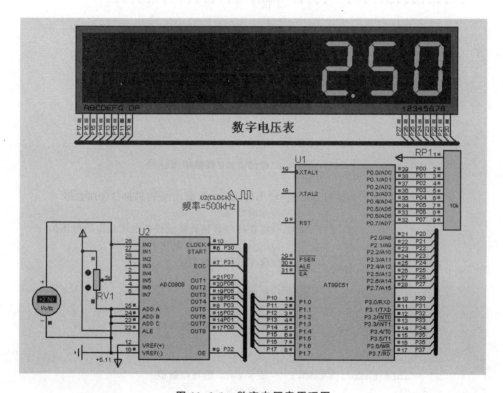

图 11.6.1　数字电压表原理图

3. 软件设计

源程序清单：

```
/****************** 必要的变量定义 ****************** /
# include< reg51.h>
# define uint unsigned int
# define uchar unsigned char
uchar code table[]
= {0xfc, 0x60, 0xda, 0xf2, 0x66, 0xb6, 0xbe, 0xe0, 0xfe, 0xf6, 0xee, 0x3e, 0x9c,
0x7a,0x9e,0x8e};
//7 段共阴数码管编码表
```

```
sbit START= P3^0;                        // A/D转换启动信号输入端
sbit EOC= P3^1;//转换结束信号输出引脚。开始转换时为低电平,转换结束时为高电平
sbit OE= P3^2;                           //输出允许控制端,用以打开三态数据输出锁存器
sbit dot= P1^0;                          //数码管的小数点控制位
/* * * * * * * * * * * * * * * * * * * 延时子程序 * * * * * * * * * * * * * * * * * /
void delay(uint m)
{
    while(m-- );
}
/* * * * * * * * * * * * * * * * * * * 主程序 * * * * * * * * * * * * * * * * * /
void main()
  {
  uint temp;
  START= 0;
  OE= 0;
  START= 1;                              //启动 A/D 转换
  START= 0;
  while(1)
  {
     if(EOC== 1)                         //查询 0808 转换结束信号
    {
    OE= 1;          //这时 D0~D7 输出转换后的数据,CPU 可以进行读取数据
    temp= P0;                            //读取数据
    temp= temp* 1.0/255* 500;  //将获得的数值转换成模拟电压对应的电压值
    OE= 0;                               //D0~D7 引脚呈高阻状态
    P2= 0xfe;                            //选中数码管的个位
    P1= table[temp% 10];                 //显示 temp 的个位数值
    delay(500);                          //延时显示数码管
    P2= 0xfd;
    P1= table[temp/10% 10];   //显示 temp 的十位数值
    delay(500);
    P2= 0xfb;
    P1= table[temp/100% 10];  //显示 temp 的百位数值
     dot= 1;                             //小数点显示
    delay(500);
    START= 1;                            //启动下一次 A/D 转换
     START= 0;
    }
  }
  }
```

4. 联合调试与运行

联合调试与运行过程可参见附录。

5. 电路图功能分析

ADC0808 与 AT89C51 连接电路原理图如图 11.6.2 所示。可知本例用到的是查

询方式,ADC0808 的频率由一个外部脉冲源提供(500 kHz),模拟输入通道选择 IN0,参考电压为+5 V,输入电压为 V_I。

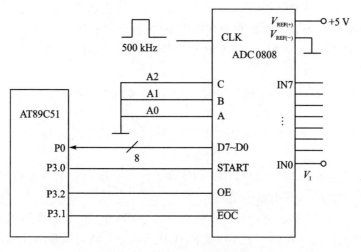

图 11.6.2　数字电压表原理图

6. 程序分析

OE=0:禁止 0808 的数据输出,为 A/D 转换准备。

START=0;START=1;START=0:　产生一个脉冲信号,启动 A/D 转换。

if(EOC==1):检测 ADC0808 是否进行 A/D 转换完成,完成则执行以下程序。

OE=1;temp=P0:允许 A/D 转换数据输出,并将数据传送给 P0。

temp=temp * 1.0/255 * 500;OE=0:对输入的数字量 0~255,转换成对应的模拟电量 0~+5V。OE=1,禁止数据输出,防止在处理 P0 口数据过程中,输入 P0 口的数据发生变化。

11.7　小　结

本章主要介绍的是并行 A/D、D/A 转换器的工作原理及操作方法、步骤,然而在一些比较复杂的电路设计中,为了节省单片机的 I/O 口,常选用串行 A/D、D/A 转换器。因此,笔者建议读者掌握本章的并行 A/D、D/A 转换器的使用方法后再学习怎么使用串行 A/D、D/A 转换器。

习　题

11.1　D/A 和 A/D 转换的含义是什么?

11.2　D/A 转换器的分类有哪几种?

11.3　简述逐次逼近式 D/A 转换器的工作原理。

11.4　D/A 转换器的主要重要指标有哪些,其含义是什么?

11.5　DAC0832 的 3 种工作方式是什么,各有什么功能?

11.6　A/D 转换器的主要重要指标有哪些,其含义是什么?

11.7　ADC0809 与 MCS－51 单片机的接口方式有哪几种,它们的优缺点是什么?

11.8　与 MCS－51 单片机接口时,ADC0809 的 CLK、EOC、ALE 和 START 引脚应该如何连接?

11.9　ADC0809 有几个模拟信号输入通道,时钟信号输入端 CLK 的输入信号频率一般为多少 Hz?

11.10　利用 DAC0832 双缓冲结构特性设计一个接口并编写相应程序,实现双路模拟信号同时输出,画出原理图。

11.11　利用 ADC0809 设计一个接口电路,每隔 5 s 对 8 路模拟通道各采样一次,并将采样结构保存在内部 RAM 的 30H 开始单元。画出原理图并编写程序。

实战训练

根据图 1 连接好电路。编写程序并加载到 Proteus 的 AT89C51 单片机中,通过按键 key0、key1 调节 DAC0832 的模拟输出量,从而控制直流电机 M 的转速。当按下 key0 时,DAC0832 的模拟输出量增大,直流电机 M 转速加快;当按下 key1 时,DAC0832 的模拟输出量减小,直流电机 M 转速减慢。

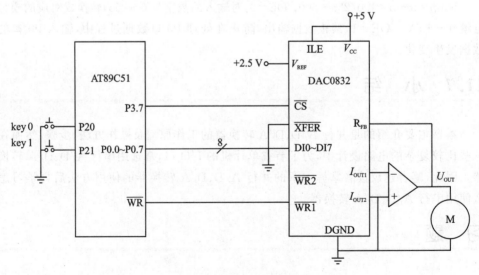

图 1　实战训练原理图

第12章

常用数据传输接口

本章主要介绍 I²C、SPI 和 1 - wire 这 3 种传输总线的传输协议及过程，为了便于大家对 3 种传输总线的理解，笔者针对每种传输总线分别介绍了 AT24C02、DS1302 和 DS18B203 款芯片的使用方法和应用过程。

12.1 I²C 总线 AT24C02 设计

1. I²C 总线概述

I²C 总线全称是 Inter - Integrated Circuit 总线，有时也写为 IIC 总线，由原 Freescale 公司推出，是广泛采用的一种新型总线标准，也是同步通信的一种通信形式，具有接口线少、占用的空间非常小、控制简单、通信速率较高等优点。所有与 I²C 兼容的器件都具有标准的接口，可以把多个 I²C 总线器件同时接到 I²C 总线上，通过地址来识别通信对象，使它们可以经由 I²C 总线直接通信。

目前有很多芯片都集成 I²C 接口，可以接到 I²C 总线上。I²C 总线由数据线 SDA 和时钟线 SCL 两条线构成串行总线，既可以发送数据，也可以接收数据。在单片机与被控集成电路之间、集成电路与集成电路之间都可以进行双向信息传输。各种集成电路均并联在总线上，但每个集成电路都有唯一的地址。在信息传输过程中，I²C 总线上并联的每个集成电路既是被控器（或主控器），又是发送器（或接收器），这取决于它所要完成的功能。单片机发出的控制信号分为地址码和数据码，地址码用来接通控制的电路；数据码包含通信的内容，这样各集成电路的控制电路虽然挂在同一总线上，却彼此独立。使用这个总线可以连接 RAM、EEPROM、LCD 等器件。

2. I²C 总线硬件结构图

I²C 总线系统的硬件结构图如图 12.1.1 所示。其中，SDA 是数据线，SCL 是时钟线。连接到总线上的器件的输出级必须是集电极或漏极开路，以形成线"与"功能，因此 SDA 和 SCL 均须接上拉电阻。总线处于空闲状态下均保持高电平，连接总线上的任一器件输出的低电平都将使总线的信号变低。

I²C 总线支持多主和主从两种工作方式。通常采用主从工作方式，因为不出现总线竞争和仲裁，所以工作方式简单，这也是没有 I²C 总线硬件接口的单片机采用软

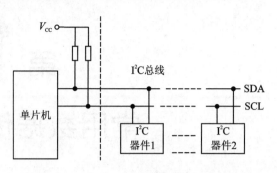

图 12.1.1　I²C 总线系统的硬件结构图

件模拟 I²C 总线常用的工作方式。在主从工作方式中,主器件启动数据的发送,产生时钟信号,发出停止信号。

3. I²C 总线通信时序

I²C 总线上进行一次数据通信的时序如图 12.1.2 所示。以信号 S 启动 I²C 总线后,先发送的数据为寻址字节 SLAR/W,其决定了数据的传送对象和方向,然后再以字节为单位收发数据。首先发送的是数据的最高位,要求传送一个字节后,对方回应一个应答位,最后发送终止信号 P,结束本次传送。

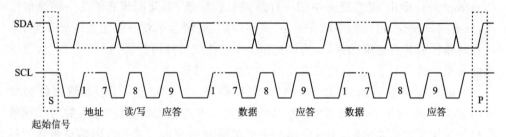

图 12.1.2　I²C 总线进行一次数据通信的时序图

在 I²C 总线上每次传送的数据字节数不限,但每一个字节必须为 8 位,而且每个传送的字节后面必须跟一个认可位(第 9 位),也叫应答位(ACK)。每次都是先传最高位,通常从器件在接收到每个字节后都会做出响应,即释放 SCL 线返回高电平,准备接收下一个数据,主器件可继续传送。如果从器件正在处理一个实时事件而不能接收数据,则可以使时钟 SCL 线保持低电平,从器件必须使 SDA 保持高电平;此时主器件产生一个结束信号,使传送异常结束,迫使主器件处于等待状态。当从器件处理完毕时将释放 SCL 线,主器件继续传送。

当主器件发送完一个字节的数据后,接着发出对应于 SCL 线上的一个时钟(ACK)认可位,在此时钟内主器件释放 SDA 线,一个字节传送结束,而从器件的响应信号将 SDA 线拉成低电平,使 SDA 在该时钟信号的高电平期间为稳定的低电平。从器件的响应信号结束后,SDA 线返回高电平,进入下一个传送周期。

其中,起始信号(S)、终止信号(P)、发送"0"或应答信号(A)、发送"1"或非应答信号($\overline{A}$)4 个基本信号的时序要求如图 12.1.3 所示。

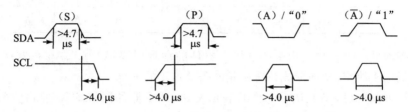

图 12.1.3　I^2C 总线的基本信号的时序

4．数据位的有效性规定

I^2C 总线在进行数据传输时,SDA 线上的数据必须在 SCL 时钟的高电平周期保持稳定;SDA 数据线的高或低电平状态只有在 SCL 线的时钟信号是低电平时才能改变,如图 12.1.4 所示。

5．发送启动信号

利用 I^2C 总线进行一次数据传输时,首先由主机发送启动信号。启动信号时序为:时钟线 SCL 为高电平时,数据线 SDA 由高电平跳变为低电平定义为启动信号;启动信号是由主器件产生。在开始信号以后,总线即被认为处于忙状态。I^2C 总线启动信号时序图如图 12.1.5 所示。

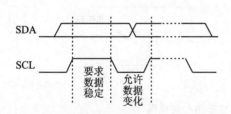

图 12.1.4　I^2C 总线数据位有效性规定

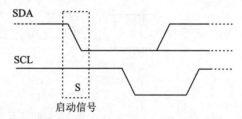

图 12.1.5　I^2C 总线启动信号时序图

6．发送寻址信号

器件地址有 7 位和 10 位两种,这里只介绍 7 位地址寻址方式。

在 I^2C 总线开始信号后,再发送寻址信号。送出的第一个字节数据是 SLA 寻址字节,用来选择从器件地址的。其中,前 7 位为地址码,第 8 位为方向位($R/\overline{W}$)。寻址字节 SLA 的格式如表 12.1.1 所列。其中,DA3~DA0 及 A2~A0 为从机地址。器件地址 DA3~DA1 在器件出厂时就已给定,为 I^2C 总线器件固有的地址编码。A2~A0 由用户自己设定。如 I^2C 总线 EEPROM 的 AT24Cxx 器件地址为 1010,4 位 LED 驱动器 SAA1064 的器件地址为 0111。

表 12.1.1　寻址字节 SLA 的格式

SLA 字节	7	6	5	4	3	2	1	0
内容	DA3	DA2	DA1	DA0	A2	A1	A0	R/$\overline{W}$

引脚地址(A2~A0):由 I²C 总线上器件的地址引脚 A2、A1、A0 在电路中接高电平或低电平决定,从而形成系统中相同类器件不同地址。

数据方向位(R/$\overline{W}$):R/$\overline{W}$ 为"0"表示发送,即主器件把信息写到所选择的从器件;R/$\overline{W}$ 为"1"表示主器件将从从器件中读信息。

开始信号后,系统中各个从器件将自己的地址和主器件传送到总线上的地址进行比较,如果一致,则该器件即为被主器件寻址的器件,其是接收信息还是发送信息则由第 8 位(R/$\overline{W}$)确定。

7. 应答信号规定

I²C 总线协议规定,每送一个字节数据(如地址及命令字)都要有一个应答信号,以确定数据传送是否被对方收到。应答信号由接收设备产生,在 SCL 信号为高电平期间,接收设备将 SDA 拉为低电平,表示数据传输正确,产生应答。时序图如图 12.1.6 所示。

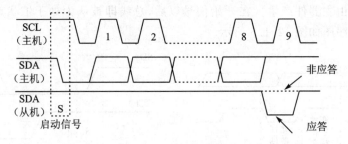

图 12.1.6　I²C 总线应答信号时序图

8. 数据传输

数据传输的过程如下:

① 假设器件 A 要向器件 B 发送信息:

器件 A(主机)寻址器件 B(从机);

器件 A(主机—发送器)发送数据到器件 B(从机—接收器);

器件 A 终止传输。

② 假设器件 A 要读取器件 B 中的信息:

器件 A(主机)寻址器件 B(从机);

器件 A(主机—接收器)从器件 B(从机—发送器)接收数据;

器件 A 终止传输。

9. 非应答信号规定

当主机为接收设备时，主机对最后一个字节不应答，以向发送设备表示数据传送结束。

10. 发送停止信号

在全部数据传送完毕时，主机发送停止信号；即当 SCL 线为高电平时，SDA 线发生由低电平到高电平的跳变为"结束"信号。在结束信号以后的一段时间内，总线认为是空闲的。I²C 总线停止信号时序图，如图 12.1.7 所示。

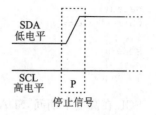

图 12.1.7　I²C 总线停止信号时序图

12.2　单片机模拟 I²C 总线通信

在单片机模拟 I²C 总线通信时，需要调用一些函数构建相应的时序。这些函数包括总线初始化、启动信号、应答信号、停止信号、写一个字节、读一个字节等函数。阅读代码时可参考前面相关部分的文字描述及时序图。

（1）总线初始化

```
void init()
{
SCL= 1;
delay ();
SDA= 1;
delay ();
}
```

将总线拉高以释放总线。

（2）启动信号

```
void start()    //SCL 在高电平期间,SDA 一个下降沿启动 I²C 总线
{
SDA= 1;
delay ();
SCL= 1;
delay ();
SDA= 0;
delay ();
}
```

SCL 在高电平期间，SDA 一个下降沿启动 I²C 总线。

（3）应答信号

```
void respons()
{
uchar i= 0;
```

51单片机原理及应用（第4版）

```
SCL= 1;
delay();
while ((SDA== 1)&&(i< 255))        //一段时间内没有收到从器件的应答,则不再等待应答
i++ ;
SCL= 0;
delay();
}
```

SCL 在高电平期间,SDA 被从设备拉为低电平表示应答。

(4) 停止信号

```
void stop()                              //SCL 在高电平期间,SDA 一个上升沿停止信号
{
SDA= 0;
delay();
SCL= 1;
delay();
SDA= 1;
delay();
}
```

SCL 在高电平期间,SDA 一个上升沿停止信号。

(5) 写一个字节

```
void writebyte(uchar date)      //串行发送一个字节,先传送数据最高位
{
uchar i,temp;
temp= date;
for(i= 0;i< 8;i++ )
{
    temp= temp< < 1;              //左移一位,最高位将移入 PSW 寄存器的 CY 位
    SCL= 0;
    delay();
    SDA= CY;
    delay();
    SCL= 1;
    delay();
}
SCL= 0;
delay();
SDA= 1;
delay();
}
```

串行发送一个字节时,需要把这个字节一位一位地发送出去,"temp＝temp＜＜1;"表示将 temp 左移一位,最高位将移入 PSW 寄存器的 CY 位中,然后将 CY 赋给 SDA 进而在 SCL 的控制下发送出去。

(6) 读一个字节

```
void readbyte()                    //串行接收一个字节,先接收数据最高位
{
```

```
uchar i,k;
SCL= 0;
delay();
SDA= 1;
for(i= 0;i< 8;i++ )            //一位一位地接收 8 位串行数据
{
    SCL= 1;
    delay();
    k= (k< < 1)|SDA;          //将 k 左移一位后与 SDA 进行"或"运算
    SCL= 0;
    delay();
}
delay();
return k;                     //变量 k 中保存着接收的 8 位串行数据
}
```

串行接收一个字节时需要一位一位地接收,然后再组合成一个字节。上面代码中定义了一个变量 k,将 k 左移一位后与 SDA 进行"或"运算,把 SDA 中接收的值填入变量 k 的最低位,依次把 8 个独立的位放入一个字节中来完成接收。

12.3　AT24C02 的基础知识

具有 I^2C 总线接口的 EEPROM 很多,这里仅介绍 ATMEL 公司生产的 AT24C 系列 EEPROM 主要型号 AT24C01/02/04/08/16 等,其对应的存储容量分别为 $128\times8/256\times8/512\times8/1\,024\times8/2\,048\times8$。采用这类芯片可以解决掉电而造成数据丢失的问题,可以对保存的数据保持 100 年,并可以擦除 10 万次以上。

1. AT24C02 引脚配置与引脚功能

AT24C02 芯片的常用封装形式有直插(DIP8)式和贴片(SO-8)式两种,实物图和引脚如图 12.3.1 所示。

(a) 实物图　　　　　　　　　　　　　　　　(b) 引脚图

图 12.3.1　AT24C02 芯片实物图和引脚图

2. AT24C02 的特性

➢ 与 400 kHz 的 I^2C 总线兼容;

➢ 1.8～6.0 V 电压范围;

➢ 低功耗 CMOS 技术;

> 写保护功能：当 WP 位高电平时进行写保护状态；
> 页写缓冲器；
> 自定时擦除写周期；
> 1 000 000 个编程/擦除周期；
> 可保存数据 100 年；
> 8 脚 DIP、SOIC 或 TSSOP 封装；
> 温度范围：商业级、工业级和汽车级。

3. AT24C02 引脚描述

AT24C02 的引脚名称和功能见表 12.3.1。常用的单片机与 AT24C02 连接的电路图如图 12.3.2 所示。

表 12.3.1　AT24C02 引脚功能描述

引脚名称	功　能	引脚名称	功　能
A0、A1、A2	器件地址选择	WP	写保护
SDA	串行数据/地址	V_{CC}	+1.8～6.0 V 工作电压
SCL	串行时钟	GND	地

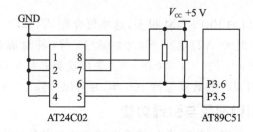

图 12.3.2　单片机与 AT24C02 连接的电路图

图 12.3.2 中 AT24C02 的 1、2、3 脚是 3 条地址线，用于确定芯片的硬件地址。在本系统中它们都接地，第 8 脚和第 4 脚分别为正、负电源。第 5 脚 SDA 为串行数据输入/输出，数据通过这条双向 I^2C 总线串行传送，在 AT89C51 仿真系统上和单片机的 P3.5 连接。第 6 脚 SCL 为串行时钟输入线，在 AT89C51 仿真系统上和单片机的 P3.6 连接。SDA 和 SCL 都需要和正电源间各接一个 5.1 kΩ 的电阻上拉。第 7 脚需要接地。

24C02 中带有片内地址寄存器。每写入或读出一个数据字节后，该地址寄存器自动加 1，以实现对下一个存储单元的读/写。所有字节均以单一操作方式读取。为降低总的写入时间，一次操作可写入多达 8 个字节的数据。

AT24CXX 系列的读/写操作遵循 I^2C 总线的主发从收、主收从发规则。

(1) 写操作过程

AT24C 系列 EEPROM 芯片地址的固定部分为 1010，A2、A1、A0 引脚接高、低电平后得到确定的 3 位编码。形成的 7 位编码即为该器件的地址码。

单片机进行写操作时，首先发送该器件的 7 位地址码和写（R/$\overline{W}$）方向位“0”（共 8 位，即一个字节），发送完后释放 SDA 线并在 SCL 线上产生第 9 个时钟信号。被选中的存储器器件确认是自己的地址后，在 SDA 线上产生一个应答信号作为响应，单片机收到应答后就可以传送数据了。

传送数据时，单片机首先发送一个字节的被写入器件存储区的首地址，收到存储器的应答后，单片机就逐个发送各数据字节，但每发送一个字节后都要等待应答。

AT24C 系列器件片内地址在接收到每一个数据字节地址后自动加 1，在芯片的“一次装载字节数”限度内（不同芯片字节数不同），只须输入首地址。装载字节数超过芯片的“一次装载字节数”时，数据地址将“上卷”，前面的数据被覆盖。当要写入的数据传送完后，单片机应发出终止信号以结束写入操作。写入 n 个字节的数据格式如图 12.3.3 所示。

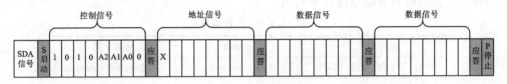

图 12.3.3　写操作时序

（2）读操作过程

单片机先发送该器件的 7 位地址码和写（R/$\overline{W}$）方向位“0”（为写操作），发送完后释放 SDA 线并在 SCL 线上产生第 9 个时钟信号。被选中的存储器器件在确认是自己的地址后，在 SDA 线上产生一个应答信号作为回应。读操作时序如图 12.3.4 所示。

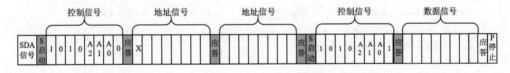

图 12.3.4　读操作时序

然后，再发一个字节的要读出器件的存储区的首地址。收到应答后，单片机要重复一次起始信号并发出器件地址和读方向位（“1”），收到器件应答后就可以读出数据字节，每读出一个字节，单片机都要回复应答信号。当最后一个字节数据读完后，单片机应返回“非应答”信号（高电平），并发出终止信号以结束读出操作。

（3）移位操作

由于读/写 AT24C 系列芯片是以 1 位数据为单位依次读/写的，所以在读/写 AT24C 系列芯片时，一般都用采位移方式操作：

左移时最低位补 0，最高位移入 PSW 的 CY 位。

右移时最高位补 0,最低位移入 PSW 的 CY 位。

12.4　AT24C02 的应用实例

1. 设计要求

采用定时中断方式,设计一个 0~59 s 变化的秒表,将每次显示在数码管上的时间存入 ATC24C02 中。

2. 硬件设计

打开 Proteus ISIS,在编辑窗口中单击元件列表中的 P 按钮 P L DEVICES ,添加如表 12.4.1 所列的元件。然后,按图 12.4.1 连线绘制完电路图。选择 Proteus I-SIS 编辑窗口中的 File→Save Design 菜单项,保存电路图。在 Proteus 仿真电路图中单片机的晶振和复位电路可不画出。

表 12.4.1　元件清单

元件名称	所属类	所属子类
7SEG – MPX8 – CC – BLUE	Optoelectronics	7 – Segment Displays
AT89C51	Microprocessor ICs	8051 Family
RES	Resistors	Generic
RESPACK – 8	Resistors	Resistors Packs
24C02C	Memory ICs	I2C Memories

3. 软件设计

源程序清单:

```
/****************** 必要的变量定义 ***************** /
# include< reg51.h>
# define uchar unsigned char
# define uint unsigned int
uchar code table[]=
{0xfc,0x60,0xda,0xf2,0x66,0xb6,0xbe,0xe0,0xfe,0xf6,0xee,0x3e,0x9c,0x7a,
0x9e,0x8e};
sbit sda= P3^1;
sbit scl= P3^0;
bit flag= 0;           //用户自定义定时溢出标志位
uchar sec,tcnt;        //秒变量 sec,定时中断计数变量 tcnt
/***************** 短延时子程序 ***************** /
void delay()           //两个机器周期,做总线的延时用
{;;}
/***************** 长延时子程序 ***************** /
void delay1ms(uint m)  //做数码管显示延时用
{
```

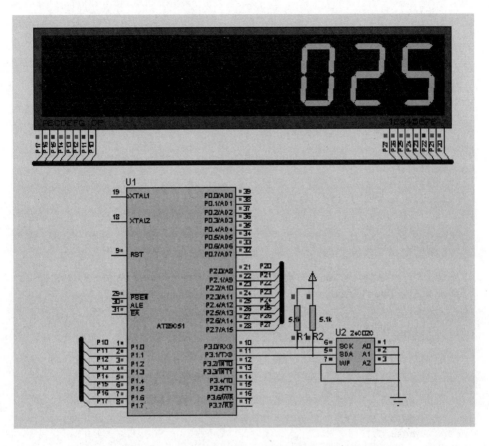

图 12.4.1　基于 AT24C02 的秒表设计原理图

```
    uint x,y;
    for(x= m;x> 0;x-- )
        for(y= 110;y> 0;y-- );
}
/***************** 开始信号子程序***************** /
void start()
{
    sda= 1;
    delay();
    scl= 1;
    delay();
    sda= 0;
    delay();
    }
/***************** 停止信号子程序***************** /
void stop()
{
    sda= 0;
```

```
        delay();
        scl= 1;
        delay();
        sda= 1;
        delay();
}
/***************** 应答信号子程序 ***************** /
void respons()
{
        uchar i;
        scl= 1;
        delay();
        while((sda== 1)&&(i< 250))
            i++ ;
        scl= 0;
        delay();
}
/**************** 写数据子程序 ***************** /
void write_byte(uchar date)
{
        uchar i,temp;
        temp= date;
        for(i= 0;i< 8;i++ )
        {
            temp= temp< < 1;
            scl= 0;
            delay();
            sda= CY;
            delay();
            scl= 1;
            delay();
        }
scl= 0;delay();
sda= 1;delay();
}
/***************** 读数据子程序 **************** /
uchar read_byte()
{
uchar i,k;
scl= 0;
delay();
sda= 1;
delay();
for(i= 0;i< 8;i++ )
{
scl= 1;
delay();
k= (k< < 1)|sda;
```

```
scl= 0;
delay();
}
return k;
}
/****************** 写地址子程序****************** /
void write_add(uchar address,uchar date)
{
    start();
    write_byte(0xa0);
    respons();
    write_byte(address);
    respons();
    write_byte(date);
    respons();
    stop();
}
/****************** 读地址子程序***************** /
uchar read_add(uchar address)
{   uchar byte;
    start();
    write_byte(0xa0);
    respons();
    write_byte(address);
    respons();
    start();
    write_byte(0xa1);
    respons();
    byte= read_byte();
    stop();
    return byte;
}
/****************** 数码管显示子程序**************** /
void Disp( )
    {
    P2= 0xfe;
    P1= table[sec% 10];
    delay1ms(5);
    P2= 0xfd;
    P1= table[sec/10% 10];
    delay1ms(5);
    P2= 0xfb;
    P1= table[sec/100];
    delay1ms(5);
    }
/***************** 初始化子程序***************** /
void init()
{
sda= 1;
delay();
scl= 1;
```

```
    delay();
}
/******************* 主程序******************* /
void main()
{
    init();
    sec= 0;
    TMOD= 0x01;
    ET0= 1;
    EA= 1;
    TH0= (65536- 50000)/256;
    TL0= (65536- 50000)% 256;
    TR0= 1;
    while(1)
    {
        Disp();
        if(flag== 1)
        {
            flag= 0;
            write_add(2,sec);
        }
    }
}
/**************** 定时中断 0 子程序****************** /
void time() interrupt 1
{
    TH0= (65536- 50000)/256;
    TL0= (65536- 50000)% 256;
    tcnt++ ;
    if(tcnt== 20)
    {
    tcnt= 0;         //tcnt 每到达一次 20,tcnt 重新计时,将时间控制在 1 s
    sec++ ;
    flag= 1;
    if(sec== 60)     //sec 控制在 59
    sec= 0;
    }
}
```

4. 联合调试与运行

联合调试与运行过程可参见附录。

12.5　SPI 总线 DS1302 实时时钟设计

12.5.1　SPI 总线简介

SPI 是英文 Serial Peripheral Interface 的缩写,中文意思是串行外围设备接口。

SPI 接口是原 Freescale 首先提出的全双工三线同步串行外围接口,采用主从模式
(Master Slave)架构;支持多 Slave 模式应用,一般仅支持单 Master。时钟由 Master
控制,在时钟移位脉冲下,数据按位传输,高位在前,低位在后(MSB first);SPI 接口
有 2 根单向数据线,为全双工通信,目前应用中的数据速率可达几 Mbps 的水平。
SPI 主从机接口连接图,如图 12.5.1 所示。

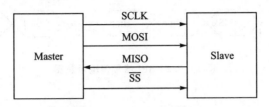

图 12.5.1　SPI 主从机接口连接图

12.5.2　接口定义数据传输

SPI 接口共有 4 根信号线,两条数据线(SDO 和 SDI)和两条控制线(CS 和
SCLK)。SPI 的 4 根信号线功能如表 12.5.1 所列。

表 12.5.1　SPI 的 4 根信号线功能表

信号线名称	功　　能
MOSI(SDI)	主器件数据输出,从器件数据输入
MISO (SDO)	主器件数据输入,从器件数据输出
SCLK	时钟信号,由主器件产生
$\overline{SS}$(CS)	从器件使能信号,由主器件控制

由于 SPI 是串行通信协议,则数据是一位一位传输的,这就是 SCLK 时钟线存
在的原因。由于 SCLK 提供时钟脉冲,SDI、SDO 则基于此脉冲完成数据传输。数据
输出通过 SDO 线在时钟上升沿或下降沿时改变,在紧接着的下降沿或上升沿被读
取,以完成一位数据的传输;输入也使用相同的原理。

SPI 接口的内部硬件实际上是两个简单的移位寄存器,传输的数据为 8 位,在主器
件产生的从器件使能信号和移位脉冲下按位传输,高位在前,低位在后。如图 12.5.2
所示,在 SCLK 的下降沿上数据改变,上升沿一位数据被存入移位寄存器。

这样,至少 8 次时钟信号的改变(上升沿和下降沿为一次)就可以完成 8 位数据
的传输。CS 是芯片的片选信号线,也就是说只有片选信号为预先规定的使能信号时
(高电位或低电位),对芯片的操作才有效。这就使在同一总线上连接多个 SPI 设备
成为了可能。

一种连接方式是级联方式,如图 12.5.3 所示。

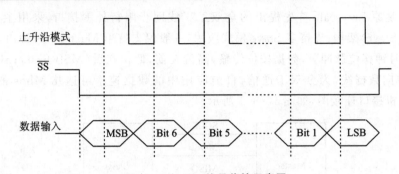

图 12.5.2　SPI 信号传输示意图

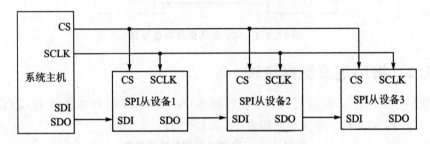

图 12.5.3　多个 SPI 从设备级联图

由图 12.5.3 可以看出,所有从设备的 CS 端都是与系统主机的 CS 端相连的,这就意味着只要选中其中的一个设备,其余的从设备也被选中,所以这时的所有从设备可以当作一个从设备来进行处理。

另一种连接方式是独立连接方式,如图 12.5.4 所示。

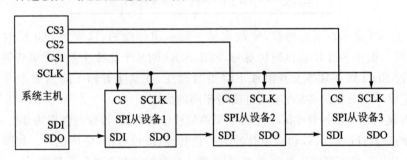

图 12.5.4　多个 SPI 从设备独立连接图

每个设备的 CS 端分别与系统主机的 CS1、CS2、CS3 端相连,这就意味着可以对每个被选中的从设备进行独立的读/写操作,而未被选通的从设备均处于高阻隔离状态。

要注意的是:SCLK 信号线只由主设备控制,从设备不能控制信号线。同样,在一个基于 SPI 的设备中,至少有一个主控设备。这样的传输方式有个优点:与普通的串行通信相比,SPI 允许数据一位一位地传送,甚至允许暂停,因为 SCLK 时钟线由主控设备控制;当没有时钟跳变时,从设备不采集或传送数据。也就是说,主设备通过对 SCLK 时钟信号的控制可以完成对通信的控制。SPI 还有一个数据交换协议:因为 SPI 的数据输入和输出线相互独立,所以允许同时完成数据的输入和输出。不同的 SPI 设备的实现方式不尽相同,主要是数据改变和采集的时间不同,在时钟信号上升沿或下降沿的采集有不同的定义,具体的情况需要参考相关器件的技术文档。

在点对点的通信中,SPI 接口不需要进行寻址操作,且为全双工通信,简单高效。SPI 接口的一个缺点是:没有应答机制确认,即从设备是否接收到数据无法确认。

SPI 串行数据通信接口可以配置成 4 种不同的工作模式,如表 12.5.2 所列。

表 12.5.2　SPI 串行通信接口工作模式

SPI 模式	CPOL	CPHA	SPI 模式	CPOL	CPHA
0	0	0	2	1	0
1	0	1	3	1	1

其中,CPHA 用于表示同步时钟信号的相位,CPOL 用于表示同步时钟信号的极性。当同步时钟信号的相位为 0(即 CPHA=0)、同步信号的极性也为 0(即 CPOL=0)时,通信过程中的串行数据位在同步时钟信号的上升沿被锁存;当同步时钟信号的相位为 0(即 CPHA=0)、同步时钟信号的极性为 1(即 CPOL=1)时,通信过程中的串行数据位在同步时钟信号的下降沿被锁存。在 CPHA=1 时,同步时钟信号的相位会翻转 180°。

12.5.3　SPI 协议举例

SPI 是一个环形总线结构,由 SS(CS)、SCLK、SDI、SDO 构成,其时序其实很简单,主要是在 SCLK 的控制下两个双向移位寄存器进行数据交换。

假设下面的 8 位寄存器装的是待发送的数据 10101010,上升沿发送、下降沿接收、高位先发送。那么第一个上升沿来的时候数据是 SDO=1;寄存器中的 10101010 左移一位,后面补入送来的一位未知数 x 成了 0101010x。下降沿到来的时候,SDI 上的电平锁存到寄存器中去,那么这时寄存器 SDI=0101010。这样在 8 个时钟脉冲以后,两个寄存器的内容互相交换一次。这样就完成了一个 SPI 时序。

举例:

假设主机和从机初始化就绪:并且主机的 SBUFF=0xaa,从机的 SBUFF=0x55。下面将分步对 SPI 的 8 个时钟周期的数据情况演示一遍,假设上升沿发送数据,具体过程如表 12.5.3 所列。

表 12.5.3　SPI 的 8 个时钟周期的数据

脉　冲	主机 SBUFF	从机 SBUFF	SDI	SDO
0	10101010	01010101	0	0
1 上	0101010x	1010101x	0	1
1 下	01010100	10101011	0	1
2 上	1010100x	0101011x	1	1
2 下	10101001	01010110	1	1
3 上	0101001x	1010110x	0	1
3 下	01010010	10101101	0	1
4 上	1010010x	0101101x	1	0
4 下	10100101	01011010	1	0
5 上	0100101x	1011010x	0	1
5 下	01001010	10110101	0	1
6 上	1001010x	0110101x	1	0
6 下	10010101	01101010	1	0
7 上	0010101x	1101010x	0	1
7 下	00101010	11010101	0	1
8 上	0101010x	1010101x	1	0
8 下	01010101	10101010	1	0

　　其中，"上"表示上升沿、"下"表示下降沿，SDI、SDO 是相对于主机而言的。这样就完成了两个寄存器 8 位的交换，其中 SS 引脚作为主机的时候，从机可以把它拉低被动选为从机。作为从机的时候，可以作为片选脚用。根据以上分析，一个完整的传送周期是 16 位，即两个字节。因为，首先主机要发送命令过去，然后从机根据主机的命令准备数据，主机在下一个 8 位时钟周期才把数据读回来。

12.5.4　SPI 主要特点

> 可以同时发出和接收串行数据。
> 可以当作主机或从机工作。
> 提供频率可编程时钟。
> 发送结束、中断标志、写冲突保护。
> 总线竞争保护等。
> SPI 总线工作的 4 种方式中，其中使用的最为广泛的是 SPI0 和 SPI3 方式。

12.6　DS1302 的基础知识

美国 DALLAS 公司推出的具有涓细电流充电能力的低功耗实时时钟电路 DS1302,可以对年、月、日、星期、时、分、秒进行计时,且具有闰年补偿等多种功能。现在流行的串行时钟电路很多,如 DS1302、DS1307、PCF8485 等。这些电路的接口简单、价格低廉、使用方便,应用广泛。

DS1302 主要特点是采用串行数据传输,可为掉电保护电源提供可编程的充电功能,并且可以关闭充电功能;采用普通 32.768 kHz 晶振。DS1302 缺点:时钟精度不高,易受环境影响,出现时钟混乱等。优点:DS1302 可以用于数据记录,特别是对某些具有特殊意义数据点的记录,能实现数据与出现该数据的时间同时记录。这种记录对长时间的连续测控系统结果的分析及出现异常数据原因的查找具有重要意义。传统的数据记录方式是隔时采样或定时采样,没有具体的时间记录,因此,只能记录数据而无法准确记录其出现的时间。若采用单片机计时,一方面需要采用计数器,占用硬件资源;另一方面需要设置中断、查询等,同样耗费单片机的资源,而且,某些测控系统可能不允许。但是,如果在系统中采用时钟芯片 DS1302,则能很好地解决这个问题。

1. DS1302 的结构及工作原理

DS1302 工作电压为 2.5～5.5 V,采用三线接口与 CPU 进行同步通信,并可采用突发方式一次传送多个字节的时钟信号或 RAM 数据。DS1302 内部有一个 $31×8$ 的用于临时性存放数据的 RAM 寄存器。DS1302 是 DS1202 的升级产品,与 DS1202 兼容,但增加了主电源/后背电源双电源引脚,同时提供了对后背电源进行涓细电流充电的能力。DS1302 实物及引脚图,如图 12.6.1 及表 12.6.1 所示。其中,引脚 V_{CC1} 为后备电源,V_{CC2} 为主电源。在主电源关闭的情况下,也能保持时钟的连续运行。

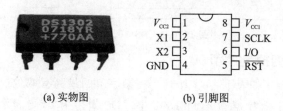

(a) 实物图　　　　　　　(b) 引脚图

图 12.6.1　DS1302 实物及引脚图

表 12.6.1　DS1302 引脚功能图

引　脚	名　称	功能描述
X1、X2	外接晶振引脚	通常连接 32.768 kHz
GND	地端	接地

引 脚	名 称	功能描述
$\overline{\text{RST}}$	复位/片选引脚	通过把 $\overline{\text{RST}}$ 输入驱动置高电平来启动所有的数据传送。$\overline{\text{RST}}$ 输入有两种功能:首先,$\overline{\text{RST}}$ 接通控制逻辑,允许地址/命令序列送入移位寄存器;其次,$\overline{\text{RST}}$ 提供终止单字节或多字节数据的传送手段。当 $\overline{\text{RST}}$ 为高电平时,所有的数据传送被初始化,允许对 DS1302 进行操作。如果在传送过程中 $\overline{\text{RST}}$ 置为低电平,则终止此次数据传送,I/O 引脚变为高阻态
I/O	数据引脚	数据输入/输出端
SCLK	同步串行时钟输入引脚	作数据时钟用
V_{CC2}	主电源输入引脚	DS1302 由 V_{CC1} 或 V_{CC2} 两者中的较大者供电。当 V_{CC2} 大于 V_{CC1} $+0.2\,\text{V}$ 时,V_{CC2} 给 DS1302 供电。当 V_{CC2} 小于 V_{CC1} 时,DS1302 由 V_{CC1} 供电
V_{CC1}	备用电源输入引脚	

DS1302 串行时钟由电源、输入移位寄存器、命令控制逻辑、振荡器、实时时钟以及 RAM 组成,其结构图如图 12.6.2 所示。

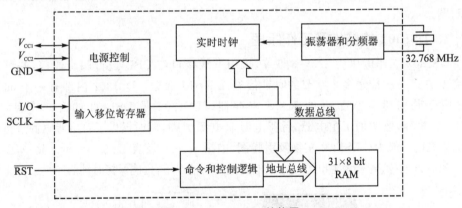

图 12.6.2 DS1302 结构图

2. DS1302 的控制字节

DS1302 的控制字如表 12.6.2 所列。控制字节的最高有效位(D7)必须是逻辑 1;如果它为 0,则不能把数据写入 DS1302 中。D6 如果为 0,则表示存取日历时钟数据;为 1 表示存取 RAM 数据。D5～D1 指示操作单元的地址。最低有效位(D0)如为 0 表示要进行写操作,为 1 表示进行读操作,控制字节总是从最低位开始输出。DS1802 的控制字节,如表 12.6.2 所列。

单片机向 DS1302 写入数据时,在写入命令字节的 8 个 SCLK 周期后,DS1302 会在接下来的 8 个 SCLK 周期的上升沿读入数据字节;如果有更多的 SCLK 周期,则多余的部分将被忽略。单片机从 DS1302 读取数据时,在读命令字节的 8 个 SCLK 周期后,

DS1302 会在接下来的 8 个 SCLK 周期的下降沿输出数据字节,单片机可进行读取。

表 12.6.2　DS18B02 的控制字节

D7(MSB)	D6	D5	D4	D3	D2	D1	D0(LSB)
1	RAM / $\overline{CK}$	A4	A3	A2	A1	A0	RD / $\overline{W}$

需要注意的是:在单片机从 DS1302 中读取数据时,从 DS1302 输出的第一个数据位发生在紧接着单片机输出的命令字节最后一位的第一个下降沿处;而且在读操作过程中,要保持 $\overline{RST}$ 时钟为高电平状态。当有额外的 SCLK 时钟周期时,DS1302 将重新发送数据字节,这一输出特性使得 DS1302 具有多字节连续输出能力。

图 12.6.3 为 DS1302 的单字节读/写时序图。

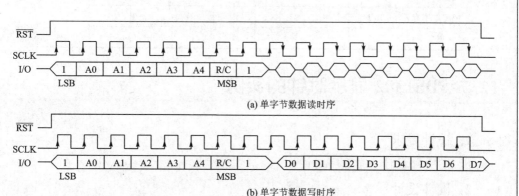

(a) 单字节数据读时序

(b) 单字节数据写时序

图 12.6.3　DS1302 单字节数据读/写时序

3. 数据输入/输出

在控制指令字输入后下一个 SCLK 时钟的上升沿时,数据被写入 DS1302,数据输入从低位即 D0 开始。同样,在紧跟 8 位控制指令字后的下一个 SCLK 脉冲的下降沿读出 DS1302 的数据,读出数据时从低位 D0 位到高位 D7。

4. DS1302 的寄存器

DS1302 有 12 个寄存器,其中有 7 个寄存器与日历、时钟相关,存放的数据位为 BCD 码形式。其日历、时间寄存器及其控制字如表 12.6.3 所列。

可一次性顺序读/写除充电寄存器外的所有寄存器内容。DS1302 与 RAM 相关的寄存器分为两类:一类是单个 RAM 单元,共 31 个,每个单元组态为一个 8 位的字节,其命令控制字为 C0H～FDH,其中奇数为读操作,偶数为写操作;另一类为突发方式下的 RAM 寄存器,此方式下可一次性读写所有的 RAM 的 31 个字节,命令控制字为 FEH(写)、FFH(读)。

51单片机原理及应用(第4版)

表 12.6.3　日历、时间寄存器及其控制字

寄存器名称	7	6	5	4	3	2	1	0
	1	RAM/CK	A4	A3	A2	A1	A0	RD/W
秒寄存器	1	0	0	0	0	0	0	
分寄存器	1	0	0	0	0	0	1	
小时寄存器	1	0	0	0	0	1	0	
日寄存器	1	0	0	0	0	1	1	
月寄存器	1	0	0	0	1	0	0	
星期寄存器	1	0	0	0	1	0	1	
年寄存器	1	0	0	0	1	1	0	
写保护寄存器	1	0	0	0	1	1	1	
慢充电寄存器	1	0	0	1	0	0	0	
时钟突发寄存器	1	0	1	1	1	1	1	

12.7　DS1302 显示时钟的实例

1. 设计要求

用 DS1302 设计一个数字时钟。

2. 硬件设计

打开 Proteus ISIS,在编辑窗口中单击元件列表中的 P 按钮 P|L　DEVICES ,添加如表 12.7.1 所列的元件。然后,按图 12.7.1 连线绘制完电路图。选择 Proteus ISIS 编辑窗口中的 File→Save Design 菜单项,保存电路图。在 Proteus 仿真电路图中单片机的晶振和复位电路可不画出。

表 12.7.1　元件清单

元件名称	所属类	所属子类
AT89C51	Microprocessor ICs	8051 Family
RESPACK - 8	Resistors	Resistors Packs
7SEG - MPX8 - CC - BLUE	Optoelectronics	7 - Segment Displays
CRYSTAL	Miscellaneous	无子类
DS1302	Microprocessor ICs	Peripherals

3. 软件设计

源程序清单:

/＊＊＊＊＊＊＊＊＊＊＊＊＊＊＊＊＊＊＊ 必要的变量定义＊＊＊＊＊＊＊＊＊＊＊＊＊＊＊＊＊＊/

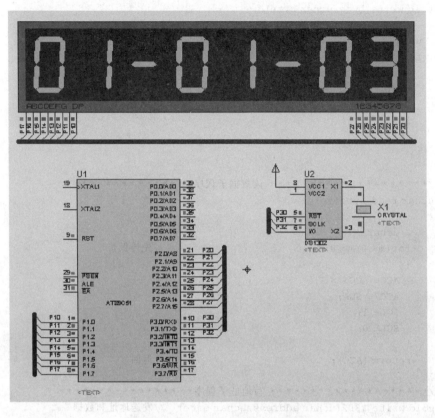

图 12.7.1　DS1302 电路连接原理图

```c
/* * * * * * * * * * * * * 所有程序请参考 DS1302 读/写时序图 * * * * * * * * * * * * * */
# include < reg51.h>
# define uchar unsigned char
# define uint unsigned int
uchar code write_address[]= {0x80,0x82,0x84,0x86,0x88,0x8a,0x8c};
uchar code read_address[]= {0x81,0x83,0x85,0x87,0x89,0x8b,0x8d};
uchar code table[]= {0xfc,0x60,0xda,0xf2,0x66,0xb6,0xbe,0xe0,0xfe,0xf6};
uchar date[]= {0x01,0x01,0x01,0x09,0x05,0x02,0x12};
uchar date1[]= {0x01,0x01,0x01,0x09,0x05,0x02,0x12};
sbit RST= P3^0;                         //DS1302 复位端控制位
sbit SCL= P3^1;                         //DS1302 串行时钟控制位
sbit SDA= P3^2;                         //DS1302 数据控制位
sbit ACC7 =  ACC^7;                     //取累加器的第 8 位单独操作
uchar temp,byte;
/* * * * * * * * * * * * * * * * * * * * 延时子程序 * * * * * * * * * * * * * * * * * * * */
void delay(uint m)
{
    while(m-- );
}
/* * * * * * * * * * * * * * * * * * * 写数据子程序 * * * * * * * * * * * * * * * * * * * */
```

```
void write_byte(uchar byte)
{
  uchar m;
  for(m= 0;m< 8;m++ )                        //先传低位
  {
    byte> > = 1;
    SCL= 0;
    SDA= CY;
    SCL= 1;
  }
}
/* * * * * * * * * * * * * * * * * * * * 读数据子程序* * * * * * * * * * * * * * * * * * /
uchar read_byte(void)                        //读一个字节
{
    uchar m;
    for(m= 0;m< 8;m++ )                       //先传低位
    {
    ACC= ACC> > 1;
    ACC7= SDA;
    SCL= 1;
    SCL= 0;
    }
    return (ACC);                             //返回
}
/* * * * * * * * * * * * * * * * * * * 写地址子程序* * * * * * * * * * * * * * * * * * /
void write_1302(uchar address,uchar date)   //发送地址和数据
{
    RST= 0;
    SCL= 0;
    RST= 1;                                   //启动
    write_byte(address);
    write_byte(date);
    RST= 0;                                   //恢复
}
/* * * * * * * * * * * * * * * * * * * 读地址子程序* * * * * * * * * * * * * * * * * * /
read_data(uchar address)                     //读取日历
{
  uchar temp;
  RST= 0;
  SCL= 0;
  RST= 1;
  write_byte(address|0x01);
  temp= read_byte();
  SCL= 1;
  RST= 0;
  return(temp);
}
```

```
/******************** 读时间子程序******************** /
void read_time()
{
  uchar m,temp3,temp1,temp2;
  temp3= 0x80;
  for(m= 0;m< 7;m++ )
  {
  temp1= read_data(temp3);
  temp2= temp1;
  date[m]= (temp1> > 1)&0x0f;              //取 1,2,3,4 位
  date1[m]= (temp2> > 5)&0x07;             //取 5,6,7 位
  temp3= temp3+ 0x02;
  }
}
/******************** 日历设定子程序******************** /
void set_RTC(void)
{
    uchar m;
    write_1302(0x8E,0x00);
    for(m= 0;m< 7;m++ )                   //7 次写入年月日时分秒星期
    {
    write_1302(write_address[m],date[m]);
    }
    write_1302(0x8E,0x80);
}
/******************** 主程序******************** /
void main(void)
{
    RST= 0;
    set_RTC();
    while(1)
    {
    read_time();
    P2= 0xfe;
    P1= table[date[0]% 10];
    delay(500);
    P2= 0xfd;
    P1= table[date1[0]% 10];
    delay(500);
    P2= 0xfb;
    P1= 0x02;
    delay(500);
    P2= 0xf7;
    P1= table[date[1]% 10];
    delay(500);
    P2= 0xef;
    P1= table[date1[1]% 10];
```

```
        delay(500);
        P2= 0xdf;
        P1= 0x02;
        delay(500);
        P2= 0xbf;
        P1= table[date[2]% 10];
        delay(500);
        P2= 0x7f;
        P1= table[date1[2]% 10];
        delay(500);
    }
}
```

4. 联合调试与运行

联合调试与运行过程可参见附录。

12.8　1－wire 单总线介绍及 DS18B20 测量温度设计

12.8.1　1－wire 单总线概述

1－wire 单总线是 Dallas 公司的专有技术,只须使用一根导线(将计算机的地址线、数据线、控制线合为一根信号线)便可完成串行通信。单根信号线既传输时钟,又传输数据,而且数据传输是双向的,在信号线上可挂上许多测控对象,电源也由这根信号线提供。

1－wire 单总线适合于单个主机系统,能够控制一个或多个从设备。当只有一个从机位于总线上时,系统可按照单节点系统操作;而当多个从机位于总线上时,则系统按照多节点系统操作。1－wire 单总线示意图如图 12.8.1 所示。1－wire 单总线系统的优点如表 12.8.1 所列,缺点在于其传输速率较低。

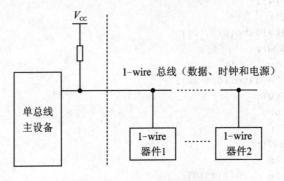

图 12.8.1　1－wire 总线示意图

表 12.8.1　1 - wire 单总线系统的优点

优　点	描　述
综合性	传感器、控制器、输入/输出设备均可按 1 - wire 协议接入 1 - wire 网络
简捷性	1 - wire 单总线的设置和安装只需一条普通三芯电线连接至各从机接入点;当系统需要增加从机时,只需要从该总线拉出延长线即可
可靠性	每个从机均有绝对唯一的地址码
	数据传输均采用 CRC 校验码
	1 - wire 单总线上传输的是数字信号

12.8.2　DS18B20 的基础知识

1. DS18B20 芯片介绍

DS18B20 是 Dallas 公司继 DS1820 后推出的一种改进型智能数字温度传感器。与传统的热敏电阻相比,它只需一根导线就能直接读出被测温度,并可以根据实际需求编程实现 9~12 位数字值的读数方式。它有 3 种封装形式,芯片的外形如图 12.8.2 所示。DS18B20 的各个引脚功能说明如表 12.8.2 所列。

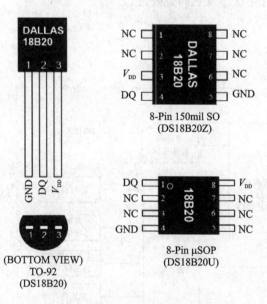

图 12.8.2　3 种封装形式及芯片的外形图

表 12.8.2　DS18B20 引脚说明

引脚名称	说　明
V_{DD}	可选的＋5 V 电源
DQ	数字输入/输出
GND	电源地
NC	无连接

当信号线 DQ 为高电平时,信号线 DQ 为芯片供电,并且内部电容器储存电能;当信号线 DQ 为低电平时,内部电容器为芯片供电,直至下一个高电平到来重新充电。

2. DS18B20 的特点

DS18B20 的特点如下:

➤ 适应电压范围宽,电压范围为 3.0~5.5 V,寄生电源方式下可由数据线供电;

➤ 独特的单线接口方式,在与单片机连接时仅需要一条引脚,可以实现单片机与 DS18B20 的双向通信;

➤ 支持多点组网功能,多个 DS18B20 可以通过并联的方式,实现多点组网测温;

➤ 不需要任何外围元件,全部传感元件及转换电路集成在形如一只三极管的集成电路内;

➤ 温度范围−55~+125℃,在 −10~+85℃时,精度为±0.5℃;

➤ 可编程的分辨率为 9~12 位,对应的可分辨温度分别为 0.5℃、0.25℃、0.125℃和 0.062 5℃,可实现高精度测温;

➤ 在 9 位分辨率时,最多在 93.75 ms 内把温度转换为数字,12 位分辨率时最多在 750 ms 内把温度值转换为数字,速度较快;

➤ 测量结果直接输出数字温度信号,以一条总线串行传送给 CPU,同时可传送 CRC 校验码,具有极强的抗干扰纠错能力;

➤ 负压特性,当电源极性接反时,芯片不会因发热而烧毁,但芯片不能正常工作。

3. DS18B20 内部结构

DS18B20 内部结构如图 12.8.3 所示。

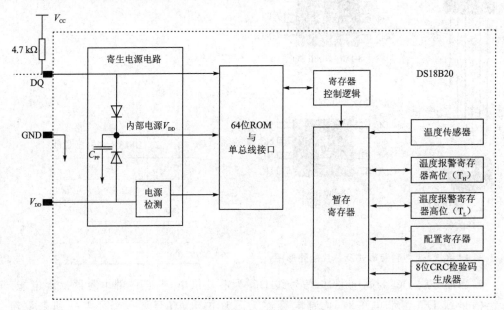

图 12.8.3　DS18B20 内部结构框图

由图 12.8.3 可知,DS18B20 内部结构主要由 64 位 ROM、温度传感器、温度报

警触发器 T_H 和 T_L 及高速暂存器等部分组成。

① **64 位 ROM**：64 位 ROM 是由厂家用激光刻录的一个 64 位二进制 ROM 代码，是该芯片的标志号，如表 12.8.3 所列。

表 12.8.3　DS18B20 芯片标志号

8 位循环冗余检验			48 位序列号			8 位分类编号(10H)		
MSB	...	LSB	MSB	...	LSB	MSB	...	LSB

8 位分类编号表示产品分类编号，DS18B20 的分类号为 10H；48 位序列号是一个大于 281×10^{12} 的十进制数编码，作为该芯片的唯一标志代码；8 位循环冗余检验为前 56 位的 CRC 循环冗余校验（$CRC = X^8 + X^5 + X^4 + 1$）。由于每个芯片的 64 位 ROM 代码不同，因此单总线上能够并挂很多个 DS18B20 进行多点温度实时检测。

② **温度传感器**：温度传感器是 DS18B20 的核心部分，该功能部件可以完成对温度的测量。通过软件编程可将 $-55 \sim +125℃$ 范围内的温度值按 9 位、10 位、11 位、12 位的转换精度进行量化，以上的转换精度都包括一个符号位，因此对应的温度量化值分别是 0.5℃、0.25℃、0.125℃、0.062 5℃，即最高转换精度为 0.062 5℃。芯片出厂时默认为 16 位的转换精度。当接收到温度转换命令（命令代码 44H）后开始转换，转换完成后的温度以 16 位带符号扩展的二进制补码形式表示，存储在高速缓存器 RAM 的第 0、1 字节中，二进制数的前 5 位是符号位。如果测得的温度大于 0，这 5 位为 0，只要将测到的数值乘上 0.062 5 即可得到实际温度；如果温度小于 0，这 5 位为 1，测到的数值需要取反加 1 再乘上 0.062 5 即可得到实际温度。

例如：$+125℃$ 的数字输出为 07D0H，$+25.062 5℃$ 的数字输出为 0191H，$-25.062 5℃$ 的数字输出为 FF6FH，$-55℃$ 的数字输出为 FC90H。

③ **高速缓存器**：高速缓存器包括一个高速暂存器 RAM 和一个非易失性可电擦除 EEPROM。非易失性可电擦除 EEPROM 用于存放高温触发器 T_H、低温触发器 T_L 和配置寄存器中的信息。

高速暂存器 RAM 是一个连续 8 字节的存储器，前两个字节是测得的温度信息，第 1 个字节的内容是温度的低 8 位，第 2 个字节是温度的高 8 位。第 3 个和第 4 个字节是高温触发器 T_H、低温触发器 T_L 的易失性复制，第 5 个字节是配置寄存器的易失性复制，以上字节的内容在每次上电复位时被刷新。第 6、7、8 个字节用于暂时保留为 1。

④ **配置寄存器**：配置寄存器的内容用于确定温度值的数字转换分辨率。DS18B20 工作时按此寄存器的分辨率将温度转换为相应精度的数值，是高速缓存器的第 5 个字节。该字节定义如下：

TM	R0	R1	1	1	1	1	1

其中，TM 是测试模式位，用于设置 DS18B20 在工作模式还是在测试模式，在

DS18B20 工作时,该位被设置为 0,用户不必改动。R1 和 R0 用来设置分辨率。其余
5 位均固定为 1。DS18B20 的分辨率设置如表 12.8.4 所列。

表 12.8.4　DS18B20 的分辨率设置

R1	R0	分辨率	最大转换时间/ms
0	0	9 位	93.75
0	1	10 位	187.5
1	0	11 位	375
1	1	12 位	750

4. DS18B20 的工作原理

DS18B20 的测温原理如图 12.8.4 所示。

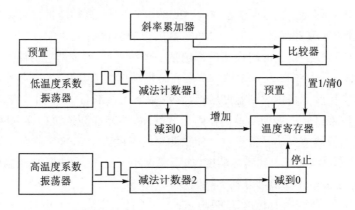

图 12.8.4　DS18B20 的测温原理图

从图 12.8.4 中可以看出,DS18B20 主要由斜率累加器、温度系数振荡器、减法
计数器和温度寄存器等部分组成。斜率累加器用于补偿和修正测温过程中的非线
性,其输出用于修正减法计数器的预置值。温度系数振荡器用于产生减法计数器脉
冲信号,其中低温度系数振荡器受温度的影响很小,用于产生固定频率的脉冲信号送
给减法计数器 1;高温度系数振荡器受温度的影响较大,随温度的变化,其振荡频率
明显改变,产生的信号作为减少计数器 2 的输入脉冲。减法计数器对脉冲信号进行
减法计数。温度寄存器暂存温度数值。

在图 12.8.4 中还隐含着计数门,当计数门打开时,DS18B20 就对低温系数振荡
器产生的时钟脉冲进行计数,从而完成温度测量。计数门的开启时间由高温度系数
振荡器决定,每次测量前,首先将 -55℃ 所对应的基数分别置入减法计数器 1 和高温
寄存器中,减法计数器 1 和温度寄存器被预置在 -55℃ 所对应的一个基数值。

减法计数器 1 对低温度系数振荡器产生的脉冲信号进行减法计数,当减法计数
器 1 的预置值减到 0 时,温度寄存器的值将加 1。之后,减法计数器 1 的预置将重新
被装入,减法计数器 1 重新开始对低温度系数振荡器产生的脉冲信号进行计数,如此

循环,直到减法计数器 2 计数减到 0,才停止温度寄存器的值的累加。此时,温度寄存器中的数值即为所测温度。斜率累加器不断补偿和修正测温过程中的非线性,只要计数门未关闭就重复上述过程,直至温度寄存器的值达到被测温度值。

由于 DS18B20 是单总线芯片,在系统中若有多个单总线芯片,每个芯片的信息交换则是分时完成的,均有严格的读/写时序要求。系统对 DS18B20 的操作协议为:初始化 DS18B20(发复位脉冲)→发 ROM 功能命令→发存储器操作命令→处理数据。

5. DS18B20 的 ROM 命令

读 ROM:命令代码为 33H,允许主设备读出 DS18B20 的 64 位二进制 ROM 代码。该命令只适用于总线上存在单只 DS18B20。

匹配 ROM:命令代码 55H。若总线上有多个从设备,使用该命令可以选中某一指定的 DS18B20,即只有与 64 位二进制 ROM 代码完成匹配的 DS18B20 才能响应其操作。

跳过 ROM:命令代码 CCH。在启动所有 DS18B20 转换之前或系统只有一个 DS18B20 时,该命令允许主设备不提供 64 位二进制 ROM 代码就使用存储器操作命令。

搜索 ROM:命令代码 F0H。当系统初次启动时,主设备可能不知总线上有多少个从设备或它们的 ROM 代码,使用该命令可以确定系统中的从设备个数及其 ROM 代码。

报警搜索 ROM:命令代码 ECH。该命令用于鉴别和定位系统中超出程序设定的报警温度值。

写暂存器:命令代码 4EH。允许主设备向 DS18B20 的暂存器写入 2 个字节的数据,其中第一个字节写入 T_H 中,第 2 个字节写入 T_L 中。可以在任何时刻发出复位命令中止数据的写入。

读暂存器:命令代码 BEH。允许主设备读取暂存器中的内容。从第 1 个字节开始,直到 CRC 读完第 9 个字节。也可以在任何时刻发出复位命令中止数据的读取操作。

复制暂存器:命令代码 48H。将高温触发器 T_H 和低温触发器 T_L 中的字节复制到非易失性 EEPROM。若主机在该命令之后又发出读操作,而 DS18B20 又忙于将暂存器的内容复制到 EEPROM 时,DS18B20 就会输出一个"0"。若复制结束,则 DS18B20 输出一个"1"。如果使用寄生电源,则主设备发出该命令之后,立即发出强上拉并至少保持 10 ms 以上时间。

温度转换:命令代码 44H。启动一次温度转换。若主机在该命令之后又发出其他操作,而 DS18B20 又忙于温度转换,DS18B20 就会输出一个"0"。若转换结束,则 DS18B20 输出一个"1"。如果使用寄生电源,则主设备发出该命令之后,立即发出强上拉并至少保持 500 ms 以上的时间。

复制回暂存器:命令代码 B8H。将高温触发器 T_H 和低温触发器 T_L 中的字节从 EEPROM 中复制回暂存器中。该操作在 DS18B20 上电时自动执行,若执行该命令后又发出读操作,DS18B20 会输出温度转换忙标志:0 为忙,1 完成。

读电源使用模式:命令代码 B4H。主设备将该命令发给 DS18B20 后发出读操作,DS18B20 会返回它的电源使用模式:0 为寄生电源,1 为外部电源。

12.8.3 程序参考

(1) 延时程序

```
delay(unsigned int i)
{
while(i-- );
}
```

(2) 初始化程序

```
bit Init(void)
{
unsigned char x= 0;
DQ= 1;                  //DQ 复位
delay(8);               //延时片刻
DQ= 0;                  //单片机将 DQ 拉低
delay(80);              //精确延时大于 480 μs
DQ= 1;                  //拉高总线
delay(14);
x= DQ;                  //延时片刻后,若 x= 0,则初始化成功;若 x= 1,则初始化失败
delay(20);
return x;
}
```

(3) 读一个字节

```
Read(void)
{
unsigned char i= 0;
unsigned char dat= 0;
for(i= 0;i< 8;i++ )
{
DQ= 0;                  //给脉冲信号
dat> > = 1;
DQ= 1;                  //给脉冲信号
if(DQ)
dat= dat|0x80;
delay(4);
}
return(dat);
}
```

(4) 写一个字节

```
Write(unsigned char dat)
{
unsigned char i= 0;
for(i= 8;i> 0;i-- )
{
DQ= 0;
DQ= dat&0x01;
delay(5);
DQ= 1;
dat> > = 1;
}
delay(4);
}
```

(5) 启动转换信号

```
Start(void)
{
while(Init());                    //若为 1,则重新初始化
Write(0xCC);                      //跳过读序号的操作
Write(0x44);                      //启动温度转换
}
```

12.9　DS18B20 测量温度的实例

1. 设计要求

DS18B20 在一根数据线上实现数据的双向传输,这就需要一定的协议来对读/写数据提出严格的时序要求,而 AT89 系列单片机并不支持单线传输。因此,必须采用软件的方法来模拟单线的协议时序。

2. 硬件设计

打开 Proteus ISIS,在编辑窗口中单击元件列表中的 P 按钮 `P L DEVICES` ,添加如表 12.9.1 所列的元件。然后,按图 12.9.1 连线绘制完电路图。选择 Proteus ISIS 编辑窗口中的 File→Save Design 菜单项,保存电路图。在 Proteus 仿真电路图中单片机的晶振和复位电路可不画出。

表 12.9.1　元件清单

元件名称	所属类	所属子类
AT89C51	Microprocessor ICs	8051 Family
RES	Resistors	Generic
RESPACK - 8	Resistors	Resistors Packs
DS18B20	Data Converters	Temperature Sensors
7SEG - MPX8 - CC - BLUE	Optoelectronics	7 - Segment Displays

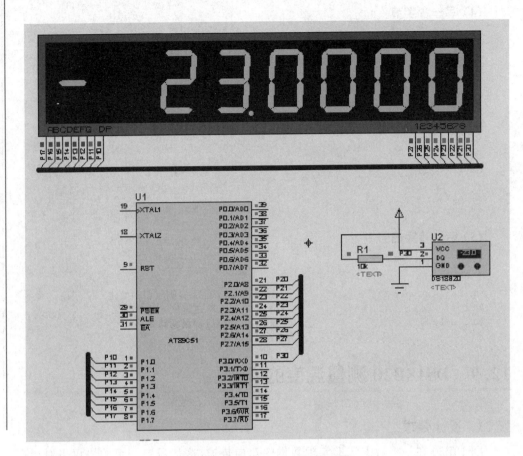

图 12.9.1　DS18B20 应用原理图

3. 软件设计

源程序清单:

```
/****************** 必要的变量定义 ******************/
/*********** 所有程序请参考 12.3.2 DS18B20 的基础知识 ***********/
# include< reg51.h>
# define uchar unsigned char
# define uint unsigned int
uchar code table[]=
{0xfc,0x60,0xda,0xf2,0x66,0xb6,0xbe,0xe0,0xfe,0xf6,0xee,0x3e,0x9c,0x7a,
0x9e,0x8e};
//共阴数码管编码表
uchar code address[]= {0xfe,0xfd,0xfb,0xf7,0xef,0xdf,0xbf,0x7f};
//地址编码表
sbit DQ= P3^0;                      //数字输入/输出控制位
sbit dot= P1^0;                      //小数点控制位
uchar i,temp1,temp2;
/****************** 延时子程序 ******************/
```

```
void delay(uint m)
{
    while(m-- );
}
/* * * * * * * * * * * * * * * * * * 初始化子程序 * * * * * * * * * * * * * * * * * /
Init(void)
{
    uchar i= 0;
    DQ= 1;
    delay(8);
    DQ= 0;
    delay(80);
    DQ= 1;
    delay(14);
    i= DQ;
    delay(20);
}
/* * * * * * * * * * * * * * * * * * 读数据子程序 * * * * * * * * * * * * * * * * * /
uchar read_byte()
{
    uchar byte= 0;
    for (i= 0;i< 8;i++ )                      //先传低位
    {
    DQ= 0;
    byte> > = 1;
    DQ= 1;
    if(DQ)
    byte|= 0x80;
    delay(4);
    }
    return(byte);
}
/* * * * * * * * * * * * * * * * * * 写数据子程序 * * * * * * * * * * * * * * * * * /
write_byte(uchar byte)
{
  for (i= 0;i< 8;i++ )                        //先传低位
  {
  DQ= 0;
  byte> > = 1;
  DQ= CY;
  delay(5);
  DQ= 1;
  }
}
/* * * * * * * * * * * * * * * * * * 读温度子程序 * * * * * * * * * * * * * * * * * /
read_temp()
{
    Init();
    write_byte(0xcc);                         // Skip ROM
    write_byte(0x44);                         //启动温度转换
    delay(10);
    Init();
```

```
    write_byte(0xcc);                          //Skip ROM
    write_byte(0xbe);                          //读取温度寄存器
    temp1= read_byte();                        //低位
    temp2= read_byte();                        //高位
}
/********************主程序********************/
main()
{
    bit flag;
    uint temp;
    while(1)
    {
      read_temp();
      temp= temp1&0x0f;
      if(temp2> 127)
      {
      flag= 1;
      temp1= ~temp1;
      temp2= ~temp2;
      temp= temp1&0x0f;
      temp+ = 0x01;
      }
        temp= temp* 625;
      temp1= temp1&0xf0;                        //取整数部分
      temp1= temp1/16;
      temp2= temp2* 16;
      temp1+ = temp2;
      if(flag)
      temp1+ = 0x01;
      for(i= 0;i< 4;i++ )                        //显示小数部分
       {
      P2= address[i];
      P1= table[temp% 10];
      delay(750);
      temp/= 10;
       }
      P2= 0xef;                                  //显示整数部分
      P1= table[temp1% 10];
      dot= 1;
      delay(750);
      if(temp1/100||temp1/10)                    //高位去 0
       {
      P2= 0xdf;
      P1= table[temp1/10% 10];
      delay(750);
       }
       if(temp1/100)                             //高位去 0
       {
      P2= 0xbf;
      P1= table[temp1/100% 10];
        delay(800);
       }
```

```
    if(flag)                        //加负号
    {
    P2= 0x7f;
    P1= 0x02;
    delay(750);
    flag= 0;
    }
  }
}
```

4. 联合调试与运行

联合调试与运行过程可参见附录。

12.10　小　结

本章详细介绍了 I^2C、SPI 和 1－wire 这 3 种总线的传输协议和传输过程。本章设计的 3 个应用实例也十分实用,在很多场合都能使用得上,比如 DS1302 电子表和 DS18B20 温度计。

习　题

12.1　什么是 I^2C 总线,有什么优点?

12.2　I^2C 总线的两根主要控制线是什么,它们在信号通信过程中起到什么作用?

12.3　简述 I^2C 通信的过程。

12.4　AT24C02 有什么特点?

12.5　简述 AT24C02 的读/写操作过程。

12.6　什么是 SPI 总线? 它是怎么进行信号传输的?

12.7　简述 DS1302 的优缺点。

12.8　简述 DS1303 的读/写操作过程。

12.9　什么是 1－wire 单总线,有什么优点?

12.10　DS18B20 需要几根信号线进行信息通信,它的名称是什么?

12.11　简述 DS18B30 的内部组成结构。

12.12　DS18B20 的特点有哪些?

12.13　简述 DS18B20 的读/写过程。

实战训练

自己设计一个温度计和一个电子表。

第 **13** 章

单片机开发板设计

本章主要介绍单片机应用系统的设计思想、设计理念和设计一个单片机应用系统要考虑的一些问题,还介绍了笔者自主设计的一款基于 Proteus 仿真平台的单片机开发板,并配有该开发板的 9 个实验参考程序,可以供读者参考。

13.1　单片机开发概述

单片机应用系统的开发是以单片机为核心,选择一定的外部电路,并进行软件设计,从而实现特定测量及控制功能的应用系统。一个完整的单片机应用系统设计包括分析测控系统、单片机选型、硬件资源分配、单片机程序设计、仿真测试并最终下载到实际硬件电路中执行,其中,单片机的选型、资源分配及程序设计是整个系统设计的关键。

(1) 分析测控系统

用户在进行单片机应用系统开发时,首先要对该测控系统进行可行性分析和系统总体方案设计。

1) 可行性分析

可行性分析主要是分析整个设计任务的可行性。一般来说,可以通过两种途径进行可行性分析。首先,调研该单片机应用系统或类似设计是否有人做过。如果能找到类似的参考设计,便可以分析其设计思路,并借鉴其主要的硬件及软件设计方案,这样就可以很大程度上减少工作量及摸索时间。如果没有,则需要自己进行整个应用系统的设计;然后,根据现有的硬件和软件条件、自己所掌握的知识来决定设计的单片机应用系统是否可行。

2) 系统总体方案设计

当完成可行性分析并确认方案可行后,便可以进入系统整体方案设计阶段。在这阶段,开发人员要结合国内外相关器件的技术参数和功能特性、本系统的应用要求及现有条件,来决定本设计所要实现的功能和技术指标。接下来,制定合理的设计方案,编写设计任务书,从而完成该单片机应用系统的总体方案设计。

(2) 单片机的选型

单片机在应用系统中占有核心控制地位。因此,选择合适的单片机型号很重要。目前,市场上的单片机种类很多,不同厂商均推出很多不同功能的单片机类型。在进行正式的单片机应用系统开发之前,需要了解各个不同型号单片机的特性,从中做出合理的选择。在单片机选型时,主要需要注意以下几点:

① 根据应用系统对硬件资源的要求,在满足性能指标的情况下,尽量选择硬件资源集成在单片机内的型号,如单片机集成了 ADC、DAC、I²C 及 SPI 等。这样便于整个系统的软件管理,可以减少外部硬件的投入、缩小电路板的尺寸,从而减少投资。

② 调查市场。尽量选用广泛应用、货源充足的单片机型号,避免使用过时或缺货的型号,使得硬件投资不过时。

③ 对于手持式或其他需要低功耗的设备,应选择低电压、低功耗的单片机型号。

④ 在条件允许的情况下,尽量选择功能强的单片机,这样便于以后的升级扩展。

⑤ 对于商业性的最终产品,尽量选择体积小的贴片封装的单片机型号,这样可以减小单片机板面积,从而降低硬件成本。

(3) 硬件资源分配

当系统总体方案及单片机型号确定下来后,需要仔细分配单片机的硬件资源。进行设计前,需要规划哪些功能用硬件来实现,用什么硬件实现以及哪些功能由软件实现。

这里需要注意以下几点:

① 如果单片机的硬件资源丰富,尽量选择使用单片机内部集成的硬件资源来实现,这样可以提高系统的可靠性。

② 对于一些常用的功能部件,尽量选择标准化、模块化的典型电路,这样可以提高设计的合理性,确保系统设计的成功率。

③ 合理规划单片机的硬件及软件资源,充分发挥单片机的最大功能。

④ 硬件上最好留出扩展的接口,以方便后期的维护及升级。

⑤ 要仔细考虑各部分硬件的功率消耗及驱动能力,如驱动能力不够则导致系统无法正常运行。

(4) 程序设计

在整个单片机应用系统的总体方案及硬件分配定型后,便可以着手进入具体的设计阶段。可以根据实际的需要来选择单片机设计语言及开发环境,主要需要从以下几点来考虑:

① 采用结构化的程序设计将各个功能部件模块化,用子程序来实现;其优点是便于调试及后续的移植和修改等。

② 合理使用单片机的资源,包括 RAM、ROM、定时/计数器、中断等。

③ 除非特殊要求,尽量选择 C 语言来进行程序开发和设计,这样可以使程序易懂,便于交流和后期维护。

④ 程序中应添加注释,提高程序的可读性。

(5) 仿真测试

单片机仿真测试和程序设计是紧密相关的。在实际设计过程中,需要经常对各个功能部件进行仿真测试,这样可以及时发现问题,确保模块的正确性。对于整个系统的设计,仿真测试则可以模拟实际的程序运行、观察整个时序及运行状态是否合理,直到运行通过为止。

可以选择 Keil 公司的 μVision 系列、Lab center electronics 公司的 PROTEUS 等编译仿真环境,也可以选择硬件仿真器进行在线调试。

(6) 实际硬件测试

当程序设计通过后,便可以将其下载到单片机中进行硬件电路测试。在实际硬件电路测试阶段,主要检查单片机程序和外部硬件接口是否正常、单片机的驱动能力是否够用以及整个硬件电路的逻辑时序配合是否正常等。硬件测试通过后,便可以投入使用或生产。

13.2 单片机开发硬件设计

为了加深对单片机的理解,提高动手能力,笔者在本章自主设计了一款基于 Proteus 仿真平台的单片机开发板。其构造简单,功能丰富,如果读者能独立完成开发板上的全部实验内容,就基本上掌握了单片机的控制方法。另外,本书设计的开发板还有一个优点,就是可以节省硬件的投资,并且可以在此基础上进行二次开发。

本书设计的开发板能进行 12 个实验,分别为流水灯、数码显示、ADC0804 模数转换、单键识别、4×4 矩阵键盘、DAC0832 数模转换、蜂鸣器、RS232 串口通信、DS18B20 温度采集、I^2C 总线、8×8 点阵、LCD1602 显示。

13.2.1 开发板基本配置

> 6 位数码管(做动态扫描及静态显示实验);

> 8 位 LED 发光二极管(做流水灯实验);

> RS232 通信接口(可以作为与计算机通信的接口,同时也可作为 C51 下载程序的接口);

> 蜂鸣器(做单片机发声实验);

> ADC0804 芯片(做模/数转换实验);

> DAC0832 芯片(做数/模转换实验);

> DS18B20 温度传感器(做温度测量实验);

> AT24C00 芯片(做 I^2C 总线元件实验);

> 字符液晶 1602(做 LCD 字符显示实验);

> 4×4 键盘另加 4 个独立键盘(键盘检测实验);

> 8×8 点阵(做点阵实验);

> 晶振:6 MHz。

郭天祥录制的《十天学会单片机视频教程》讲解简单明了,易于理解,十分适合初学者学习,笔者也建议读者到网上下载该视频配合本书设计的开发板一起学习。本书设计的开发板电路图如图 13.2.1 所示。

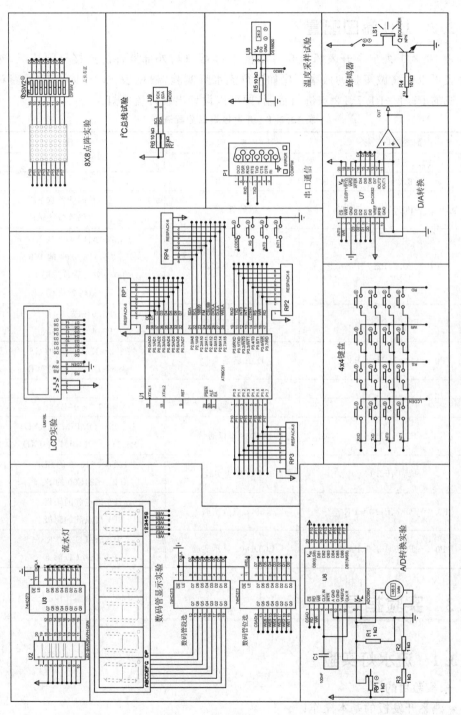

265

图13.2.1 开发板电路图

13.2.2　I/O 端口配置

　　表 13.2.1 列出了开发板上单片机的 I/O 端口与外部器件的连接分配情况,熟知该表可以提高做实验的效率。比如进行流水灯实验,根据表 13.2.1 可知,只需对单片机的 P1.1～P1.7、P2.5 进行控制,便可以设计出各种流水灯。

表 13.2.1　开发板端口分配表

配置端口名称	实　验	备　注
P1.1～P1.7、P2.5	流水灯	P2.5～U3 的 LE
P3.2～P3.5	单键识别	
P0.0～P0.7、P2.6、P2.7	数码管显示	P2.6～数码管段选 LE P2.7～数码管位选 LE
P1.0～P1.7、P0.7、P2.7、P3.6、P3.7	A/D 转换实验	P3.7～ADC0804 的 RD P3.6～ADC0804 的 WR P0.7～数码管位选的 D7 P2.7～数码管位选 LE
P3.0～P3.7	4×4 键盘检测	P3.0～P3.3 行 P3.4～P3.7 列
P0.0～P0.7、P3.2、P3.6	D/A 转换实验	P3.2～DAC0832 的 CS P3.6～DAC0832 的 WR
P2.3	蜂鸣器	P2.3～FM
P2.2	温度传感器	P2.2～18B20
P3.0、P3.1	RS232 串口通信	P3.0～COMPIM 的 RXD P3.1～COMPIM 的 TXD
P2.0、P2.1	I^2C 总线实验	P2.0～24C00 的 SDA P2.1～24C00 的 SCk
P0.0～P0.7、P1.0～P1.7	8×8 点阵实验	P0 接点阵的阳极 P1 接点阵的阴极
P0.0～P0.7、P3.5、P3.4	LCD1602 显示实验	P3.5～LCD 的 RS P3.4～LCD 的 E

13.3　实验指导

13.3.1　流水灯实验

一、实验目的

➢ 熟悉开发板的基本操作;

➢ 初步了解单片机 I/O 口基本操作方法;

➢ 学会控制延时函数的延时时间;

> 结合程序的调试掌握 Keil C 编译软件的基本使用方法。

二、实验原理图

流水灯实验原理图如图 13.3.1 所示。

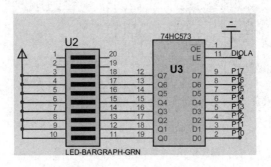

图 13.3.1　流水灯原理图

三、实验内容

循环移位点亮 8 个发光二极管。

四、实验参考程序

```c
# include< reg51.h>
# include< intrins.h>
/*****************************************
后面要用到 intrins.h 库里的_crol_(k,1)函数,该函数是把字符变量 k 循环左移 1 位
***************************************** /
unsigned char a,b,k,j;
void delay ()          //延时子程序,大约 10 ms
{
for(a= 100;a> 0;a-- )
    for(b= 225;b> 0;b-- );
}
void main( )
{
k= 0xfe;
while(1)
{
    delay ();
    j= _crol_(k,1);
    P1= j;k= j;
}
}
```

13.3.2　单按键识别

一、实验目的

> 了解 I/O 口输入输出功能;

> 了解单键按键识别原理。

二、实验原理图

单键识别实验原理图如图 13.3.2 所示。

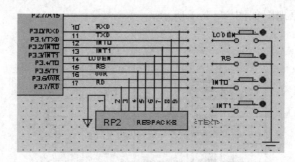

图 13.3.2　单键识别实验原理图

三、实验内容

每按一次 LCDEN 键,与 P1 口相连的 8 个发光二极管中点亮的一个往下移动一位。

四、实验参考程序

```c
# include< reg51.h>
sbit BY= P3^4;                //定义按键的输入端 LCDEN 键
unsigned char count,temp,a,b; //按键计数,每按一下,count 加 1
void key( )                   //按键判断程序
{
if(BY== 0)                    //判断是否有按下按键
{
    count++ ;                 //按键计数加 1
    if(count== 8)             //计数 8 次重新计数
    {
    count= 0;                 //将 count 清零
    }
}
while(BY== 0);                //等待按键释放,如果按键未释放则一直在此等待
}
void move()                   //发光二极管向下移动子程序
{
a= temp< < count;             //这 3 句为一个循环移位,相当前面提到的_crol_()函数
b= temp> > (8- count);
P1= a|b;
}
main()
{
count= 0;                     //初始化参数设置
temp= 0xfe;
P1= 0xff;
P1= temp;
    while(1)
    {
    key();                    //调用按键识别子程序
    move();                   //调用移位子程序
```

```
        }
}
```

13.3.3　数码管显示

一、实验目的
练习进位操作,了解数码管的静态显示和动态显示。

二、实验原理图
数码管显示实验原理图如图 13.3.3 所示。

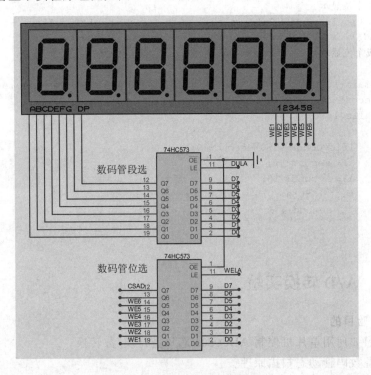

图 13.3.3　数码管显示实验原理图

三、实验内容
使用软件延时的方法实现 0～59 s 自动计数器,在 6 位数码管的第 1、第 2 位显示当前数值。

四、实验参考程序

```
# include< reg51.h>
# define uchar unsigned char
unsigned int j,k,i,a,A1,A2,second;
sbit dula= P2^6;//段选信号
sbit wela= P2^7;//位选信号
uchar code table[]= {0x3F,0x06,0x5B,0x4F,0x66,0x6D,0x7D,0x07,0x7F,0x6F};
```

```
//共阴数码管编码表
void delay(int i)                              //延时子程序
{
for(j= i;j> 0;j-- )
    for(k= 125;k> 0;k-- );
}
void display(uchar sh_c,uchar g_c)             //显示子程序
{
wela= 0;dula= 0;P0= 0xfe;wela= 1;wela= 0;P0= table[sh_c];dula= 1;dula= 0;
delay(5);
//完成十位显示
wela= 0;dula= 0;P0= 0xfd;wela= 1;wela= 0;P0= table[g_c];dula= 1;dula= 0;
delay(5);
//完成个位显示
}
void main()
{   second= 0;
    while(1)
    {
        if(second= = 60)second= 0;
        A1= second/10;
        A2= second% 10;
        for(a= 50;a> 0;a-- )display(A1,A2);
            second++ ;
    }
}
```

13.3.4　A/D 转换实验

一、实验目的
➤ 学习如何用单片机控制 ADC0804 芯片进行模/数转换；
➤ 掌握数码管动态扫描原理。
二、实验原理图
A/D 转换实验原理图如图 13.3.4 所示。
三、实验内容
　　旋转 A/D 的变阻器调节电阻的大小，给 ADC0804 的模拟量通道 VIN＋输入 0~5 V 之间的模拟电压。通过 ADC0804 转换成数字量送给单片机，经单片机处理后在数码管上以十进制显示出来。
四、实验参考程序

```
# include< reg51.h>
# include< intrins.h>
# define uint unsigned int
# define uchar unsigned char
```

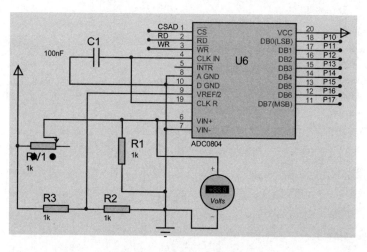

图 13.3.4　A/D 转换实验原理图

```
uchar code table[]=
{0x3F,0x06,0x5B,0x4F,0x66,0x6D,0x7D,0x07,0x7F,0x6F};
//共阴数码管编码表
sbit adrd= P3^7;                              //读控制位
sbit adwr= P3^6;                              //写控制位
sbit dula= P2^6;                              //数码管段选位
sbit wela= P2^7;                              //数码管位选位
uint j,k,adval;
void delay(uchar i)
{
for(j= i;j> 0;j-- )
for(k= 125;k> 0;k-- );
}
void display(uchar bai_c,uchar sh_c,uchar g_c)   //显示子程序
{
wela= 0;dula= 0;P0= 0x7e;wela= 1;wela= 0;P0= table[bai_c];dula= 1;dula= 0;delay(5);
//完成百位显示
wela= 0;dula= 0;P0= 0x7e;wela= 1;wela= 0;P0= 0x80;dula= 1;dula= 0;delay(5);
//完成小数点位显示
wela= 0;dula= 0;P0= 0x7d;wela= 1;wela= 0;P0= table[sh_c];dula= 1;dula= 0;delay(5);
//完成十位显示
wela= 0;dula= 0;P0= 0x7b;wela= 1;wela= 0;P0= table[g_c];dula= 1;dula= 0;delay(5);
//完成个位显示
}
main()
{
uchar a,A1,A2,A2t,A3;
while(1)   //不停地采样、显示
    {
    adwr= 0;
```

```
    _nop_();
    adwr= 1;
    adrd= 0;
    adval= P1* 2;
    adrd= 0;
    delay(10);
    A1= adval/100;
    A2t= adval% 100;
    A2= A2t/10;
    A3= A2t% 10;
    for(a= 10;a> 0;a-- )
    display(A1,A2,A3);
    }
}
```

13.3.5　D/A 转换实验

一、实验目的

学习使用单片机控制 DAC0832 芯片进行数/模转换。

二、实验原理图

D/A 转换实验原理图如图 13.3.5 所示。

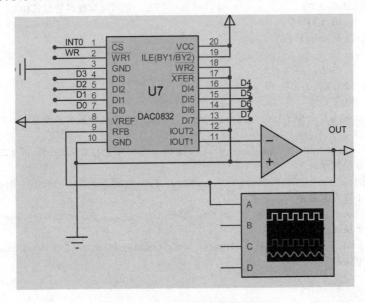

图 13.3.5　D/A 转换实验原理图

三、实验内容

通过单片机控制 DAC0832 输出锯齿波，可以用 Proteus 里的示波器观察 I_{out1} 端口的输出波形。

四、实验参考程序

```
# include< reg51.h>
sbit csda= P3^2;                        //D/A 片选
sbit dawr= P3^6;                        //D/A 写数据
unsigned char a,j,k;
void delay(unsigned char i)
{
for(j= i;j> 0;j-- )
for(k= 125;k> 0;k-- );
}
void main()
{
csda= 0;                                //选中 D/A 芯片
a= 0;
dawr= 0;                                //准备写数据
while(1)
{
    P0= a;
    delay(5);
    a++ ;
}
}
```

13.3.6　蜂鸣器

一、实验目的

学习、掌握控制蜂鸣器发声的原理。

二、实验原理图

蜂鸣器实验原理图如图 13.3.6 所示。

三、实验内容

控制单片机 P2.3 端口（标号为 FM）的输出频率，使蜂鸣器发出声音。可以改变延时时长，测试蜂鸣器的发声变化。

四、实验参考程序

```
# include< reg51.h>
sbit FM= P2^3;
unsigned char k,j;
void delay(unsigned int i)
{
for(j= i;j> 0;j-- )
for(k= 125;k> 0;k-- );
}
main()
```

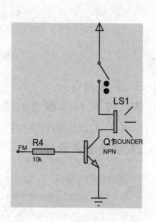

图 13.3.6　蜂鸣器实验原理图

```
{
while(1)
{
    FM= 0;
    delay(2);
    FM= 1;
    delay(2);
}
}
```

13.3.7　4×4 矩阵键盘

一、实验目的

➤ 学习掌握矩阵键盘的扫描原理；

➤ 掌握数码管的静态显示原理。

二、实验原理图

4×4 矩阵键盘实验原理图如图 13.3.7 所示。

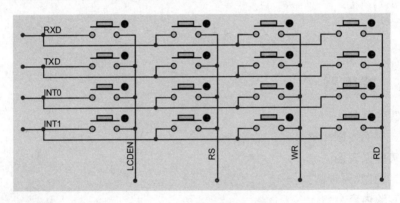

图 13.3.7　4×4 矩阵键盘原理图

三、实验内容

依次按下 4×4 键盘上第 1～16 个按键,6 位数码管依次显示"0,1,2,3,4,5,6,7,8,9,A,B,C,D,E,F"16 个字符。

四、实验参考程序

```
# include< reg51.h>
# define uint unsigned int
# define uchar unsigned char
sbit dula= P2^6;
sbit wela= P2^7;
uchar code KEY_TABLE[]= { 0xee,0xde,0xbe,0x7e,
                          0xed,0xdd,0xbd,0x7d,
```

```
                              0xeb, 0xdb, 0xbb, 0x7b,
                              0xe7, 0xd7, 0xb7, 0x77};    //按键键值表
uchar code TABLE[]= {        0x3F, 0x06, 0x5B, 0x4F,
                              0x66, 0x6D, 0x7D, 0x07,
                              0x7F, 0x6F, 0x77, 0x7c,
                              0x39, 0x5e, 0x79, 0x71}; //共阴极数码管编码表
/* * * * * * * * * * * * * * * * * 长延时子程序,作点亮数码管用 * * * * * * * * * * * * /
void delay1()
{
uint n= 50000; while(n-- );
}
/* * * * * * * * * * * * * * * * * * 短延时子程序,作消振用 * * * * * * * * * * * * * /
void delays()
{
uint n= 10000; while(n-- );
}
/* * * * * * * * * * * * * * * * * * * 主程序 * * * * * * * * * * * * * * * * * * /
main()
{
uchar temp, key, num, i;
    while(1)
    {
    dula= 0; wela= 0;
    P3= 0xf0;                    //置行为 0,列为 1,读列值
        if(P3!= 0xf0)            //判断有,无键盘按下
        {delays();              //消振
            if(P3!= 0xf0)        //如果 if 语句仍为真,这时可以确定有键盘按下
            {
            temp= P3;            //储存列读入的值
            P3= 0x0f;            //置列为 0,行为 1,读行值
            key= temp|P3;        //将行,列值综合,赋给 key
                for(i= 0; i< 16; i++ )
                if(key= = KEY_TABLE[i]) //读键值表,确定读入的按键值
                {num= i; break; }
                P0= 0; wela= 1; wela= 0;
            P0= TABLE[num];      //点亮数码管,显示按键值
dula= 1; delay1(); dula= 0;
            }
        }
    }
}
```

13.3.8　8×8 点阵

一、实验目的

➢ 学习掌握点阵显示图形的原理；

➢ 了解视觉暂留原理及其效果。

二、实验原理图

8×8 点阵实验原理图如图 13.3.8 所示，等效电路图如图 13.3.9 所示。

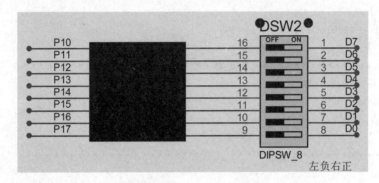

图 13.3.8　点阵实验电路图

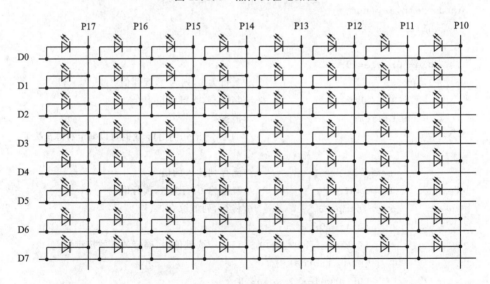

图 13.3.9　点阵等效电路图

三、实验内容

用 8×8 点阵显示一个大心形图案。

四、实验参考程序

```
# include< reg52.h>
unsigned char code tab[]= {0xfe,0xfd,0xfb,0xf7,0xef,0xdf,0xbf,0x7f};
```

```
unsigned char code graph[]= {0x30,0x48,0x44,0x22,0x44,0x48,0x30,0x00};
unsigned char cnta;
void main(void)
{
TMOD= 0x01;
TH0= (65536- 4000)/256;
TL0= (65536- 4000)%256;
TR0= 1;
ET0= 1;
EA= 1;
while(1);
}
void t0(void) interrupt 1 using 0
{
TH0= (65536- 4000)/256;
TL0= (65536- 4000)%256;
P1= tab[cnta];
P0= graph[cnta];
cnta++ ;
    if(cnta== 8)
    {
    cnta= 0;
    }
}
```

13.3.9　LCD1602 显示实验

一、实验目的
➤ 了解 LCD1602 的显示原理；
➤ 掌握 LCD1602 的控制步骤和方法。

二、实验原理图
LCD1602 显示实验原理图如图 13.3.10 所示。

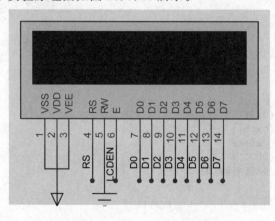

图 13.3.10　LCD1602 显示实验原理图

三、实验内容

在 LCD1602 上显示字符"I LOVE NEUQ!"。

四、实验参考程序

```c
# include< reg52.h>
# define uchar unsigned char
# define uint unsigned int
uchar code table1[]= "   I LOVE NEUQ!";          //显示字符
sbit lcden= P3^4;
sbit lcdrs= P3^5;
sbit dula= P2^6;
sbit wela= P2^7;
uchar num;
void delay(uint z)
{
    uint x,y;
    for(x= z;x> 0;x-- )
        for(y= 110;y> 0;y-- );
}
void write_com(uchar com)                        //写命令
{
    lcdrs= 0;
    P0= com;
    delay(5);
    lcden= 1;
    delay(5);
    lcden= 0;
}
void write_data(uchar date)                      //写数据
{
    lcdrs= 1;
    P0= date;
    delay(5);
    lcden= 1;
    delay(5);
    lcden= 0;
}
void init()                                      //初始化
{
    dula= 0;
    wela= 0;
    lcden= 0;
    write_com(0x38);
    write_com(0x0e);
    write_com(0x06);
    write_com(0x01);
    write_com(0x80+ 0x10);
}
void main()
{
    init();
    write_com(1);
```

```
write_com(0x80+ 0x58);
for(num= 0;num< 13;num++ )
{
    write_data(table1[num]);
    delay(20);
}
for(num= 0;num< 16;num++ )
{
    write_com(0x18);
    delay(20);
}
while(1);
}
```

13.3.10　综合设计程序

一、实验目的
➢ 掌握矩阵键盘的扫描原理和库函数的应用。
➢ 掌握系统设计能力。

二、实验原理图
4×4 矩阵键盘实验原理图如图 13.3.7 所示。开发板电路图如图 13.2.1 所示。

三、实验内容
当 4×4 键盘上的第 1 按键被按下时,完成 13.3.1 小节中的流水灯实验;当第 2 按键被按下时,完成 13.3.2 小节中单键识别实验;当第 3 按键被按下时,完成 13.3.3 小节中数码管实验;当第 4 按键被按下时,完成 13.3.4 小节中 A/D 转换实验;当第 5 按键被按下时,完成 13.3.5 小节中 D/A 实验;当第 6 按键被按下时,完成 13.3.6 小节中蜂鸣器实验;当第 8 按键被按下时,完成 13.3.8 小节中 8×8 点阵实验;当第 9 按键被按下时,完成 13.3.9 中 LCD1602 实验;其他按键不用定义相应的功能。

四、实验参考程序

```
//liushuideng.h-----------------流水灯库函数--------------------
# ifndef __LIUSHUIDENG_H__
# define __LIUSHUIDENG_H__
# include< reg51.h>
# include < intrins.h>
void delay10ms( );
void liushuideng( );
# endif
//liushuideng.c--------------流水灯实验子程序--------------------
# include "liushuideng.h"
unsigned char a,b,k= 0xfe,j;
void delay10ms( )                          //延时子程序,大约 10ms
{
    for(a= 255;a> 0;a-- )
    for(b= 225;b> 0;b-- );
}
void liushuideng( )
```

```
{
    delay10ms();
    j= _crol_(k,1);
    P1= j;k= j;
}
//dulianjian.h----------------单按键识别库函数--------------
# ifndef _dulianjian_H__
# define _dulianjian_H__
# include< reg51.h>
# include< intrins.h>
sbit BY= P3^4;                      //定义按键的输入端 LCDEN 键
void key( );
void dulianjian();
extern unsigned char t;
# endif
//dulianjian.c------------单按键识别子程序--------------
# include "dulianjian.h"
# include "jianpan.h"
void key( )                         //按键判断程序
{
    if(BY= = 0)                     //判断是否有按下按键
    {
        delays();
        if(BY= = 0)
        {
            while(BY= = 0);//等待按键释放,如果按键未释放则一直在此等待
            t= _crol_(t,1);
        }
    }
}
void dulianjian()
{
    P1= t;
    key();                          //调用按键识别子程序
}
//其他的库函数和相应的子程序省略,可以在本书的配套资料中查找
//main.c ------------------主程序--------------
# include "liushuideng.h"
# include "yejin.h"
# include "dianzhen.h"
# include "jianpan.h"
# include "dulianjian.h"
# include "shumaguan.h"
# include "AD.h"
# include "DA.h"
unsigned char cnta;
uchar keynum,en;
unsigned char t= 0xfe;
unsigned char code tab[]= {0xfe,0xfd,0xfb,0xf7,0xef,0xdf,0xbf,0x7f};
unsigned char code graph[]= {0x30,0x48,0x44,0x22,0x44,0x48,0x30,0x00};
uchar keydet()
{
```

```
    uchar temp,key,num,i;
    P3= 0xf0;                       //置行为 0,列为 1,读列值
    if(P3! = 0xf0)                  //判断有,无键盘按下
    {
        delays();                   //消振
        if(P3! = 0xf0)              //如果 if 的还为真,则可以确定有键盘按下
        {
            temp= P3;               //储存列读入的值
            P3= 0x0f;
            key= temp|P3;           //将行,列值综合,赋给 key
            while(P3! = 0x0f);      //置列为 0,行为 1,读行值
            en= 1;

            for(i= 0;i< 16;i+ + )
            {
                if(key= = KEY_TABLE[i]) //读键值表,确定读入的按键值
                {num= i;break;}
            }
        }
    }
    P3= 0xff;
    return num;
}
void initt0()
{
    TMOD= 0x01;
    TH0= (65536- 4000)/256;
    TL0= (65536- 4000)% 256;
    ET0= 1;
    EA= 1;
}
void main()
{
    uchar m;
    initt0();
    init();
    while(1)
    {
        m= keydet();
        TR0= 0;
        if(en= = 1)
        {
            en= 0;
            keynum= m;
        }
        switch(keynum)
        {
            case 1:{liushuideng();break;}
            case 2:{dulianjian();break;}
            case 3:{shumaguan();break;}
            case 4:{AD();break;}
            case 5:{DA();break;}
```

```
                case 8:{dianzhen();break;}
                case 9:{display();break;}
                default   :           break        ;
            }
        }
    }
}
void t0(void) interrupt 1 using 0      //中断处理子程序
{
    TH0= (65536- 4000)/256;
    TL0= (65536- 4000)% 256;
    P1= tab[cnta];
    P0= graph[cnta];
    cnta+ + ;
    if(cnta= = 8)
    {
        cnta= 0;
    }
}
```

除了上面介绍的 10 个实验外,开发板还可以进行 I^2C 总线实验、DS18B20 温度采集实验和串口通信实验,但由于篇幅的问题,这里就不再赘述。

13.4   小   结

本章的重点在于实验,以提高动手能力,同时也为日后单片机电路设计提供一个便利平台。

习   题

13.1   简述单片机开发板的设计步骤。

13.2   在设计单片机应用系统时,单片机的选择应注意什么?

13.3   单片机应用系统硬件资源分配要注意什么问题?

13.4   了解本书设计的单片机开发板的 I/O 端口分配情况。

附录

Keil C 与 Proteus 调试与运行

1. 生成 HEX 文件步骤

① 新建项目：打开单片机软件开发系统 Keil μVision，选择 Project→New μVision Project 菜单项，则弹出 Create New Project 对话框，输入新建项目名称，并保存。

② 选择单片机型号：单击"保存"按钮后弹出一个 Slect Device 对话框，在该对话框中选择合适的单片机型号（本书的应用实例均以 ATMEL 公司的 AT89C51 为例）。

③ 新建源程序文件：选择 File→New 菜单项，则弹出一个空的文本编辑窗口（此窗口为程序编辑窗口）。选择 File→Save As 菜单项，在弹出的对话框中输入自定义的源程序文件名称，文件名称以". c"为后缀（Keil c 中的源程序文件无默认后缀，所以后缀需要用户自己定义），保存源程序文件。

④ 导入源程序文件：单击 Project 窗口的 ⊞ 📁 Target 1 前的"➕"，则伸展出一个" ⊞ 📁 Source Group 1"图标，右击该图标，在弹出的窗口中选中 Add Files to Group 'Source Group 1'选项，将第③步保存的". c"源程序文件导入到 Source Group 1 中。

⑤ 选择生成 HEX 文件选项：选择 Project→Options for Target 菜单项，则弹出 Options for Target 对话框，选择此对话框的 Output 选项卡中的 Create HEX File 选项。

⑥ 编译生成 HEX 文件：选择 Project→Rebuild all Target Files 菜单项，若程序编译成功，则生成一个十六进制的 HEX 文件。该文件就是最终导入单片机内部的文件，编译成功后自动生成在项目文件夹下，后缀名为". HEX"。

2. 调试与仿真

① 打开 Proteus ISIS，选择 File→Open Design 菜单项，打开已经编辑好的电路图。如果 Proteus 正处于打开状态，且电路已经编辑好，则可以省略这步。

② 在 Proteus ISIS 编辑窗口中双击 AT89C51 单片机，则弹出 Edit Component 对话框。在此对话框的 Clock Frequency 栏中设置单片机晶振频率为 12 MHz（除特别要求外）；在 Progrm File 栏中单击图标🖼，选择先前用 Keil μVision 生成的 HEX

文件。

③ 在 Proteus ISIS 编辑窗口中单击 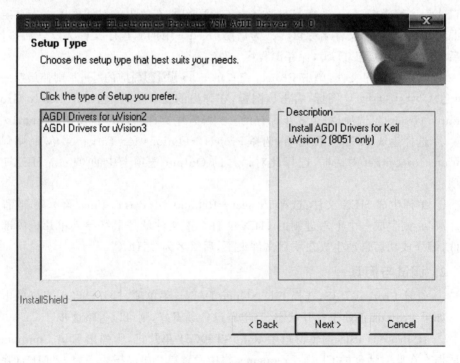 图标或选择 Debug→Execute 菜单项，则可以看到运行结果。

3. Keil C 与 Proteus 联调

Proteus 可以仿真 MCS-51 系列及其外围电路,但 Proteus 调试过程中有个缺点,就是不能执行电路的单步程序,这样就不能很好地观察电路运行的每一步,对调试程序是不方便的。因此,可以将 Keil C 与 Proteus 建立一种联调方式,从而在 Keil C 中单步调试程序。每调试一步程序,Proteus 就执行相应的响应。

Proteus7.4 与 Keil 的联调设置步骤:

① 安装好 Proteus 和 Keil C 两个软件。

② 运行 Proteus 与 Keil C 的联调驱动软件"vdmagdi. exe"。安装过程中会弹出很多个对话框,在弹出来的 Setup Type 对话框中选择自己之前安装的 Keil C 版本,如果安装的是 μVision2 版本的 Keil C,则选择 AGDI Drivers for μVision2,如附图 1 所示;在 Choose Destination Location 对话框中选择 Keil 的安装路径(vdmagdi. exe 会将安装产生的联调相关文件放在 Keil 文件夹下),如附图 2 所示。其他的对话框均单击 NEXT 便可。安装联调驱动后 C:\\Keil\C51\BlN 文件夹下产生一个联调相关文件"VDM51. dll"。

附图 1　Keil C 版本选择

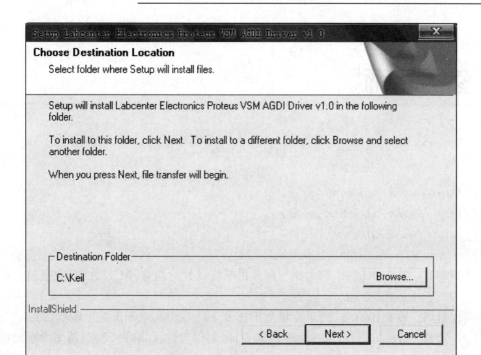

附图 2　选择 Keil C 安装路径

③ 进入 Keil C,新建一个工程,并为该工程选择一个合适的 CPU(如 AT89C51),加入源程序。注意:Keil C 的工程文件一定要与 Proteus 的电路文件放在同一个文件夹内。

④ 在新建的 Keil C 工程中,单击工具栏下的 option for target 按钮 ,或者选择 Project→Options for Target 菜单项,在弹出的窗口中单击 Debug 按钮。然后在弹出的对话框右栏上部的下拉列表框里选中 Proteus VSM Monitor - 51 Driver;并且还要选择 Use 单选按钮。

如果不是在同一台计算机上进行仿真(即 Proteus 装在了另一台计算机上),则需要设置通信接口:单击旁边的 Setting 按钮,在弹出的界面中 Host 文本框中输入另一台计算机的 IP 地址,在 Port 文本框中输入 8000。设置好后单击 OK 按钮即可。

⑤ 进入 Proteus 的 ISIS,选择 Debug→use romote debuger monitor 菜单项。打开与 Keil C 的工程文件所对应的 Proteus 电路文件。

最后,将 Keil C 中的工程编译,进入调试状态,再看看 Proteus,已经发生变化了。这时再执行 KeilC 中的程序(单步、全速都可以,也可以设置断点等),Proteus 已经在进行仿真了。

参考文献

[1] http://www.keil.com.

[2] http://www.labcenter.co.uk.

[3] http://www.windway.cn.

[4] Atmel Microcontroller Handbook，2001.

[5] 周润景. 基于 Proteus 的电路与单片机系统设计与仿真[M]. 北京:北京航空航天大学出版社，2006.

[6] 江世明. 基于 Proteus 的单片机应用技术[M]. 北京:电子工业出版社,2009.

[7] 朱清慧. Proteus 教程——电子线路设计、制作与仿真[M]. 北京:清华大学出版社,2008.

[8] 郭天祥. 新概念 51 单片机 C 语言教程[M]. 北京:电子工业出版社，2009.

[9] 田立. 51 单片机 C 语言程序设计快速入门[M]. 北京:人民邮电出版社,2007.

[10] 侯玉宝. 基于 Proteus 的 51 系列单片机设计与仿真[M]. 北京:电子工业出版社，2008.

[11] 谭浩强. C 程序设计[M]. 北京:清华大学出版社，1990.

策划编辑：董立娟
封面设计：runsign 越正设计

内容简介

本书以Proteus电子仿真设计软件为核心，通过丰富的实例详细叙述了其在51单片机课程教学和产品开发过程中的应用。全书共分14章，主要介绍51单片机基础知识、Keil和Proteus相关软件的使用、Proteus原理图绘制、仿真及其在单片机硬件电路设计中的应用；另外，介绍了多种外部设备的使用方法，如LCD、电机、D/A、A/D转换器等。本书是再版书，相比旧版，主要是修正了旧版的部分内容。

本书所有章节编写的实例都有详细说明、程序设计和电路设计，并在Proteus软件中仿真成功。每章既独立成篇，又相互联系，具有明显的工程应用特色。本书提供所有的案例源代码，读者可以到http://www.buaapress.com.cn的"下载专区"免费下载。

读者对象

本书可作为高等院校单片机课程的教材，还可作为广大从事单片机系统开发应用的工程技术人员参考用书。

北京航空航天大学出版社
微信公众号二维码

更多资讯敬请关注
嵌入式资讯精选：mcuworld

ISBN 978-7-5124-3740-1

9 787512 437401 >

定价：62.00元